環境計画
Environmental Regulation and Impact Assessment
政策・制度・マネジメント

［著］Leonard Ortolano
［訳］秀島栄三　Eizo HIDESHIMA

共立出版

Environmental Regulation and Impact Assessment

Leonard Ortolano

Authorized translation from the English language edition, entitled Environmental Regulation and Impact Assessment by Leonard Ortolano, published by John Wiley & Sons,Inc.,Copyright©1997.

All rights reserved. No part of this book may be reproduced or transmitted in any form or by any means, electronic or mechanical, including photocopying, recording or by any information storage retrieval system, without permission from John Wiley & Sons, Inc.

Japanese language edition published by Kyoritsu Shuppan Co. Ltd., Copyright©2008.

日本語版への序文

　初めて日本を訪れたのは1980年代後半のことであった．たった2, 3日間であったが，わたしは日本の文化と生活に感銘し，再び来て長く滞在したいと考えた．1990年代，じつに幸いなことに，京都にあるスタンフォード技術革新センターに1学期間赴任する機会に恵まれた．秀島栄三氏と最初に会ったのはそのときである．彼はまだ京都大学の学生だった．彼とわたしはすぐに関心事が共通していることに気づき，以来連絡をとりつづけることとなった．

　それから数年後，彼が客員研究員としてスタンフォード大学に滞在したとき，本書を翻訳したいという話になり，これについて話し合った．そのときわたしは，合衆国の環境法令の実践事例は日本人の学生には興味があまりもてないのではないかと言った．これに対し彼は，環境政策，環境マネジメントに興味をもつ読者にとって，本書は他にない意味をもつはずだと述べた．

　彼の忍耐力と技能によって邦訳が実現した．わたしはこれが達成されたことを喜び，また彼に感謝したい．

　環境政策，環境マネジメントが対象とする問題の幅は爆発的に広がった．そういう中で題材の選定はむずかしい．わたしが学生だった1960年代には，環境法令の研究対象は非常に幅の狭いものであった．伝統的な規制策による都市下水や産業排水のコントロールに重きが置かれた．大気汚染に対する政策には，ようやく人びとの目が向けられるようになった．プロジェクトによる環境への影響についてはしばしば見過ごされた．

　環境政策，環境マネジメントが対象とするフィールドは明らかに変化してきた．環境問題への意識の高まりとともに，さまざまな専門家がそれぞれの分野で多大な貢献を果たしてきた．

　1960年代には，いわゆる衛生工学の分野とともに行政，公共政策の分野の専門家が環境法令，環境マネジメントに大きな貢献を果たした．以来，生態学者，

地球科学者などの自然科学者もかかわるようになった．加えて経済学者も市場の特性を活かした環境法令の発展に寄与した．さらに工学，科学以外の分野の専門家，たとえば哲学者も環境マネジメントを研究の題材とするようになった．

これからも，われわれが知るやり方を超えた，新しい環境法令，環境マネジメントのアプローチが生まれるであろう．これには地球規模の気候変動に対する全世界的な取り組みに加え，環境ホルモンや微量汚染物質と言われる数知れない有害物質などの直面した課題も含まれる．さらに，農業や自動車などの非点的な汚染源といった長年にわたる問題についても，マネジメントの視点から根本的な解決が望まれる．

1960年代からのもう一つの大きな変化は，国々が互いに学ぶべきことがたくさんあるという認識である．環境マネジメント戦略は国家を超え，情報技術がそれに拍車をかけている．

環境法令と環境影響評価の領域が広がることで，一人の著者が，一冊の書物がすべてを語れる時代ではなくなってきた．しかしながら，学生が一冊の教科書を読んで伝統的な学問分野をつなぎ，新たな方向性を見つけることは可能である．環境政策，環境マネジメントに馴染みが薄い分野の読者であっても，本書を読んで何か新たな方向性を見つけることができれば本書の目的は果たされたと言えるだろう．

2008年4月
スタンフォード大学にて

Leonard Ortolano

訳者まえがき

本書は Leonard Ortolano, *"Environmental Regulation and Impact Assessment"*, John Wiley & Sons, 1997 の邦訳である．原著は A4 変形判で 600 ページ，かなりのボリュームがあり，環境政策にかかわる歴史，環境経済学，環境倫理学から衛生工学的な要素技術に至るきわめて幅の広い内容を含んでいる．

著者 Leonard Ortolano はスタンフォード大学の教授である．衛生工学，水資源工学，そして環境政策を専門とし，その学術的成果は中南米，中国への技術協力コンサルティング，米国の環境政策 NEPA，カリフォルニア州の環境計画など，国内外で広く活躍されている．本書もいくつかの言語に翻訳されている．

訳者が著者を知ったのは，京都大学の修士課程に在籍していた 1991 年である．当時の衛生工学科に来訪されていた．最近では衛生工学を環境工学と呼ぶようになり，また全国的にも土木系学科に「環境」を冠につけることが多くなった．そのようにして時代は明らかに変わった．

原著が出版されてからもずいぶんと年数が経っている．しかしながら本書中のテーマが今もたくさんスタンフォード大学の博士論文になっている．その一方で，日本の環境政策にはあまり進展があったとは思われない．たとえば製造技術の環境改善はめざましいが，包括的あるいは公共的な環境改善は未だいろいろな面で遅れている．以前よりずいぶん空気や水がきれいになったが，それは重厚長大産業が国外に移転しただけのことかもしれない．わが国の産業構造の転換はむしろ「環境」という言葉についての思慮を与えなかった可能性がある．たとえば，戦略的環境アセスメントの意味や必要性も正しく理解されていない可能性が高い．Assessment という言葉は，日本人が環境アセスメントで思い浮かべるものより広い意味での評価のプロセスを指す．「持続可能性」という言葉についても，たとえば「貧困」と「環境」のかかわりを思い浮かべる人はどれだけいるだろうか．そのようなわが国において，本書を読むことで改めて

気づくことがあるだろう．日本の政策や計画の立案には総合性という観点から弱点があり，それに対して合衆国はどのように対応しているか，大いに参考にすべき点があると考える．もちろんアメリカの固有性をそのまま無批判に受け入れることはできない．

　先述のように原著は分量が多く，日本の事情に馴染まないと考え，かなり圧縮した*．このため内容上の取捨選択を行っている．もちろん著者の了解を得ている．特に米国固有の話題が中心となっている9〜15章，要素技術的な19〜23章をそれぞれ思い切って割愛した．また，原著には示唆深い練習問題が各章末に掲載されている．各章のキーワードもリスティングされている．しかし不本意ながらこれらも割愛した．米国では，ほかにも同様の視点をもった本が続々と出ている．それらへのゲートウェイとして本書を読んでいただければ幸いである．

　著者とは，学生時代に英会話をご指導いただいた Patti Walters 夫人とも合わせて過去に数回お会いし，河川整備の市民参加などの具体的な題材について相談することなどもあった．その傍らで本書を読みつづけ，次第に自分の授業で使うために翻訳しようと考えるようになった．そして 2004 年に文部科学省在外研究員として Ortolano 教授の研究室に滞在する機会を得たことはこの上ない幸運であった．著者とともに Patti Walters 夫人にも感謝の辞を送りたい．また，初めての書籍翻訳という経験に際し格別のご配慮をいただいた石井徹也氏をはじめ共立出版株式会社には大変お世話になった．研究室の岡田久美子さんには図表の整理等を手伝ってもらった．ここに深く謝意を表する次第である．

2008 年 10 月

秀島栄三

---

*

本書	原著
第1部	第1章〜第4章 (part1)
第2部	第5章〜第8章 (part2 の一部)
第3部	第16章〜第18章 (part4)

序　文

　環境法令に関する文献では，環境影響評価についてはあまり触れられていない．逆も然りである．これらに対し本書では，環境法令と環境影響評価が近い関係にあることを強調している．実際に予測，評価などで多くの共通する方法が使われている．

　本書では環境を分析する方法とともに環境を計画するプロセスに言及する．環境にかかわる意思決定には多様な主体がコンフリクト，不確実性に直面し，政府機関等が調整に入る．多くの事例を用いて環境計画のそのような特徴を説明する．事例は合衆国に限らず世界から集めている．

　全体として5部に分かれる．第1部では，環境にかかわる意思決定の場に関係するさまざまな主体を紹介するとともに，生産的効率性，公平性など多様な評価基準が意思決定において重要となることを説明する．さらに，意思決定における二つの重要な手順，環境にかかわる法令の設計と実行，環境影響評価を取り上げる．

　第2部は環境法令の理論と実践に焦点を当てる．環境法令として伝統的な「指令」と「統制」の考え方に目を向け，汚染負担金，排水設備への補助金，排出権取引など，企業のインセンティブを考慮した法令の枠組みについて解説する．市場を指向したアプローチはここ2，30年にわたって，社会的費用の節約への期待とともに大きな関心が寄せられてきた．法令の実効性を分析するものとして，環境経済学で発展した貨幣価値への換算，費用便益分析，代替案比較などの技法を紹介する．第3部ではまず，合衆国における環境マネジメントプログラムを題材として政策の実施について解説する．特に大気，水質，有害物質に関する連邦政策を強調的に取り上げる．業界による汚染防止活動は一つの選択肢である．また，合衆国の環境影響評価プログラムを分析するとともに，世界的にも広まりつつある環境影響評価の意義に改めて目を向ける．第4部と第5部

では，環境法令と環境影響評価を構成するさまざまな手法を取り上げる．特に第4部では環境影響を予測し，評価する技法，リスクアセスメント，公衆参加，紛争処理などの諸技法を取り上げる．第5部では騒音，大気汚染，水質悪化，生物への悪影響，景観悪化などの変化を分析するための基本的な考え方，詳細な手順について説明する．付録として地理情報システム（Geographic Information System）の活用策を紹介する．

ジョージア工科大学の2クラス，スタンフォード大学の2クラスで本書の予稿が使われた．いずれのクラスとも都市計画，土木工学，公共政策，経済学，生物学，応用地球科学など広い分野から受講していた．学生も教師も各章末のキーコンセプト，重要語句と例題をうまく活用していた．

本書を読むにあたって代数の基本的な知識は要るが，環境科学や経済学の素養は必要としない．計算の詳細はページ下方で補注を加えている場合もある．また本書は，前著 *"Environmental Planning and Decision Making"*(New York:Wiley, 1984) の内容に改善を重ねてできたものである．そのうちに環境影響評価と環境法令の繋がりを説明するべきと確信するに至った．

前著に追加した事柄もあれば削除した事柄もある．土地利用と環境の関係は重要な課題となりつつあるが掲載していない．全体としてかなりの分量になったことと，一般に土地利用計画の授業で取り扱われるためである．第1部と第2部は前著から新たに追加されたかたちに見えるが，じつは前著の各所で触れていたことでもある．今回それらを再構成して文脈を明瞭にした．第3部と第4部の7章分は前著の第5章から第8章に相当する．第5部は地理情報システムの部分を除き，前著後方の5章分に相当するものである．

1996年9月
カリフォルニア州スタンフォード市

謝　辞

　各章各節にわたって多くの人びとからの支援を受けた．本文中にも示しているが，改めてここで協力を得た学生，教職員に感謝の辞を述べたい．スタンフォード大学の学生 Greg Browder, Katherine Kao Cushing, Alnoor Ebrahim, Melissa Geeslin, Samibhar Sankar には初稿作成時に協力を得た．

　予稿の段階でジョージア工科大学都市計画学科の William Patton 教授，Anne Shepherd 教授に本書の使用を試みてもらった．両教授から届いた学生のコメントは非常に参考になった．Shepherd 教授の助手である Christi Bowler からも多くの意見をもらった．ハワイ大学 Manoa 校の Peter Flachsbart，ポートランド州立大学の Connie Ozawa には予稿に対するレビューを受けた．注意深くレビューしていただいたことに心より感謝申し上げる．

　初稿はスタンフォード大学でも環境計画と環境政策の授業で使用した．以下に名前を挙げる学生諸氏の意見を得て本書は読みやすさが改善された：Kevin Armstrong, Alyssa Cobb, Rachel Daniel, Jeffery Daeson, John Hicks, Alexandra Knight, Jennifer Nachbaur, Gilbert Serrano, Anna Steding, Richard Strubbe, Bliss Temple, Maya Trotz, Stephanie Wien, Sarah Young, Jianyu Zhang.

　John Wiley and Sons 社の編集長 Cliff Robichand，編集助手 Chatherine Beckham, Sharon Smith には本書の改良に向けて大変お世話になった．本書の内容を決める際に意見をもらった Slippery Rock 大学 Craig Chase，アイオワ大学 Cheryl Contant，カリフォルニア大学バークレイ校 Timothy Duane，ハワイ大学 Peter Flachbart，オハイオ州立大学 Steven Gordon，サンタフェ大学 Allen Harrison，バージニア大学 Valentine James, Ball 州立大学 B. Thomas Lowe，ミシガン大学 Flint 校 William Marsh，ニューヨーク州立大学 Binghamton 校 Burrell Montz，コロラド大学デンバー校 Stanley Specht，フロリダ州立大学 Bruce Stiftel にも御礼を述べたい．本書の内容について有益な示唆を与えてく

れたペンシルバニア大学 Walter Lynn にも謝意を表する．

　アシスタントの Duc Wong による貢献は筆致しがたいものがある．事務能力，組織能力，弛まざる精神力により，本書の執筆は前へと進んだ．彼女の下で作業にあたった学生 Jean Han Chung, Mellissa Geeslin, Toby Goldberg, Kirsten Rhodes にも感謝する．Patti Walters にはグラフィックデザインに骨を折ってもらった．表紙のデザインは Greg Lam-Niemeyer, Monica Lam-Niemeyer, Patti Walters の労作である．

目　次

日本語版への序文 i
訳者まえがき iii
序　文 v
謝　辞 vii

第1部　環境計画の当事者と諸基準　1

第1章　アメリカにおける環境問題　3

1.1 歴史と背景 3
　1.1.1 産業都市の公衆衛生 4
　1.1.2 自然保護と資源有効利用 6
　1.1.3 自然系の維持 7
　1.1.4 自然再生と精神的価値 8
1.2 環境正義の動き 10
1.3 生物中心的な見方 11
1.4 新たな専門領域としての環境計画マネジメント 14

第2章　効率性，公平性，権利に基づく意思決定　19

2.1 生産的効率性と費用便益分析 19
2.2 道徳的権利と法的権利 21
2.3 環境正義と世代内公平性 23

	2.3.1	功利主義と分配の公正	23
	2.3.2	リバタリアニズムと権原理論	24
	2.3.3	環境上不公平であることの証拠	26
	2.3.4	国際的な環境正義問題	29
2.4	世代間公平性と持続的発展		30
	2.4.1	後世への道徳的義務	30
	2.4.2	持続的発展と分配の公正	31
2.5	生存可能な環境への道徳的・法的権利		33
	2.5.1	法的権利	34
	2.5.2	人間以外に対する義務	35
	2.5.3	法的自然権に向けて	36

第3章 環境法令と当事者　　41

3.1	合衆国環境保護庁とその成り立ち		41
	3.1.1	合衆国環境保護庁	42
	3.1.2	大統領と大統領府	46
	3.1.3	議会	47
	3.1.4	裁判所	48
	3.1.5	州政府	49
	3.1.6	法令の対象	50
	3.1.7	環境 NGO	53
	3.1.8	マスメディアと大衆	55
3.2	環境保護庁の規則制定プロセス		56
	3.2.1	行政手続法	56
	3.2.2	排水ガイドライン制定の手順	57
	3.2.3	行政管理予算局の役割	59
3.3	合衆国以外の環境関連省庁		60
3.4	地球環境問題への国際的対応		62
	3.4.1	国際協定の成立へ：オゾンホールを例として	62

3.4.2　有害物質の国際取引. 66

第 4 章　開発プロジェクト：主体，プロセス，環境ファクター　71

4.1　多目的水資源プロジェクト：New Melones ダムを例として . . 71
　　　4.1.1　1966 年までのプロジェクト計画策定. 71
　　　4.1.2　反対運動初期：1962 年〜1973 年. 74
　　　4.1.3　プロジェクト阻止闘争：1973 年〜1983 年. 76
4.2　公共プロジェクトの特徴 77
　　　4.2.1　制度的背景の複雑さ. 78
　　　4.2.2　大規模公共プロジェクトの不可逆的効果. 79
　　　4.2.3　不確実性下の意思決定. 80
4.3　計画策定とそのプロセス 81
　　　4.3.1　問題と目標の特定. 82
　　　4.3.2　代替案の作成. 84
　　　4.3.3　影響分析. 85
　　　4.3.4　代替案評価. 85
　　　4.3.5　計画の実施. 86
　　　4.3.6　プロジェクトの運営とモニタリング. 86
　　　4.3.7　公共計画への市民参加. 87
4.4　民間セクターによるプロジェクト計画 88
　　　4.4.1　カリフォルニア州の法令リスクと Dow 社. 88
　　　4.4.2　民間開発と法令リスク. 92

第 2 部　環境法令の設計と実施　97

第 5 章　環境経済分析　99

5.1　経済的資産としての環境 99
　　　5.1.1　物質バランスの視点. 100

		5.1.2 環境への結果	101
	5.2	消費者選択理論と需要曲線	103
		5.2.1 効用の最大化	103
		5.2.2 導出された需要曲線	105
	5.3	生産の理論と供給曲線	108
		5.3.1 生産関数と等量曲線	108
		5.3.2 最小費用生産	109
		5.3.3 費用という用語について	111
		5.3.4 供給曲線	113
	5.4	完全市場とパレート最適性	115
		5.4.1 完全競争市場	115
		5.4.2 パレート効率的配分	117
	5.5	競争市場における価格の意義	119
	5.6	環境資源が市場で効率的に配分されない理由	120
		5.6.1 所有権	120
		5.6.2 公共財	121
		5.6.3 共有財産的資源	122
		5.6.4 外部費用	123

第6章 環境の価値　　125

	6.1	資産としての環境資源	125
	6.2	経済価値と消費者余剰	127
	6.3	ヘドニック不動産価値法	130
		6.3.1 ヘドニック価格関数	130
		6.3.2 ヘドニック価格分析例	132
		6.3.3 ヘドニック価格法の問題点	133
	6.4	旅行費用法	134
		6.4.1 旅行費用法の適用例	135
		6.4.2 旅行費用法の複雑さ	137

6.5	抑止支出法	138
6.6	生産関数アプローチ	139
	6.6.1　生産性変化の影響を受けない価格	139
	6.6.2　価格に影響を与える環境変化	140
	6.6.3　市場水準効果	141
6.7	健康と寿命の評価法	143
	6.7.1　収入に基づく評価	143
	6.7.2　支払意思額に基づく評価	144
6.8	仮想評価法	145
	6.8.1　支払意思額と受入補償額	145
	6.8.2　仮想評価法の使用法	146
	6.8.3　仮想評価法の解釈	148
6.9	環境資源の価値評価の実践	149
	6.9.1　評価手法の選定	149
	6.9.2　便益評価と政策分析	151

第7章　排出規制の効率性　　155

7.1	潜在的パレート改善基準	155
	7.1.1　基準の不備	156
	7.1.2　生産的効率性	156
7.2	費用便益分析	157
	7.2.1　現在価値への割引	158
	7.2.2　割引率の選択	159
7.3	排出規制の最適水準	162
	7.3.1　Margarita Salt 社による塩化物削減の費用	162
	7.3.2　Cedro 川の水質と塩化物除去	164
	7.3.3　Long Shot Brewery 社の水質改善費用	165
	7.3.4　支出回避の便益	166
	7.3.5　Margarita Salt 社の総費用最小化	169

7.3.6　Cedro 川の例に見る現実との差違 170
　7.4　排出規制にかかわる公共介入の必要性 171
　7.5　公共介入の形態 173

第8章　指令と統制による環境マネジメント　175

　8.1　環境要件の種類 175
　　　8.1.1　環境基準 175
　　　8.1.2　排出規制基準 177
　　　8.1.3　技術に立脚した排出基準 178
　　　8.1.4　技術的要請に基づく排出基準 180
　　　8.1.5　要件に関する他の形態 181
　8.2　廃棄負荷配分問題 182
　　　8.2.1　排水処理費用 184
　　　8.2.2　排水処理効果 184
　　　8.2.3　排水基準決定の効率性と公平性 185
　8.3　Delaware 川河口での BOD 負荷配分 189

第3部　予測と評価　195

第9章　プロジェクトの環境影響予測と対策　197

　9.1　影響の特定に向けて 197
　9.2　予測結果の判断方法 201
　9.3　実体モデルを用いた実験 203
　9.4　数理モデル予測 207
　　　9.4.1　科学的原則に基づくバクテリアの集積の予想 208
　　　9.4.2　統計モデルによる一酸化炭素の予測 214
　　　9.4.3　汚染物質の移送モデル 216
　　　9.4.4　ソフト情報に基づくモデル予測 218

第10章　環境評価手法　　225

- 10.1 多基準分析 226
  - 10.1.1 貯水池配置案を例として 226
  - 10.1.2 評価ファクターと重み 227
- 10.2 費用便益分析の拡張 229
  - 10.2.1 伝統的費用便益分析の限界 229
  - 10.2.2 多目的問題への費用便益分析 230
  - 10.2.3 拡張費用便益分析の実施：Nam Choan ダム ... 231
- 10.3 ファクター別重み付け表 234
  - 10.3.1 順位に基づく表の作成 234
  - 10.3.2 ファクター別重み付けの総計 236
  - 10.3.3 目標達成行列 237
- 10.4 環境リスクアセスメント 239
  - 10.4.1 リスクアセスメントの基礎 241
  - 10.4.2 経年的低レベル曝露 242
  - 10.4.3 産業事故とシステム故障 246
- 10.5 代替案評価に向けたリスクアセスメント 249
  - 10.5.1 有害物質の経年的曝露 250
  - 10.5.2 産業事故および技術的システムの故障 252

第11章　公衆参加と合意形成　　259

- 11.1 公衆参加プログラムの目的 259
  - 11.1.1 官公庁の目的と市民の目的 260
  - 11.1.2 市民参加のレベル 261
- 11.2 公衆とは誰か 262
- 11.3 公衆関与の手法 264

(9.4.5 キャリブレーションとバリデーション .... 221)

```
        11.3.1  会合を基本とした関与手法 . . . . . . . . . . .  265
        11.3.2  会合以外の関与手法 . . . . . . . . . . . . . .  266
  11.4  公衆関与の向上策：事例分析 . . . . . . . . . . . . . .  267
  11.5  環境資源問題の紛争解決 . . . . . . . . . . . . . . . .  269
        11.5.1  環境調停の先がけ . . . . . . . . . . . . . . .  270
        11.5.2  原則に基づいた交渉 . . . . . . . . . . . . . .  271
  11.6  環境調停の三つのフェーズ . . . . . . . . . . . . . . .  272
        11.6.1  調停の交渉前段階 . . . . . . . . . . . . . . .  274
        11.6.2  調停の交渉段階 . . . . . . . . . . . . . . . .  275
        11.6.3  調停の交渉後段階 . . . . . . . . . . . . . . .  277
  11.7  環境意思決定における裁判外紛争処理の適用 . . . . . . .  277
  11.8  裁判外紛争処理の可能性 . . . . . . . . . . . . . . . .  278
        11.8.1  裁判外紛争処理はいつ行うべきか？ . . . . . . .  278
        11.8.2  裁判外紛争処理は裁判より良いか？ . . . . . . .  279

欧文索引（対訳付） . . . . . . . . . . . . . . . . . . . . .  283
和文索引（対訳付） . . . . . . . . . . . . . . . . . . . . .  293
人名索引 . . . . . . . . . . . . . . . . . . . . . . . . . .  303
```

第1部　環境計画の当事者と諸基準

　現代的環境主義 (contemporary environmentalism) は1960年代に生まれた．以来，環境悪化に対して人びとの関心が高まり，環境の質を維持することに力が注がれるようになった．水質，大気質を制御する方法は多くの国で広まった．新しい法令と法律によって政府官庁は，その意思決定がもたらす環境へのインパクトを明らかにせねばならなくなった．人間がもたらす環境への影響に対する関心の高まりから環境計画マネジメント (environmental planning and management) という研究分野が生まれた．

　第1部は全4章で構成される．第1章では現代的環境主義を概観する．環境マネジメントのこれまでと今日の課題を明らかにしながらアメリカの環境主義の歴史を描き出す．第2章では先に示す歴史的背景から導き出された，環境に影響を与える意思決定の基準を紹介する．そのうちのいくつかは環境悪化防止の貨幣価値がその費用を上回るべきという考え方や便益と費用の配分は公平とすべきといった考え方に基づいている．これら以外に，地球上のわれわれの生活を維持するべく法的，道徳的義務に及ぶ基準もある．

　第3章では環境法令 (environmental regulation) にかかわる当事者を示す．ここでは米国の例を示すが，他国あるいは国際的にも共通しているものであることが確認できる．第1部の最後となる第4章では，ダム，化学プラント等の大規模開発計画に法令がいかに影響を及ぼすかを示す．また，公共，民間は環境の質に関する法律や環境影響評価 (environmental impact assessment) においてそれぞれどのような役割を果たすかを，事例を通じて示す．

以上，第1部では環境法令，環境影響評価にかかわる主体，そして彼らが行う分析の基準を紹介する．これらは，以下で触れる政治的，経済的あるいは技術的な諸課題を理解するうえでの基礎となる．

第1章　アメリカにおける環境問題

　人はなぜ環境を守ろうとするのか．よい経済投資になるからか？ それともモラルや種の保存にかかわる法的義務によるものか．この章では米国の現代の環境主義 (environmentalism) がどのような歴史をたどってきたかを確認する．

　まず1世紀にわたって使われてきた「環境主義」と「環境計画マネジメント」という言葉について考察する．環境マネジメントという言葉は最近のものだが，市民が環境質を維持しようとしてきたこと，専門家が理論と経験に基づいて環境をマネージしてきた歴史は長い．環境主義は，何らかの意思決定に直面するときに，環境に対して体系的な考察を行うものである．米国では後述のような歴史をたどるが，国によって異なるものとなっている．

　本章は4部構成となっている．そのうち三つは環境計画マネジメントの歴史と将来目標を理解するための基礎となる．1.1節では，長くつづいてきた人間中心主義的 (anthropocentric) 動機を取り上げる．すなわち人々の公衆衛生，自然資源，大地の恵みを精神的目的に基づいて維持しようとする営みである．1.2節では環境正義 (environmental justice) という考え方を取り上げる．有害廃棄物処理施設 (hazardous waste disposal facility) がしばしば民族的マイノリティ (ethnic minority) を軽視して配置されるといったことに起因して生まれた考え方である．環境悪化防止の費用と便益をいかに公正に配分するかを意思決定者に強く問うてきた．

　1.3節では生物中心主義 (biocentrism) を取り上げる．人類だけではないさまざまな生物種に対して向けられたものである．時に哲学的である．本節ではこの見地から，環境悪化防止のゴールとこれまでの軌跡を確認する．

1.1　歴史と背景

　環境悪化防止の動機の一つとして人間中心主義という考え方がある．環境悪

表 1.1　環境マネジメントの人間中心主義的基礎

公衆衛生：	技術的ニーズに応えて安全な水や基本的な衛生環境を提供する
資源の有効利用：	自然資源を生産に用いる際に浪費を回避する
自然系の維持：	人間と人間が価値を認める生物が生きるに適した地球環境を確保する
野生生物の保護：	美と再生の源泉を求めて人間が価値を認めるエリアを守る

化による人的な被害に多く関心が向けられ，これまでにたくさんの環境マネジメントプログラムが実行されてきた．たいていの人は環境がもつ価値そのものには目を向けていない．米国の環境主義には人間中心主義的な四つの視点が反映されている．われわれの健康，資源の有効利用，生命の維持，人間性の回復である（表 1.1 参照）．

1.1.1　産業都市の公衆衛生

　19 世紀の産業都市の環境質は想像を絶するほどひどかった．ゴミ，灰などありとあらゆるものが町中に捨てられ，堆肥とともにひどい状態になっていた．排水についても何ら規制がなく，悪臭が立ちこめ空気も悪かった．結果として，劣悪な衛生状態から腸チフス，コレラ，黄熱病，天然痘などさまざまな伝染病が発生した．

　伝染病を抑制する知識が十分ではなかった．伝染病発生と発生する環境条件の関係を整理することが重要と考えられた．このアプローチは現代科学としての疫学の一つの重要な枠組みであり，英国人の生活環境と健康の関係について調べた 1842 年の Edwin Chadwick の記念碑的研究の基礎となっている．これは 19 世紀にもっとも環境と健康に関して影響を与えた研究と称された．アメリカの公衆衛生の実践にも活かされ，同様の研究がニューヨークやボストンでも行われるようになった．

　Chadwick の研究によれば，防疫プログラムによって人びとは都市の衛生管理技術に関心をもつようになった．最大の防御は下水であり，防疫は医者ではなく土木技術者の仕事であるということを社会に気づかせた．人道主義 (humanitarianism) が Chadwick の研究の動機になっているものの，環境を復元することは，人間の健康を増進させ，家族関係を強める，そして何千もの市民を経済生活の本流に乗せると主張している．要するに経済的背景こそが都市の環境質を高めるというのである．

　Chadwick が研究を進めている頃，伝染病の拡大をどう説明すればよいのかという議論があった．直接接触が主因だとする主張もあれば，検疫と隔離が最良の手段とする主張もあった．その一方で，菌を増大させないように清潔にすることが一番ともいわれた．公衆衛生を維持するためには馬糞を処理し，清潔な水と空気と自然な食物を提供することだとされた．

　科学的ブレークスルーは 19 世紀後半に起きた．Luis Pasteur らが細菌の培養に成功した．このとき，これを科学的基礎に置く，今でいう衛生工学が誕生した．

　公衆衛生の初期にあった二つの様相は，環境悪化防止の歴史のなかで以後もつづいているものであり，ここで記述するに値する．一つは，19 世紀のニューヨークのスラム街における市民グループ，いわゆる環境非政府組織 (environmental nongovernmental organization) の活躍である．1843 年に設立された Association for Improving the Conditions of the Poor と 1864 年に設立された the Council of Hygiene and Public Health of the Citizen's Association が大きな存在であった．それらはロビー活動，教育キャンペーン，取材の売り込みを行っていた．その後，各地でも同様の活動が広まった．1888 年にシカゴで創設，メンバーを集めて工業地区の改善と調査を行った The Hull House Settlement などセツルメントワーカー (settlement worker) の取り組みも都市の衛生条件の向上に向けて闘った市民パワーの一例である．

　もう一つは排水処理の論争である．20 世紀初頭，衛生技師らは排水処理は不要な支出にしかならないと考えていた．清水で希釈さえすればよいと考え，清水がどれだけ必要かという計算法を開発した．衛生技師とは対照的に，医師らは排水前の処理を主張した．近年はこちらが議論となっている．しかし排水がすべて処理されるわけではない．そして大概の人は排水処理が行われるのは当然のことと認識している．最近は，経済性あるいは公衆衛生の見地からどこまできれいにすればよいかが議論となっている．

1.1.2 自然保護と資源有効利用

20世紀初頭,アメリカでは科学や経済学において森林,水,その他の天然資源に対する環境保全の取り組みが目立った.その主張はといえば,物質的欲求に相反するものではなく,開発を認めるものであり,天然資源の浪費はどうにかしたいというものであった.「開発と保全の調和」は Roosevelt 大統領のテーマであり,これに対して Pinchot がアドバイスを与えていた.

Gifford Pinchot は合衆国農務省林野部 (U.S. Forest Service) の初代代表であり,森林管理の科学化の提唱者だった.彼の環境に対する取り組みには三つの理念があった.第一は開発について,いまある天然資源の利用はいま生きている人間に利するものである.これは開発を容認するものとして Roosevelt と Pinchot に批判が向けられた面でもある.第二は浪費の回避こそが保全という主張である.資源の利用はしっかりとした受託責任と管理に基づくものである.第三は,天然資源は特定の人間だけに使われるものではなく,多くの人に利するべきものであるという主張である.これは初期の保全運動に強いイデオロギーを与え,Roosevelt 体制時にアメリカに強く広まった非独占 (antimonopoly) の動きに沿っている.

保全活動家たちは地質学,森林学,水理学など広い範囲で活躍していた.専門家は各分野で科学的かつ効率的に保全活動を行っていった.20世紀の前半は,多くの資源開発機関がこうした専門家を雇っていた.

多くの近代経済学者は,Pinchot の言う天然資源の有効利用に注目した.経済学者は労働,天然資源,その他の投入財の組合せに目が行くものである.経済学のゴールは費用対効果を最大化することである.それは生産的な効率性といえる.長きにわたって農業経済,水資源経済に関連するところで資源管理に関心がもたれてきた.この二,三十年のうちには環境経済学が生まれた.環境経済学の一つの仮説は,産業や都市から生じる廃棄物の受け入れは適切な(避けることのできない)方法である,というものである.排出削減量は費用対効果分析によって決まるものと多くの環境経済学者は考えている.生産的効率性に関心をもつ経済学者は,環境はいかに使われるべきか,という Pinchot の考え方に沿っている.

1.1.3 自然系の維持

　経済学者からすると，自然科学者たちはどのように資源が使われてきたかに長く関心をもってきたと解釈している．数十年前に生態学は一つの確立された学問になった．George Perkins Marsh (1864) は自然の調和を維持することが重要であると主張した．広い視野から書かれた彼の著書 *"Man and Nature: or, Physical Geography as Modified by Human Actions"* は，さまざまな科学的業績や個人的洞察に基づいている．Marsh がトルコやイタリアに特使として赴任していたことがきっかけとなっている．さまざまな範囲にわたる環境への影響を深く考察している．

　Marsh は自然系がさまざまな変化から回復する能力，人間の諸活動がその安定性，可逆性を損ないかねないことを明らかにした．人間が環境にもたらす悪影響についての研究により，人間が軽率なままでいると地球が人間社会を保つことすら危ぶまれると警告した．

　20 世紀前半に生態学が発達するにつれ，多くの人びとが Marsh の主張に科学的な根拠を与えようとした．Aldo Leopold(1933) は次のように述べている．

> 土地との調和的なかかわりは，歴史家が悟り始めている以上に複雑で文明的である．文明は普通に思う以上に安定的で不変的な地球のうえで成り立っている．人間，動物，植物と土地の相互協調的な関係は何らかの過ちによってもろく崩れうる．土地に対する不遜は国を侵し，またそれが繰り返されるおそれがある．

　人類の能力と人間による自然系の破壊は 1940 年に劇的に拡大した．第 2 次世界大戦後，放射性物質，合成有機化学物質などの新材料が出現した．これらの多くは変化することがない．そして無害な小物質に分解されることがない．科学者は，人類が自然系を乱す可能性が増大していることに何とか対応しようとした．

　現代の科学者は Marsh や Leopold と同じ立場にいる．人類は不可逆的に自然系を壊しているということである．Rachel Carson 著 *"Silent Spring"*（1962，邦訳：『沈黙の春』）に示されるような警鐘も鳴らされた．この名著では，鳥や他の動物が鳴かないような春がいつか来ることを想像している．新たな消費社

会の下で合成化学物質に侵されていく．たとえば，DDT といった殺虫剤が自然に対して意図しない結果をもたらす．

　農場，庭園，森林，そして家のなかでスプレー，エアロゾルなどが使われるようになった．害虫も益虫もいなくなり，鳥がさえずることも，魚が飛び跳ねることもなくなる．木葉は毒に覆われ，地中に永久に残りつづけていく．意図した相手はほんの数種類の雑草と害虫だけだったのに．この毒がいつかなくなると誰が信じられるか⋯．

　『沈黙の春』は第 2 次世界大戦後，本来あるべきでない環境悪化の重大さを世に説くために書かれた一冊である．

1.1.4　自然再生と精神的価値

　天然資源の有効利用と自然系の維持のために環境工学，経済学，生態学の連携は重要である．どの分野も功利主義的である．Chadwick ら公衆衛生改革の推進者らは，都市の衛生改善を通じて伝染病を減少させることで政府支出を抑えた．Pinchot らは，資源利用の非効率性を取り除くために保全運動に取り組んだ．Leopold や Carson といった生態学者らは，人間生活に好ましい環境を保つために地球環境に目を向けることの重要性を説いた．これらと対照的に，後述するような宗教や意識改革に基づいたさまざまな着想は明確な定量性をもつものではなかった．意外なことに，これらは技術者や経済学者，生態学者の実践的体験に基づいている．いくつかは精神的で，哲学的な内容を含んでおり，地球文明の将来に示唆をもたらしうる．

　アメリカの野生生物保護については，後に示すようにいくつかの課題が出てきた．18 世紀頃まで野生生物は神秘的なものであり危険を感じさせるものであったが，やがてわれわれは物質生産のなかに織り込んでいった．Wordsworth や Coleridge の詩にも，人里離れ，神秘的かつ寂しいような野生生物の棲息地に価値を見いだすようになっていたことが現れている．19 世紀後半にもアメリカ国内では野生生物保護運動があったが，小規模で内容的に新しいものではなかった．

　野生生物保護の根拠の多くは経済学や生態学に基礎をおいている．たとえば，自然プロセスや遺伝子の多様性といったことは農業，産業，医学に役立つ．また狩猟やリクリエーションの対象となる．こういった実用性が重要視されて野生

生物が保護され，多くの環境マネジメントプログラムの根拠になっている．それらは精神思想や哲学とはほど遠い．

アメリカ的自然超越主義

宗教的パワーに動機付けられた野生生物保護の動きもあった．Ralph Waldo Emerson や Henry David Thoreau など，19 世紀の超越主義者らの考えに従った野生生物保護がそれである．中心的思想は，人は心をもつことによって物質的世界を超えることができる，そしてそれゆえ精神的真実を理解することができる，というものである．歴史家 Roderick Nash によれば，超越主義者は野生生物のなかに入ることによって神を知る力，道徳的な完璧さをもつ機会を増大させることができると信じていた．Emerson はアメリカ超越主義者の祖であった．野生生物とともに暮らすことで神との親交が得られるとする考えを彼のエッセー "*Nature*" に要約して示している．

当時の野生生物保護は，超越主義者によってその精神的価値が高められていた．John Muir は強い共感を覚え，シエラネバダで活動を行った．Nash(1973) によれば，Muir は，自然には天に開く窓，神を写す鏡，木葉，岩，水に神の命が宿っていると語った．Hetch Hetchy Valley にダムが建設されようとしたとき，Muir はダムも水の塊として教会や寺院に劣らず神聖なものだと主張した．Muir に影響を受けた宗教的な運動が各地で進んだが，Muir がもたらしたものはそれだけではなかった．産業革命により過度に工業化，技術化されたわれわれの生活を情緒的，精神的に回復させるものとして，野生的な自然は何よりも重要なものだと理解された．

人間性とリクリエーション

野生的な自然は精神的にも物質的にもリクリエーションの源泉となると考えた人は Thoreau に注目した．森林，野生的な自然は人類に自然の恵みを与えてくれると述べ，政治運動において野性的な自然を失うことは，人間を弱くし，創造力を損なうものだと主張した．Thoreau 以来，野性的な自然の重要性は人間性回復の主題となってきたといえる．

しばしば大自然の絶景は清涼剤となる．希少な景観は自然保全運動の強い動機となる．たとえばグランドキャニオンでは，1960 年代に市民団体が景観保全

を理由として大規模水源プロジェクトに強く反対した例がある．ただ，この保全運動は富裕層によって行われた．対照的に一般所得層が問題にしてきたのは次に述べる環境正義である．

1.2 環境正義の動き

　環境保全事業の費用負担は必ずしも平等にならず公平性の問題を生み出す．たとえば政府が高額の自動車排ガス浄化装置の装着を課すと，貧困層に不当な負担を強いるものだとして強い批判が生じる．1980年代までは環境規制による所得配分への影響はあまり議論されてこなかった．当時，研究者もこのことを分析するためのデータと手法が十分になく，苦労し，かつ注目される成果は得られなかった．法律家 Richard Lazarus は環境保護庁のこの点に関する問題点を指摘した．また，多くの経済学者は所得配分よりも生産効率性にこだわりながら政府に対して政策提言を行っていた．

　最初に社会問題として顕在化したのはノースキャロライナ州 Warren 郡で32,000立方メートルに及ぶ土壌が有毒なポリ塩化フェニルや PCB によって汚染されていたことが発覚し，アフリカ系住民が抗議運動を起こしたときである（表 1.2 参照）．400人とともに逮捕されたワシントン DC 議会代表 William Fauntroy が会計検査院 (U.S.General Accounting Office) に有害廃棄物処理施設の所在地と人種構成の関係を調べるよう要求した．東南部8州を対象とした調査の結果として，近隣に有害廃棄物処理施設がある四つのコミュニティのうち三つで，黒人が人口構成の主要な位置を占めていることが明らかになった．四つのコミュニティでは黒人が38%を占めている．1987年には，CRJ(the United Church of Christ Commission for Racial Justice) によってさらに総合的な調査が行われた．会計検査院と CRJ の衝撃的な調査結果を端緒としてさらに研究対象は広がった．マイノリティは鉛，ペスト，汚染された魚などに晒されているとの結果が明らかとなっていった．さらに人種ではなく貧困がどのように影響しているかも調べられた．

　Warren 郡の事件を通じ，1990年代には環境正義は一つの重要な問題として採り上げられるようになった．環境保護庁 (U.S.Environmental Protection Agency) も1992年に，低所得層や民族的マイノリティが被っている環境負荷についてレポートを出した．そして1994年には Clinton 大統領が，市民の健康

表 1.2 環境正義のための運動の鍵となる出来事

1982 年	ノースキャロライナ州 Warren 郡の PCB 処分案に国内で抗議運動が起こる
1983 年	会計検査院が，南部にある民間の有害廃棄物処理施設の場所と人種の相関に関して資料を調査する
1987 年	CRJ が人種と有害廃棄物処理施設の関係を統計的に示した証拠書類を準備する
1990 年	ミシガン大学に環境正義の問題に関して研究者，活動家，環境保護庁が一堂に会して会議が開かれる
1992 年	環境保護庁がマイノリティや低所得者が被る環境コストが不当に高いことの証拠を示す
1994 年	Clinton 大統領が大統領令 12898 を発令し，環境正義の問題に言及する

にかかわる重大なアンバランスを解消するような戦略を諸官庁が打ち立てるよう大統領令 12898 を出した．

1990 年代前半には環境正義に関して NGO の動きが台頭してきた．Sierra Club など有力な環境団体は，環境正義を彼らの主要課題と位置づけた．1990 年に Sierra Club 代表は「人種問題は Sierra Club が取り組む課題となろう．わが国，そして地球上の環境正義にかかわる諸問題の解決は Sierra Club の 2 世紀めの第一の目標である」と宣言した．環境主義の動きは，主流的な組織が関心をもったこと以上に，人種問題への草の根運動の広がりに大きな意義があったといえる．

1.3　生物中心的な見方

これまでは人間中心主義に立脚した環境思想について触れてきた．それらは人間だけが価値を認識することができるという考え方に立っていた．たとえば，植物や自然は装置的な価値をもっているにすぎない．それらは人間の目的に適った手段としてしか捉えられない．

人間中心的な考え方に立てば人間は道徳に立脚している．言い換えれば，人間だけが価値のあるものを価値があると考え，モラル上の義務を人間に拡げていく．すなわち，特定の動植物の種を保存するといったことは人間にとっての

価値という点からのみ正当化される．たぶん遺伝子構造は医薬など諸産業において重要になるであろう．代わりにパンダやラブラドルアザラシにみられるように，生物種の保護は一般大衆のセンチメンタリズムによって支持される．重要なことは，保全の根拠が機能的な価値にないことである．ましてや生きる権利などを考慮することも論外である．

人間中心主義は環境思想の歴史において中心的役割を担ってきた．たとえば，Pinchot などの 1900 年代初頭の保全主義者の考えに反映されている．Pinchot の場合，保全は人間に益する賢く効率的な天然資源の利用というように捉えられる．人間中心主義は合衆国の野生生物保護にも反映されている．たとえば，野生生物は都市の雑踏のなかにはまりつつある人びとをリフレッシュさせる手段として捉えられる．センチメンタリズムは Pinchot の効用主義的な視点とは異なるが，人間の関心が中心に位置している．

一方，生物中心主義は人間ではない生物種にも本来的な価値を見いだすものである．犬はペットとして利用されるから価値があるのではない．犬は生きた有機体であり，それ自体が価値をもつ．

近代の生物中心主義の原点は 20 世紀の始めに遡ることができる．生物中心主義を言い出し，もっとも影響力をもっていたのは，アフリカで医学的な貢献を果たした Albert Schweizer であった．Schweizer は人間が他の生物と同様の権利をもつものとする倫理体系を提唱した．Schweizer の倫理視点では人間が非人間種の命を奪うことを認めているが，それは必要なときに限り，痛みをできるだけ少なくすることとして認めた．

生物中心主義は Muir の著作にも反映されている．ガラガラヘビは何に役立つのか．彼は，彼ら自身に役立つこと，彼らとともに暮らすことを嫌がる必要はないではないかと言う．また Muir は，世界は人間なしでは不十分であることを示した．顕微鏡で見えるような小さな生物もそれなしでは不十分とみなすべきであると言う．Muir に従えば，人間は他の生き物に対して畏敬の念をもつべきなのである．

最近では，植物に対する道徳的義務の視点も出てきた．それは Leopold が提唱する倫理観に非常に近いものである．彼の著書 *"A Sand County Almanac"* の後半で，土地本位の倫理 (land ethic) ということを述べている．Leopold にとって倫理が適用されるコミュニティは人間に限定されない．土，水，木，動

物，あらゆる生命体で構成されるコミュニティに敷衍されるべきものなのである．Leopold は土地を利用しようとする人は経済要因だけでなく，倫理的に，審美学的に正しいかという疑問ももたなければならないという．Leopold (1949) は土地本位の倫理という考え方がこの疑問に対する答えだという．彼にとって物事はそれが全体性，安定性，生命体のコミュニティという美をもつに値するとき正しく，そうでない場合は何かが間違っているという．

　1970 年代は水環境が生物中心的に捉えられた時代である．環境倫理学が学問分野として出現した．倫理学は何をすべきで何をすべきでないかを解明する哲学の一分野であり，伝統的に人間だけが考えることのできるものとされてきた．環境倫理学は人間以外の生命体にも思考の対象を拡げた．1970 年代の環境倫理学の発達は "environmental ethics"，"ecophilosophy" といった学術誌の刊行により推し進められた．さらに，人間以外の生命を対象とする環境倫理についていくつかの学術誌が発行された．その後さらに大学での講義や教科書も出てくるようになった．

　哲学者のなかには人間以外の生物種をどのように価値づけるかを問い，また人間の利害を抜きにそれらを論じること自体を否定する向きもあった．これらの議論は，生命体の価値がそれ自体に帰属するものかそうでないのかということを考えるうえで重要であった．人間だけが相応の価値をもつと主張する哲学者もいれば，人間以外の知覚をもつ生物種に対する思慮も必要だと主張する哲学者もいた．さらに知覚をもつ生物種だけに思慮をもつのもおかしいという主張も出てきた．彼らはあらゆる生物種に哲学的価値を与えることが可能と考えたのである．そして，あらゆる生物種が道徳的義務感をもちうるという主張もあった．

　これらの論争に同意はみられなかったが，環境倫理にはさまざまな視点があることを明らかにした．たとえば，コロラド州立大学教授 Ralston 三世は五つの分類が可能だという (表 1.3)．深いエコロジー (Deep Ecology) は環境倫理のもっとも広汎な議論を行う一つの土台といえる．深いエコロジーという言葉は，本来ノルウェイの哲学者 Arne Naess による．深いエコロジーの諸原則は，人間中心主義の論理的根拠を批判するものである．生物中心主義は非常に関心が寄せられたが，けっして西洋道徳哲学の中心にあるわけではない．Passmore も言うように，人びとは動植物や風景を，人間を相手にするかのごとく正確に扱

表 1.3 環境倫理のタイプ

- 人間中心の倫理：人類を本質的に重視し，環境は手段とされる．この倫理体系では，伝統的な価値体系を環境に応用する
- 動物中心の倫理：動物保護に重点を置く．知覚の有無で動物を区別し，知覚のあるもののみ本質的に重視する哲学者もいる
- 動植物を問わず生物すべてを重視する倫理
- 危機に瀕した生物種を重視する倫理：種のレベルでの生命重視を意味する
- 土地本位の倫理：生物コミュニティなどに向けた道徳的関係に見られる

出典：Ralston, pp.206-210, 1996.

うべきだと決めても，動植物や風景は文明化されるものではなく，ただ生きつづけるだけである．

人間以外の動植物に対する道徳的義務感は広く受け入れられてはいないが，環境にかかわる意思決定のなかで重要な役割を担う．たとえば合衆国では，絶滅の危機にある生物種を守る法律をこの十年に整えた．人間ではない生物種についても，生命とその自由という特別な意味からこの国に所在しているものだとして決めたのである．

生物中心主義は Greenpeace などの有力な環境運動団体の活動方針にも影響を与えた．設立者の一人 Robert Hunter によれば，同団体は 1974 年に「人類の聖域からあらゆる生物種の聖域へ」と関心を拡げたのである．

動植物や生態系が道徳的な思慮という点から価値があるのかどうかは，環境に影響を与える意思決定において必ず直面する問題である．環境に影響を与える一つの行動が他の行動より望ましいかということを判断することにほぼ近い．その判断基準は次章で紹介する．

1.4 新たな専門領域としての環境計画マネジメント

これまで歴史的視点に立って，どういったことが環境を保護しようとさせる力になるのかについて述べてきた．人間中心主義は，公衆衛生や天然資源の有効利用といった点でさまざまな環境マネジメントプログラムに対する支配的な考え方でありつづけてきた．その一方で 1970 年代以降，二つの新たな考え方，いかに環境悪化が防止されるべきかということに関しての環境正義，人間以外

の生物種に対する道徳的義務というものが出てきた．

本節は，環境悪化防止のゴールという本章の主題からはやや逸れる．この節では新しい環境問題の解決手法，専門分野である環境計画マネジメント (environmental planning and management) について触れたい．新しい環境法令を満たすプロセス，特に計画されているプロジェクトに対して環境影響報告書 (environmental impact statement) を作成することの要件として，異分野の専門家が共同して作業にあたることが求められている．学際的な問題解決への要請と，そのために必要な意見交換を行うための組織を作ることは，1970年代には常識となった．

環境問題の横断的解決に向けていろいろな組織が現れた．陸軍工兵隊 (U.S. Army Corps of Engineers) のような政府組織もある．陸軍工兵隊は環境工学，都市計画，生物学，その他の専門家を配置し，環境改善に取り組んできた．環境保全を実行する責任がある地方自治体もさまざまな政策を打ち出してきた．さらに民間でも，新たな環境整備を実行するための組織の創設に特に資金面から貢献を為してきた．

1970年代は多くの環境コンサルティング会社が生まれた時代でもあった．それらは工学的能力をもつ企業として成長した．1970年代の環境法令は，高まる市民の期待とともにこれら企業の成長を促した．

組織の発達とともに学際的な集団が情報交換を行う場が求められるようになった．合衆国では，専門家とともに環境にかかわる政策を実行する場として，1975年に NAEP (全米環境専門家協会：National Association of Environmental Professionals) が設立された．設立とともにさまざまなフォーラムが開かれた．NAEP はまた，環境に関係する実務家のための倫理規定と行動基準を確立した．それは NAEP への参加の要件ともなっている．数年後に NAEP は，経験を積んだ，あるいは高度な知識をもったメンバーを公式の環境専門家として認定する作業を行った．

このようにして環境にかかわる専門性が認められようとしていたが，その専門性をどのようにして特徴づけるか，どのように呼ぶかについて共通の認識は生まれなかった．環境コンサルタントでウォータルー大学教授である Robert Dorney(1989) は，著書 *"The Professional Practice of Environmental Management"* で NAEP が作ろうとした専門家資格の不備を指摘した．Dorney は

環境問題の解決に取り組む人を環境マネジャーと呼ぼうとしたが，これが環境プランナーとどう違うのかという問題点に彼自身も気づいていた．受けた教育によって取り組んだものが異なっている．そのことは環境問題の学際性にも起因する．たとえば，大学教員や研究プログラムはここ 30 年で大きく変化した．本書でも明確な定義をしないまま環境計画，環境マネジメントという言葉を使いつづけることにする．強いて言えば環境プランナー，環境マネジャーは広い意味で以下のような仕事に従事する人びとである．

- 施設整備時に環境影響評価を行ったり，環境負荷低減，環境評価などにかかわる．
- 原子炉，軍事施設，廃鉱等の施設解体時に有害物質処理や環境回復に取り組む．
- 施設運営において廃棄物リサイクルや排出物質の監視を行う．
- 政策分析や環境政策実施における環境法令の有効性分析などを行う．
- 地域開発時の環境対策にかかわるさまざまな分析を行う．

以上は事例を挙げるにとどまっており，総括的な定義ではない．以下の章でも具体的な取り組みを取り上げて環境計画・マネジメントを解説していくこととする．

参考文献

Carson, R. 1962. *Silent Spring.* Boston: Houghton Mifflin.

Chadwick, E. H. 1842. *Report Into the Sanitary Conditions of the Laboring Population of Britain.* Reprint, 1965, ed. M. W. Flinn. Edinburgh, U.K.:Edinburgh University Press.

Dorney, R. S. 1989. *The Professional Practice of Environmental Management*, ed. L. C. Dorney. New York: Springer-Verlag.

EPA(U.S. Environmental Protection Agency).1992. *Environmental Equity, Reducing Risk for All Communities.* Report No. EPA230-R-92-008. Washington, DC.

Leopold, A. 1993. The Conservation Ethic. *Journal of Forestry* 31 (6): 634-

43.

Leopold, A. 1949. *A Sand County Almanac*. Oxford: Oxford University Press. Reissued in 1970 as a Sierra Club/Ballantine Book by Ballantine Books, New York.

Marsh, G.P. 1864. *Man and Nature;or Physical Geography as Modified by Human Action*. New York: Charles Scribner. Reprint, 1965 (ed. D. Lowenthal), Belknap Press of the Harvard University Press, Cambridge, MA.

Nash, R. 1973. *Wilderness and the American Mind,* rev. ed. New Haven: Yale University Press.

Passmore, J. 1974. *Man's Responsibility for Nature Ecological Problems and Western Traditions*. London: Duckworth.

Ralston, H., III. 1996. "Philosophy." In *Greening the College Curriculum,* eds. J. Collett and S. Karakashian. Washington, DC: Island Press.

第2章 効率性，公平性，権利に基づく意思決定

　資源をいかに効率よく使うか，飲料水の安全に対してどのような義務を果たすべきか，環境を守る動機や関心は個人，政府といった主体によってさまざまである．地域開発や環境法令に関して意思決定にどのような判断基準が求められるか，それらの基準の間でコンフリクトはないか等々，考えなければならないことは多い．本章ではそのような判断の基準を取り上げる．開発プロジェクトを手がける企業は水質，大気質などにかかわるさまざまな環境法令を遵守していかなければならない．

　本章では，最初に生産的効率性に目を向ける．中心となる分析的枠組みは費用便益分析である．一方で道徳的，法的な権利についても考えなければならない．この両面から環境正義について考える．具体的には 1) 環境を守るうえで国内または国家間でどのような費用と便益の配分構成であれば公平といえるか，2) いま行う開発で満たされるわれわれの世代と将来世代の関係をどう考えるか．これらは道徳的，あるいは法的な権利の話題にいたる．人間の居住権の問題であり，またあらゆる生物の権利の問題でもある．生物の権利ももっときちんと扱うべきだという主張もある．

2.1　生産的効率性と費用便益分析

　1930年代，Pinchot など自然保護論者らは費用便益分析 (benefit-cost analysis) といわれる意思決定手法の出現に助けられた．費用便益分析の基礎は数十年かけて築き上げられたが，1936年に洪水管理法 (the Flood Control Act) が議会を通って以来，すぐに広まった．洪水管理法はさまざまな公共事業を規定した．議会は官庁が多大な予算を確保しなければならなくなることに当惑した．洪水防止プロジェクトを行うならば財政的責任上，見込まれる支出に勝る便益がなければならないとした．以来，費用と便益の貨幣換算の方法は開発が進み，

数々の公共事業，環境政策に適用されていった．

　費用便益分析はさまざまな公的意思決定を支える手段として認められている．しかし，これは経済学者が考えた概念である生産的効率性によって正当化されている．一般的に生産的効率性とは，一定の入力に対して期待以上の出力があるというかたちで増大するものとされる．経済学者はより厳密に定義しているが，その詳細については第7章で説明する．

　ここでは生産的効率性について簡単に触れる．開発プロジェクトあるいは環境法令が生産的に効率的であるということは，純便益（便益から費用を差し引いたもの）が可能な限り大きいという意味である．ここで費用と便益は貨幣単位で示されている．便益と費用という言葉は特定のものを指しており，その定義は第5，第6章に示す．

　効率性の最大化は一つの目標である．費用便益分析は，ある政策が効率性を（最大化するとはいわないまでも）増大するか否かというよりも限定的な意味で使われる．一般的には，予定された政策，プロジェクトが生む便益が費用を上回っているかどうか，というようにしてこの言葉を使う．この種の分析を行う場合，便益が費用を超えないならば予定していた行為は行われないものとする．

　公共的な意思決定において生産的効率性の考え方を使うことは一般的である．生産的効率性を目的として費用便益分析はもっと行われるべきと多くの経済学者は主張する．費用便益分析の提唱者らは，環境政策や資源計画の適否を判断する際には生産的効率性を必ず考慮に入れるべきだと政策決定者らに説いてきた．

　資源計画への費用便益分析の適用事例はたくさんある．環境政策への実際的なインパクトを示す例としてその一つを紹介する．1981年2月，Reagan大統領は大統領令12291において，すべての新たな政策に費用便益分析を使わなければならないこととした．この方針は環境法令のプロセスを滞らせるものとして批判を受けたが，やめるどころか費用便益分析を合衆国の環境法令の策定プロセスに取り込むまでに至った．

　現状では，生産的効率性とその考え方に立った費用便益分析では，環境悪化防止や自然資源管理に対して完全な説明がついていない．意思決定基準のあり方や技術的限界などについても言及する必要がある．居住環境にかかわる権利や公平性の議論についても，費用便益分析の現状では十分な説明がつけられない．

　公共的意思決定における生産的効率性の考え方についての最大の限界は，コ

ストと利益についてその配分が考慮されていないことである．便益は集計されているだけで，誰が得して誰が損をしているかを問うていない．もし生産的効率性だけを考慮した意思決定を行うと，結果的に不公平を招く可能性がある．たとえば地価が安い，反対が起きにくいといった理由から，有害廃棄物処理施設が低所得者層が住む地域に配置されるという問題が起こりうる．同じようにして，有害廃棄物が先進国から発展途上国に移転されるという不公正が起こりうる．こういった生産的効率性に起因する不公平感がしばしば国際問題と化している．

また生産的効率性は，法的権利，道徳的権利の考え方を欠いている．法的権利，道徳的権利はしばしば生産的効率性を損なう可能性がある．合衆国最高裁判所の綿花産業における労働衛生基準に対する判例では，まさに生産的効率性と労働環境に対する権利のコンフリクトに直面した．

2.2 道徳的権利と法的権利

環境政策に関して議論する際，生産的効率性の最大化という意思決定基準に加え，しばしば権利の問題に直面する．たとえば，湿地の保全には地権者の所有権の問題がしばしば絡む．生物種保存の主張を聞くと，人間以外の権利について考えさせられることになる．ここでは環境政策上の意思決定における新たな判断基準，すなわち権利の問題，特に道徳的権利と法的権利の違いについて考察する．

法的権利はさまざまな法令によって規定される．結果として時間や場所によって異なったものとなる．たとえば合衆国では，18歳以上の男女は国民投票の権利をもっている．少し前までは18才以上20才未満にその権利は与えられていなかった．1920年まで遡ると，アメリカ人女性は年齢にかかわりなくその権利をもっていなかった．

一般に法的権利は人びと，企業等の法人に付与される．そういった法的権利が実効性をもつには，他者の権利を侵害する者に対して監督する力をもった公共組織が存在していることが前提となる．そして，法的権利を有する者は法令に基づく行動を自ら行使できなければならない．法的権利が成立するためのさまざまな基準は Christopher Stone (1974) によってまとめられ，生態系を守る人びとの活動を支えてきた．

法的権利が認められる一方，いかなる法体系からも独立した権利として道徳的権利がある．道徳的権利はいわば個々人が道徳的責任をもつと同時に存するものと言える．この個々人とは，哲学者の言い方によれば道徳的主体 (moral agents) であり，自分がいかに振る舞うかを考える際にもつべき道徳則を理解し，使うことのできる人びとである．子供や障がい者のようにそれができない立場は道徳的主体に当たらないが，道徳的主体に相当する人びとは，それらの人びとに対し，道徳的に適切に対処するべきとされる．

道徳則は，道徳的に認められる行動が何かを規定する論理的前提を提供するが，議論の余地はある．それらは記述的（経験的）というより規範的なものである．道徳はしばしば論争の種になるものである．たとえば，危機に晒されている生物種に対して人間は危害を与えるべきではないというケースを考えてみよう．あるフクロウの種が絶滅の危機にあり，オレゴン州の森林にはそのフクロウの種が棲息しているという経験的事実がある場合に，人びとはオレゴンの森林を伐採するべきではない，という結論に至る．実際，オレゴンで行われた伐採に対して激しい議論になった．

道徳観は，道徳権の所持者について言及する際の前提となるものである．哲学者の間でも論争の種になる．議論の本質は次のような話から明らかにできる．B さんが敬意を払うべき M さんに対して道徳権をもっているとする．B さんは権利の所持者であり，かつ M さんは道徳的主体である．これは M さんという道徳的主体について B さんには敬意を払わなくてよいということにはならない．

哲学者の間で大きく見解が異なるのは，B さんは道徳的主体かそれ以外の何者かということである．B さんは道徳的な議論に反応し，判断することができる以上は単に道徳的主体のうちの一人でしかないという主張もあれば，子供など道徳的主体と同等に位置づけられない主体を含みうる権利所持者と想定する主張もある．さらに権利所持者のなかには傷みや害を被る可能性があるという意味で，人間だけでなく動物も含まれるべきだと主張する哲学者もいる．

法的権利と道徳的権利とはそれぞれ別の議論であり，権利付与，役目，義務といったどちらでも使われる言葉がそれぞれで違う意味をもっている．法的要件には道徳上の理論に立脚しているものもあればそうでないものもあり，不公正で道徳的に当てにならないか否かも法によって異なる．しかし，道徳的制限はしばしば法の制定過程に影響する．実際，道徳的な訴えに基づいて法が制定

されることはよくある．

意思決定における道徳則，道徳的義務は環境にどのように影響するだろうか．たとえば，開発プロジェクトや環境法令が人びとの費用や便益の分配にどのような道徳的結果を生むかという議論がある．

2.3 環境正義と世代内公平性

公正あるいは正義に対する議論ははるか昔から行われてきた．公正に関するいくつかの概念が支持されているが，唯一絶対と言える定義や理論というものはない．環境に影響を与える意思決定がいかにあるべきかを考える際に，つねにこの公正に関する議論が生じてくる．環境問題の中心的課題はまさに公正の概念だと強く主張する哲学者もいる．

「分配の公正」は誰が，何を得るかについての議論である．環境に影響を与える意思決定において「何を」という問いに対して，大気質の向上などをもたらすポジティブな事柄もあれば，環境に悪影響を及ぼしている工場が閉鎖され，その結果として失業が生じるというようなネガティブな事柄もある．「誰が」という問いに対しては，国内に住む人もいれば他国の人びと，未だ生まれてきていない人を指す場合もある．これから生まれてくる人に対する義務の議論は「世代間公平性」の考え方の下に行われるものであり，次章で取り上げる．

公正の原理は，ニーズに対するものという文脈もあれば，貢献に応じたものという文脈の場合もある．異なる公正の原則を用いることは話を混乱させる．そのような混乱を避けるためには，公正の原則を理論としてまとめる必要がある．それらは Wenz (1988) にくわしい．

残念なことに，考え方がこれ以上に広がっているとはいえない．以下では二つのアプローチ，功利主義的公正とリバタリアニズム (libertarianism) に由来する考え方を紹介し，それぞれが環境問題にどのように相対しているかを説明する（表 2.1 参照）．

2.3.1 功利主義と分配の公正

功利主義は公正の理論とは違う．しかし，公正の原則の合理性を検討するうえでしばしば議論となる．功利主義の原形は 18 世紀のイギリスの哲学者 Bentham に遡る．彼は立法と社会政策の発展の基礎を築いた．現代功利主義的哲学者で

表 2.1 分配の公正への二つの哲学的アプローチ

功利主義——結果に焦点を置く
　政府の決定により富が公平に再分配されているかどうかは，社会のすべての構成員の効用（幸福）の総和によって測られる．政府の決定によって多くの負担を負う者もいるが，それは集計的な変化として捉える．

権原理論——手順に焦点を置く
　政府の決定により富が公平に再分配されているかどうかは，現在の分配が圧力や不正によって得られたものかどうかによって判断される．現在の富の分配が圧力や不正によるものでないならば，分配の公平な変化も圧力，不正，略奪，隷属を伴わない．

あり，動物の権利を主張している Singer (1993) によれば，古典的功利主義では，幸福を増幅することができる行動があり，これを行使しなければ幸福が低下するとすれば，それこそが権利の行使とみなされるものとしている．この文脈で功利とは曖昧な概念であり，幸福とは何か，満足とは何かも明確に定義されてはいない．古典的功利主義者は財やサービスの分配結果によって満足の総和が規定されるとしている．功利主義のもう一つの重要な原則は利得の公平性である．誰もが利得を勘定し，誰の間にもそれが等しいことが公平ということである．別の言い方をすると，幸福の大きさが何かによって変化するときに性別，民族，年齢などを問わず各自の利得の変化は同じ重みで測られる．

　環境問題にかかわる費用と便益の分配の判断に際し，いかに功利主義的原則が適用されているかはたくさんの判例に表れている．

2.3.2　リバタリアニズムと権原理論

　リバタリアニズムとは，政治における中心課題として個人の自由についての一つの主張である．リバタリアニズム派は，個々人は他者の自由を侵害しないかぎり，彼らが望むところにおいて自由であるというように捉える．しばしば政府が個人の生活にかかわるほど個人の自由は弱められてしまう．そのため政府は小さいほうがよいとする．リバタリアニズム派は無政府主義者とは違い，人びとを詐欺や武力から保護するためには小さい政府は必要であると考えている．

　リバタリアニズム派の多くは，個人の財産権は個人の自由を守るうえで重要であると捉えている．財産権が個々の生命と自由を守るうえで最大に有効に機

能するならば，政府が財産権を保証するべきであろうという主張である．

　Nozick (1974) は，権原理論と題して正義に関するリバタリアニズムについて考察した．功利主義と対照的に，権原理論は結果には目を向けない．正義をもたらすプロセスが中心的な関心事項である．権原理論では，罪やサービス (Nozick が言うところの holdings) の分配は，それが他の分配からみて公正と捉えられればよいとする．holdings は暴力，恐怖などを伴わないかぎり交換してよい．Nozick は略奪のような不公正な手段による holdings の配分について考察し，新たな公正の原則を追加した．

　Nozick による権原理論で公正とされる配分は，場合によっては不公平になる．配分があらゆる公共選択の基準を満足するとは限らない．暴力や略奪を伴わない場合でも配分の変化が必ずしも貧富のギャップを埋めるとは限らない．富める者が自発的に貧者に富を移転しようとするのなら，その結果としての配分は公正である．しかし，税などによって富める者が強制的に富を移転させられることは必ずしも公正ではない．権原理論がもたらしたものは，貧富に対する政府による所得再配分への知見である．権原理論では，現時点の再配分の結果が不公正な配分から続いているものだとしたら，そのような前提では議論は行わないこととしている．暴力や略奪，隷属による配分を認めないからである．一方，Wenz(1988) は地球上の環境資源が，暴力や略奪なしに配分された例は稀であることを示している．

　リバタリアニズムにおける公正の考え方は，いろいろな環境コンフリクト問題に対してあてはめることができる．Wenz は 17 世紀の英国における環境問題にかかわる所有権の問題を取り上げている．1611 年，William Aldrich は隣人の Thomas Benton を所有権にかかわる問題で訴えた．Benton は Aldrich が住む家の隣の敷地で豚を飼っていた．豚の悪臭は耐えがたいものがあった．そして Aldrich にとって，豚がいるほうに面する窓は景色のよい方向にあった．豚を売って生計を立てていた Benton は，われわれが生きるために豚小屋はなくてはならないものだといって，豚の臭いを我慢するようにと主張した．裁判所は Aldrich が臭いに耐えることに対して 40 ポンドを賠償することを決定した．結果としては，家をもっていることの所有権は減少している．判決によって Benton は豚を飼いつづけることができる．しかし Aldrich は視界を狭められることとなる．裁判所に従えば，賠償は豚を飼いつづけることによるもので

あって，相手の景観が損なわれることは問題にされていないことになる．

Wenz は，環境問題の基本的な解決において私的な所有権を議論に持ち込まないこととした．Aldrich と Benton の一件は所有権の保護が中心的課題であった．しかし新たな公正の原則が生まれうる．Benton は生計のために土地を使いたかった．Aldrich は豚の悪臭なしに生活したかった．判決はこの二つの所有権をバランスさせなければならなかった．

リバタリアニズムでは，共有物としてかかわる環境問題に対して決定的な結論を導くことができない場合がある．大気汚染の問題がその一例である．基本的には発生者負担の原則を適用すればよいが，たくさんの汚染者が大勢の人びとに悪影響をもたらす場合に問題が複雑になる．誰が誰に迷惑をかけたかが明らかであればいい．しかし，たくさんの人が汚染によって被害を受け，個々の被害は実際には小さい場合は法律を実行することがむずかしくなる．公害が明らかに存在しているとしても，個々の被害者にとっては問題があまり大きくない場合は，たとえ組織的にも法に訴えることが非常にむずかしくなる．

2.3.3 環境上不公平であることの証拠

環境保全にかかわる費用と便益の配分は，共通の基準から同じ分量を獲得することが平等であるという暗黙の基準によってはしばしば不公平になっていると指摘される (Wenz, 1988)．たとえば，産業廃棄物処理施設の候補地として同一条件の二つのコミュニティがあるとする．片方のコミュニティは低所得のラテン系が居住し，もう一方は中流の白人系が居住しているものとする．もし政治的，経済的に反対する力が弱いためにラテン系のコミュニティに立地することとなった場合，それは民族的かつ経済的な根拠により招かれた差別的な結果ということになる．廃棄物処理施設の技術的な条件においては両地域に違いがないにもかかわらずである．Bullard は焼却場立地に際し，低所得者からの反論がない状況をコンサルタント会社が利用したケースを取り上げている．彼は環境的に不公平をもたらしたコンサルタントを smoking gun と呼んだ．

環境の公平性については二つの論点がある．第一は，環境を守るプログラムの便益と費用が公平に配分されているか否かである．第二は，マイノリティや貧困層に過大な環境リスクを負わせていないかである．表 2.2 はこれら二つの論点に関連して今まで用いられてきた仮説である．

表 2.2　合衆国における環境不公正に関する仮説

・環境マネジメントプログラムの便益と費用がどのように分配されているか？
　公害コストの不相応なシェアを貧しい人々が負っていることが多い．
　郊外の公共レクリエーション設備による便益は中高所得者層が多く享受している．

・環境リスクの不当に高いシェアをマイノリティと貧困層が担っているのか？
　民族的マイノリティは非ヒスパニック系の白人に比べ不相応に高い公害による健康被害を受けている．
　マイノリティと低所得者は農薬などによる汚染に平均以上に晒されている．

環境悪化防止プログラムにおける不公平

　環境上の不公平について研究し，環境法令の遵守にかかわるコストが社会にどのように配分されているかを調べた事例がある．貧困層の所得において大きな割合を占めるとすると，費用負担が相応に大きくなる．このことが問題である．汚染軽減にかかわるコストがどれだけ価格に折り込まれるべきか，どれだけ利益を得てよいかを決めるのはむずかしい．多くの環境悪化防止プログラムは州や連邦の税金を用いて実施され，低所得者は中高所得者より低率で良いようになっている．しかしながら，たとえば自動車による大気汚染がどの層に大きな影響を与えているかを考えるとはっきりとしない面がある．排気ガスを減らすためのコストは，貧困層のほうがメンテナンスに所得の大部分を投じており，相対的に多く負わされているようである．環境法令によって工場閉鎖や雇用削減がもたらされることになり，この意味からも貧困層が相対的に不利益を受ける可能性がある．

　次に考えるべきは，環境マネジメントプログラムが中高所得者にどれだけの利益をもたらしているかについてである．たとえば Collins (1977) は，連邦政府が廃水処理施設への公的補助を行った結果，富がどのように配分されたかを分析している．Collins は公的補助がもたらした配分の結果を，貨幣的に見て純便益が高所得者に多く与えられたとして，「歪んだ」ものと結論づけている．貧困層も少なからず純便益を得ている一方で，中位から高位の所得層を中心に公的補助の恩恵を受けているということである．Harrison and Rubinfeld (1978) のボストン都市部の大気汚染の研究によると，割合という見方で言えば準貧困

層が恩恵を受けていることになるが，やはり中位から高位の所得層がその恩恵を絶対的に多く受けていたことを明らかにしている．

統計的な裏づけは少ないが，都市部ではない国立公園のようなエリアでは，中高所得者がその自然環境の恩恵を多く受けている．相対的に人口が多い低所得者よりも頻繁に国立公園を利用している．そういうエリアに行く機会をもつためには，自動車やそれなりの所得が必要なのである．

環境リスクの不公平

人種的マイノリティや貧困層が不当に環境リスクを多く負わされてきたかどうか，これまでに多くの研究がある．合衆国内の危険廃棄物処理場の配置計画に関して系統だった研究が 1980 年代に始められた．その後の結論は変わったが，初期の研究では人種，所得が配置箇所との間に関係があるとされた．いくつかの研究は，人種差別が配置計画に大きく影響したと指摘している．

人種差別問題が広く知られると同時にさらに研究が行われ，マイノリティは環境保護庁にどうにか動くよう働きかけた．環境保護庁ははじめのうちは改めてデータを入手しようとしなかったが，その後厳密なレポートを提出した．

環境保護庁による研究 (1992) では，鉛中毒など健康への影響において被害者と人種との間に関係する面があることを指摘した．かなりの率で黒人の子供たちは白人の子供たちより鉛の血中濃度が高いことが明白となっていた．環境保護庁は被害者に対する曝露量に関して結論を示した．人種的マイノリティや低所得者は大気汚染，危険物質，魚類，農薬を通じて平均より高い曝露量となっている．環境保護庁はおよそ人口 200 万人の農家のうち 80〜90%は人種的マイノリティであるとも指摘している．農業における化学汚染は人間の健康リスクの最大の課題である．環境保護庁は関連調査を怠っていることを批判されたが，その主要な結論は人種や社会経済状況に基づく環境不公平の問題を指摘する研究をつづけてきた結果として一貫性があったといえる．

環境リスクの配分という視点からすると，環境法はマイノリティを区別して等しくない規制をかけてもよいのか，という問題がある．天然資源を少ししか使わないからといって，マイノリティに対して環境規制を緩やかにしてよいか．ワシントン大学の法律学者 Richard Lazarus は，この点についてそれまでの研究を調べた．彼は合衆国のマイノリティコミュニティを調べ，課せられた罰金

表 2.3 平等保護の観点から見た環境公平性の定義

環境公平性
環境公平性は環境法によって守られる．例を挙げると，合衆国危険廃棄物処理プログラム下で，マイノリティが住む地域における有害廃棄物処理場は白人が住む地域より 20% も多く，国家的に優先して取り組むべき行動のリストに並んでいる．また，資源保護回復法に違反した企業に対する政府の罰金が，白人社会では黒人社会より 6 倍も高いということが示されている．これは不平等な保護である．

環境正義
環境正義とは（中略）環境公平性より指すものが広い．持続すべきコミュニティを支援する文化的基準，価値，ルール，法令，行動，政策，決定である．そこで人々は，自分たちの環境が安全に発展し利益を生むものであると確信しあう．
環境正義は，（中略）文化的多様性，生物学的多様性が共に尊重され，高く崇敬されるコミュニティによって支えられる．

転載許可（一部要約）：Bryant, 1995.

は低く，かつ環境規制に反することはより多かったと指摘している．

環境法が選択的に執行されていることから，研究者らは法の下で環境悪化防止に関する環境公平性を定義すべきと考えるに至った．ミシガン大学自然資源環境学部の Bunyan Bryant 教授もその一人である．Bryant 教授は表 2.3 に示すように，環境の正義と環境の公平性は異なるとする．90 年代の環境上の不公平に目を向けると，環境正義の考え方は政策判断において明らかにその重みを増している．

2.3.4 国際的な環境正義問題

環境正義の重要性の高まりは合衆国に限ったものではない．公平性について Alston and Brown (1993) は戦争と武器，国家間貸借関係，環境問題解決のコスト，有害物質の輸出入などにおいて，その問題の国際的な重要性を説明しているが，工場立地の決定問題については触れていない．環境法令が緩い第三世界に工場を立地することで国際的な不公平が生じることがある．国際上の環境公平性を深く考察することで，地球上の環境悪化に対する国際的な取り組みはより効果的なものとなるだろう．

2.4 世代間公平性と持続的発展

公平性の議論は現在生きる人びとの将来世代に対する義務の問題にも及ぶ．世代間公平性はしばしば分析の枠組みのなかで取り扱われるが，哲学者も環境マネジメントの文脈で真剣に取り扱ってきた．1970年代以降，多くの人が核廃棄物の不適切処理などを通じて戦後世代の特殊性を認識してきた．将来世代への義務ということを考えるようになったのはこのことに端を発している．

2.4.1 後世への道徳的義務

哲学者は世代間での便益と負担の公平性を一般的な分配的正義の議論と同じようには考えようとしなかった．将来世代もまた，居住可能で資源が枯渇していない環境に対して道徳的義務をもつはずだと言いたくなるが，将来世代は想像上のものでしかなく，したがって権利をもつこともできない，と哲学者は考える．たとえば Thomas Thompson (1980) は，将来世代，あるいはまだ存在しない世代がわたしに要求してくるものはないという言い方をする．たとえ彼らが要求してもそれは潜在的なもの，感情に訴えるに足るものでしかない．技術や嗜好の変化が速く将来に向けて今何をすべきかがわからないため現在世代の義務はよくわからない，とする哲学者もいる．Passmore (1974) は，われわれは，後世がわれわれに何を残すことを求めるかがわからない，わたしたちが努めて何らかの犠牲を払ったとしても長期的には悪い方向に向かってしまうリスクもあると述べている．

こういった反論があるにせよ，多くの哲学者らは議論として次世代への義務というものがあると主張している．特に興味深いアプローチは，ハーバード大学教授 John Rawls の名著 "*A theory of justice*" (1971，『正義論』) によるものである．Rawls は次世代への義務に関する多くの哲学的考察を基点として彼独自の二，三のアイデアを示している．

Rawls は合理的，利己主義的人間の間の仮想的な契約に議論の前提を置く．彼のアプローチは，契約者らが基本的な権利と義務を割り当てる原則を共有し，結果として社会的便益をどのように分割するかを議論することを想定する．Rawls は個々人が各自の強みや弱み，得手不得手を相互に知ることがない「無知のヴェール」を背景にした仮想的な契約を考える．Rawls が考えた練習問題は，無知の

ヴェールを取り去ったもとに契約者らがどのような行動をとるかを考えさせるものである．

Rawls は遠い世代に対する正義については確かめなかったが，親と子の世代の間の議論は行っている．仮想的な契約者たちを，彼らの世代を知らない世代として固定して知見を導き出している．

2.4.2 持続的発展と分配の公正

現世代が環境を使用するに際して，将来世代に向けて一定の制限を負うべき義務があるという考え方が環境政策を立案するうえでの一般常識となった．将来世代への義務が環境政策にどれだけ影響を与えるかを明確化することで，持続的発展の定義に世代間公平性の議論が取り込まれていった．持続的発展の定義として，将来世代が求めるニーズに適う可能性を妥協することなく現在のニーズを求めていくこと，というものもある．これは環境と開発に関する世界委員会 (1987)，いわゆる Brundtland 委員会におけるものである．

持続的発展という言葉を最初に用いたのは Brundtland 委員会のレポートではない．もともと生物種あるいは生態系の保護という文脈で用いられていた．Brundtland 委員会ではその持続的発展の考え方を拡大し，将来世代に対する現世代のバランスある義務の必要性に焦点を当てた．コミッションは世代間公平性，世代内公平性を考慮した持続的発展の概念構築に多大な影響を与えた．

持続的発展という言葉にまだ統一的な定義は確立されていない．しかし，曖昧だった持続的発展の考えを政策形成や計画づくりに役立てるよう概念構築に多くの研究者が寄与していった．たとえば，ノーベル経済学賞受賞者 Robert Solow マサチューセッツ工科大学教授は「持続可能性の具体化に向けて」と題して，持続可能な開発の道はいかなる世代においても後続者が今よりよくするオプションをもつことである，と述べている．持続可能であるために必要な義務とは，われわれと同等の生活水準を維持したうえであらゆるものを後世に残すことである，と主張する．

Solow の持続的発展の考え方の中心にあるのは自然を含む資源の枯渇と投資である．この文脈で資本 (capital) は財やサービスを生産するうえで使える資産 (asset) のことである．資本には森林や湿地帯などの自然資本だけでなく，人的資本，人工の資本も含んでいる．人的資本（あるいは社会資本）は人びと，能

表 2.4　弱い持続可能性と強い持続可能性

弱い持続可能性とは——すべての資本を維持する
例：純収入の一部を投じて総資産を充足すると続かなくなるであろう（例：科学的研究と教育への投資）． 　　仮定：人工資産と自然資産は代替可能とする．
強い持続可能性とは——人工資本と自然資本を個々に維持する
例：純収入の一部を投じて自然資産を充足すると続かなくなるであろう（例：太陽エネルギーへの投資）．

出典：Goodland and Daly, 1995.

力，組織，文化，教育，情報，知識などを含んでいる．人工資本は道路，工場，さまざまな道具などを含んでいる．

　Solow はさまざまな生産投資が持続的発展に関係することについて論じている．最小限の投資は固有の資本の継承を埋め合わせるようなものである．現世代は将来世代の犠牲の下に消費してしまいかねない．

　この持続可能性の考え方により，弱い持続可能性という言葉が生み出された．それは明白に人工資本と自然資本を区別するものではない．Solow は自然資本を機械や工場などと同じように計上しようとした．

　多くの生態学者，一部の経済学者は Solow が自然資本を人工資本と足し合わせることに同意しなかった．代替可能ではないからである．機械や技術的ノウハウといったもので構成される資本を考えると，もっとも少ない労働力ともっとも効率的な機械使用を想定するだろう．そしてそれらはほかで置き換えることができない．消えゆく生物種のような自然資本は何で置き換えることができるだろう．

　Goodland and Daly (1995) は，自然資本や人的資本のカテゴリーとは別に，経済発展をもたらす投資による開発を強い持続可能性と呼ぶこととした（表 2.4 参照）．たとえば，工場設備が湿地帯に開発された場合，経済的利益は得られるかもしれないが湿地帯を復元しなければならない．収入の一部が石油であり，それが持続可能なエネルギー生産として他の資本を使うよりもよいというケースもその例である．

　富の配分が不均等である場合に，持続可能性の定義はより複雑なものとなる．

たとえば Pearce, Barbier and Markandya (1990) によれば，開発とは望ましい社会的帰結をもたらすことを意味する．たとえば一人当たりの収入が増えること，健康や栄養状態が改善されること，教育を享受できること，資源が使いやすくなること，より公平な所得配分が実現されること，基本的な自由が拡大することなどである．

これらを開発の方向に向かっている持続可能な発展と定義する．それは時間とともに減るものではない．ただし自然資本が維持されることを前提とする．

持続的発展の必要性にかかわる議論は現在むずかしい問題に直面しつつある．もし将来世代のために現在の消費を意図的に縮小しなければならないときに，低所得者，高所得者にその縮小分をそれぞれどのように配分させることになるか，地球温暖化への不安を受けて現在は欧米に比べて低い水準の生活を営んでいる中国やインドが石炭の消費を今後抑えてくれるだろうかという疑問がある．

持続的発展は分配の公正に難問を投げかける．(1) どれだけ現世代が将来世代のために犠牲になることができるか，(2) どのようにして犠牲になるべきか．これらの問いは，持続可能性をどのようにして計測するか，実際の問題としてどのように示すか，将来世代への義務とは具体的にどういうことかといった問題とともに非常にむずかしい問題である．

2.5 生存可能な環境への道徳的・法的権利

最近まで人間だけが権利を，そして道徳をもっていると考えられてきた．歴史家 Roderick Nash (1989) が指摘するように，キリスト降誕後，生物はすべて権利をもたない，人間でないものは人間に仕えるものとして存在する，と考えられてきた．1970年代以降は多くの研究者が道徳哲学の限界を論じるようになった．このような議論が人間でない生物にどこまで拡張されるものかという問い，あるいは道徳の考慮は生物のレベルを超えているという主張もある．

これらの議論は生存可能な環境に対する法的，道徳的な権利の話に至る．基本的には地域における法的権利の話になる．またこれは痛みや病を認識する動物の権利の話にも及ぶ．そして動物や植物あるいは生態系が法的，道徳的な義務を負うのかという議論に行き着くことになる．

2.5.1 法的権利

個人は生存可能な環境に対し，道徳的な権利をもち，またこの権利は環境悪化に繋がる他者の行動を制限してでも守られるべきと考えられる．人間が地球上で生きていく上で個人の自由に対する制限は必要のようである．

合衆国内では，州によって州法で健康と環境に対する権利を保障している．たとえばペンシルバニア州では，1971年に制定した州法1条にそのことを謳っている．

何人にも基本的で侵されることのない健康と環境に対する権利という考え方は1960年代後半の連邦法にも見いだされる．1969年に環境保護庁が発足する際に，上院案では記載されていたが大統領府と上院による委員会では削除されてしまった．結果的に環境保護庁は個々の権利の保障までは明示していないが，アメリカ人の安全，健康，生産的で，活力があり文化的に快適な環境を提供することが発足の目的の一つとなっている．

Velasquez (1982) は1970年代に制定された環境プログラムにおいて，道徳的権利を一つの重要な要素として位置づけている．1972年に改訂された連邦水質汚濁制御法 (FWPC法：the Federal Water Pollution Control Act) もその一つである．国家目標として1985年までに航海水域における汚染者による排出を取り除くこととした．この目標に向けて，汚水を海水域に排出しているすべての都市，企業に対して環境保護庁が制限を課すことが認められた．議会は1983年までに制限レベルを決め，利用可能で経済的な技術を最大限に活かすよう環境保護庁に要望した．環境保護庁が経済的かつ利用可能な技術を使うことで達成可能と判断したうえで，個々の企業や都市に水質規制の要件を課す．社会的便益がそれらの規制コストを上回るか否かに関心が寄せられ，また誰が便益を受け誰がコストを負うことになるかという議論も生じたが，それらが環境保護庁の決定に影響することはなかった．Velasquezによれば，この連邦による強制的な規制は，市民に質の高い水に対する道徳的権利を認識させることに少なくとも暗黙のうちに影響を与えたと論じている．

健康と環境に対する法的権利は合衆国のみならずラテンアメリカ各国でも考慮されている．Brown Weiss (1989) によれば，環境に対する市民の権利が憲法では曖昧になっている国でも関連する法律はあるという．ブラジル，チリ，エ

クアドル，韓国，ニカラグア，ペルー，スペインなどである．

環境質に対する権利はブラジルの憲法では以前から記載されている．1988年に公布された225条がそれであり，そこでは環境権の所有者と責任について述べられている．

2.5.2 人間以外に対する義務

人間は生存可能な環境に対する権利をもっている．しかし人間以外に対してはどうか？　動物を大事にすべきということは数世紀にもわたって言われてきたことである．動物保護についてはいくつかの段階的議論がある．もっとも古いのは人間中心主義にかかわる議論である．1970年代までの主流となる議論は，動物を単なる手段として捉えたうえでの動物に対する人類の義務についてである．生物そのものの価値ではなく，人に供するモノとしての価値の捉え方であった．この視点では動物を可愛がるという視点しか出てこない．あるいは，隣人の猫を蹴ってはいけないのは隣人に対して許されないことだからというような話になる．また残酷な扱いはいけない，同じようなことを人間に対してもしてしまうからだというような話もそのような論理に基づく．

第二の議論は，動物は喜び，傷み，悲しみなど感情を得ることのできる存在である，ゆえに動物を大切にするべきという論理である．Benthamなどの近代功利主義者はこの視点に立っている．功利主義哲学者Peter Singer (1993) は，古典的功利主義の原則とともに，喜び，苦しむ能力は関心を抱くことの前提であるという原則を展開している．この視点に立てばあらゆる動物は関心をもつ，そして動物のさまざまな行為に対し，道徳的価値が配慮されなければならないという論理になる．

Singerの考え方に立ち，行為に対応する便益と負担を功利主義的に算定できるとした場合に，あらゆる便益と負担が人間だけでなく動物にも同等に及ぶという考えに至りうる．動物も含めたさまざまな個々の便益から負担を除いたものの総計が最大化されるような行為こそが道徳的に受け入れられるものであるという論理である．

功利計算の対象に従来含まれていなかった，感覚をもつ生き物も含むこととする功利主義者もいる．費用と便益をどう計測するのか，人間が優位に立つのは明白ではないかといった反論は多い．感覚をもつ生き物を功利計算に含むこ

とについてSingerらはあえて反論に受けて立ち，動物が医療や農業に使われていることを功利主義がどう捉えているかを紹介し，功利主義に対する攻撃と従来からの議論を広く取り上げ，動物の幸福に関する論争を展開している．

第三の議論として，動物の権利あるいは幸福を考えるというものである．アメリカの現代哲学者Tom Regan(1985,p22)は動物の権利について広くかつ深く考察している．Reganの理論の中心には「個々の生命の主題(subjects of a life)」がある．個々の属性，能力はそれぞれ異なるが，それらの違いには個々の価値が認められ，尊敬の念をもって扱われるものであり，またそうあるべきであるというものである．

Reganは，敬意を欠いた扱いが人間に対して行われてはいけないように，動物に対しても同様な行動がとられるべきであると主張する．Regan(1983)はこういった視点をもたない人びとに対しシステマチックに論駁してきた．たとえば「動物に個々の価値などない，なぜならば理性もなければ自立性も知性もないではないか」という問いかけに対し，Reganは「人間であれ，理性や自立性が十分でない子供や精神的なハンディキャップを抱えた人であればどう対応するか」と問い返す．

動物に功利主義的計算を敷衍する考え方，動物の権利に関する理論はそれぞれこれまでに動物の幸福に関する社会あるいは個人の意思決定に大きな影響を与えてきた．毛皮製品のボイコットや動物実験への反発などがその例である．これらの理論は個々の動物を考えさせるものであり，生物種や生態系に対するものではない．生物種や生態系の保護に向けた政治的活動は，どちらかといえば人間以外の道徳的権利とは別の議論に大きく依っている．

2.5.3 法的自然権に向けて

近年，法学者らは生物種や生態系と同様に，動物や樹木に対する法的考慮を深めようと考察を行ってきた．権利という言葉はよく使われるものだが，権利を認識するということ自体が法的に認識され，守られることに繋がる．さらに言えば，明示的に人間以外の法的権利を認めるということは，論理的にあるいはいろいろな混乱を招くものである．人間以外の関心が何かをはっきりとさせなければならない．こういった理由から，法の考え方を抜きにしてでも法的保護がいかにして守られるかを考えることは意味深い．たとえば，どのような権

利があるかを示さずして動物への虐待を禁ずる法によって動物は保護されるかを考えてみると，もし犬に対する残酷な行為を禁じる法がない場合に，犬に明白な権利がなかったとしてもそういう行為は起こりうる．法は，たとえば犬に対する人間の行為を禁じ，罰を課する状況を想定する．法学者によれば，法というものは犬に対して義務を作り出すのである．

他の例を挙げると，連邦法では船に上がってきたウミガメがいたら，漁師は人工呼吸をしてやらなければならないとしている．この場合，カメは漁師が果たすべき義務によって法的に守られるべきものと理解される．これはさらに，法的な権利を与えなくとも人間でない動物に対し，それを守ることが可能であることを意味している．

権利を与えずとも人間以外の生物を守ることはできるが，いくつかの環境法はもともと人間以外の生物に対して法的権利を与えていたと言える．合衆国での一例として，絶滅危惧種法 (ESA:the Endangered Species Act) は絶滅の危機に瀕している，あるいは脅威に晒されている動物種や植物種を保護する法律である．Varner (1987) によれば，道徳的あるいは法的なコミュニティのメンバーとして種を捉えれば，保存しようとする種を守ろうとする絶滅危惧種法の背景は当然のこととして理解できる．Varner が正しいとしても，多くの例外，絶滅危惧種法の前提に対する疑問はたくさんある．実際には，生物種の保護に関する法は人間中心主義を基礎に置いていると言える．

南カリフォルニア大学教授 Christopher Stone は，人間以外の生物に対する法的義務について議論を進めた．彼の大著 *"Should Trees Have Standing?"* (1988) では森林，海洋，河川といった自然環境に対して法的な権限を付与するというありえない状況を想定した．即座に反応があることを予想し，Stone はさらに環境が権利をもつべきだ，われわれが想像しうるあらゆる権利，人間がもっている権利をとは言わないまでも，と述べている．そしてさらに，自然物に対し法的権利を慎重に考えるべき時がきたという．

自然物の権利体系を機能させようとする Stone の考えは，ちょうど倒産した会社や耄碌した人に用意された法律のようなものである．危険に晒されていると感じ取った生物の仲間は後見人になろうとするかもしれない．環境運動団体はそれに代わる存在である．後見人の考え方でいけば，生物の後見人はたえず観察し，考察を深めて問題に取り組む．そうすることで原告は専門性と強力な

抵抗感により強いアピールを放つ.

　Stoneの著書は必ずしも賞賛されるとは限らない．"Should Trees Have Standing?" を書いていた頃，連邦最高裁判所は Sierra Club と Morton の案件を審議中であった．カリフォルニア州のセコイア国立森林公園内のスキーリゾート開発に対し，Sierra Club が開発を停めさせようとした案件である．最高裁は Sierra Club の訴えを退けた．スキーリゾートを開発しても Sierra Club に経済的な痛手はないということが示せない．よって原告として適格ではないという根拠である．この判決で原告は，自らの経済的あるいは他の損失を示さなければならなくなった．たしかに Sierra Club はクラブにおいてもメンバー個々人においても損失はなかった．

　Stoneは自然物の権利のことをずっと考えていた．そして Sierra Club と Morton の法廷闘争についても自然物の権利で説明ができると考えていた．森林公園は原告であり，Sierra Club がその後見人であるという捉え方である．Stoneの考えは法廷ではほとんど受け入れられなかったが，William Douglas 裁判官はこれに則って異議を唱えた．Douglas はのちに Sierra Club を森林の法的に適格なスポークスマンと捉えた．大半の裁判官は Sierra Club を支持しなかったが，法廷を通じてその存在を示すこととなった．

　連邦裁判所で後見人の考え方と結びついた判例は少ない．Stone は裁判の前提が1970年代に変わったという．20年間のうちに連邦裁判所がリベラルになり，原告の主張が通りやすくなった．そのようにして1970年代に環境にかかわる法律の数々が作られていった．

　後見人の考え方が広がった他の流れとしては，旧来の公益信託の考え方から環境問題に対する政府の権利を保障する動きがあった．特に空気や海，未開の島などを市民の共有財産として捉えるものである．政府はこのとき，公益信託の対象となる資源を管理する役割をもつ．公益信託の考えを拡張する捉え方は最近のものであり，今後に議論が発展しそうである．

参考文献

Alston, D., and N. Brown. 1993. "Global Threats to People of Color."
　In *Confronting Environmental Racism*, ed. R. D. Bullard, 179-94. Boston: South End Press.

Brown Weiss, E. 1989. In *Fairness to Future Generations: International Law, Common Patrimony and Intergenerational Equity.* Tokyo: The United Nations University, and Dobbs Ferry, NY: Transnational Publishers.

Bryant, B., ed. 1995. *Environmental Justice: Issues, Policies and Solutions.* Washington, DC: Island Press.

Collins, R. A. 1977. The Distributive Effects of Public Law 92-500. *Journal of Environmental Economics and Management* 4(4): 344-54.

EPA(U.S. Environmental Protection Agency). 1992. *Environmental Equity, Reducing Risk for All Communities.* Vol.1, Report No. EPA 230-R-92-008. Washington, DC.

Goodland, R., and H. Daly. 1995. "Environmental Sustainability. In *Environmental and Social Impact Assessment,* eds. F. Vanclay and D. A. Bronstein, 303-22. New York: Wiley.

Harrison, D., Jr., and D. L. Rubinfeld. 1978. The Distribution of Benefits from Improvements in Urban Air Quality. *Journal of Environmental Economics and Management* 5: 313-32.

Nash, R. 1989. *The Rights of Nature.* Madison: University of Wisconsin Press.

Nozick, R. 1974. *Anarchy, State, and Utopia.* New York: Basic Books.

Passmore, J. 1974. *Man's Responsibility for Nature, Ecological Problems and Western Traditions.* London: Duckworth.

Pearce, D., E. Barbier, and A. Markandya. 1990. *Sustainable Development: Economics and Environment in the Third World.* Hants, U.K.: Edward Elgar.

Rawls, J. 1971. *A Theory of Justice.* Cambridge, MA: Harvard University Press.

Regan, T. 1983. *The Case for Animal Rights.* Berkeley: University of California Press.

Regan, T. 1985. "The Case for Animal Rights." In *In Defense of Animals,* ed. P. Singer. Oxford: Basil Blackwell.

Singer, P. 1933. *Practical Ethics*. 2d ed. Cambridge, U.K.: Cambridge, University Press.

Stone, C. D. 1974. *Should Tree Have Standing?* Los Altos, CA: William Kaufmann.

Stone, C. 1988. *Earth and Other Ethics*. New York: Harper & Row.

Thompson, T. 1980. "Are We Obligated to Future Others?" In *Responsibilities to Future Generations,* ed. E. Partridge, 195-202. Buffalo, NY: Prometheus Books.

Varner, G. E. 1987. Do Species Have Standing? *Environmental Ethics* 9(1): 57-72.

Velasquez, M. G. 1982. *Business Ethics: Concepts and Cases*. Englewood Cliffs, NJ: Prentice-Hall.

Wenz, P. S. 1988. *Environmental Justice*. Albany: State University of New York Press.

World Commission on Environment and Development. 1987. *Our Common Future*. Oxford: Oxford University Press.

第3章　環境法令と当事者

　環境政策を実施するプロセスは国によって，あるいは国内でもさまざまである．しかし，環境法令を展開する官公庁については共通する面もある．環境保護庁などと呼ばれるこの種の官庁は，短いながらもその歴史を歩んできた．1970年以前にはどの国にもこういった官庁は存在しなかった．

　環境保護庁は厳しい制約の下で活動している．この種の官庁はしばしば厳しすぎるか緩すぎるかいずれかのようである．法令に則った組織として環境保護庁と他の官庁を見てみると互いに干渉しないように活動していることがわかる．一方，個人で活動している市民あるいはNGO（非政府組織）は環境保護庁に影響を与えうる存在である．

　本章では環境政策を実施する官庁を動かすもの，主体を明らかにする．最初の節では合衆国環境保護庁，その他の官民双方の多くの組織を紹介する．次節では環境保護庁による法令の制定，環境保護庁が環境問題に対する法令を設計する一般的なプロセスに着目する．これら二つの節でNGOが政策形成において演じる役割にも目を向ける．

　第3節では合衆国以外にも話を広げ，環境に関連する官庁の今後のあり方についてくわしく触れる．第4節と最終節では国際的な枠組みに言及する．具体的には国連環境計画(UNEP:United Nations Environmental Program)を紹介し，国連環境計画やNGOが地球環境問題の解決にどのようにかかわっているかを分析する．

3.1　合衆国環境保護庁とその成り立ち

　合衆国の環境保護庁には大統領，大統領府，議会，連邦裁判所，州立裁判所，法令の対象となる諸コミュニティ，NGO，マスメディア，大衆がそれぞれ影響力をもつ（図3.1参照）．法令の対象となるコミュニティとは，環境保護庁の規

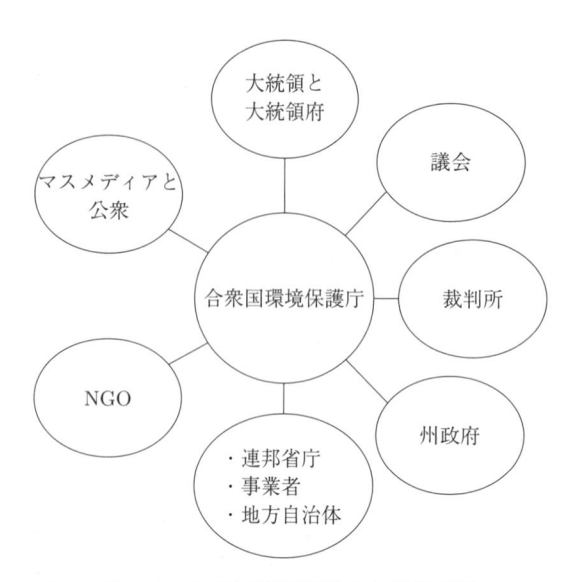

図 3.1 合衆国環境保護庁と組織環境

制の対象となる企業や民間組織，州や中小自治体，他の連邦省庁のことである．まずは環境保護庁の説明から始める．

3.1.1 合衆国環境保護庁

合衆国では 1960 年代に環境質の低下が政治問題として顕在化した．Richard Nixon 大統領は他の政策，特に経済政策などと同様な形で環境問題に対処できないものかと考えつづけていた．1969 年，Nixon 大統領はどのようにすれば環境を管理するような官庁組織を作ることができるかを調べるよう指示を出した．

最終的に各官庁で取り上げていた諸々の環境問題に対し，一括してプログラムを作って対応する一つの組織を作ることとした．この組織には問題に対する見通しがよくなるようにし，また大統領には直言し，体系的かつ総合的に取り組めるようにした．

1970 年 9 月，Nixon は環境保護庁を創設するために政府を再編することを議会に大統領案として上程した．1939 年の政府再編法の下で議会は 60 日間をかけて審議した．上院も下院も 1970 年 9 月に環境保護庁を創設するという Nixon の提案に反対しなかった．

表 3.1 合衆国における環境対策費[a]

年間総コスト	1972	1987	1990	2000[b]
1986 年評価額	26	85	100	160（10 億ドル）
1990 年推定額	30	98	115	185（10 億ドル）
対 GNP 比	0.9	1.9	2.1	2.8（%）

[a] 出典：合衆国環境保護庁 (1991). 主要な支出は利子率を 7%として毎年分を積み上げている.
[b] 数字は 1991 年に制定されたプログラムが 2000 年までにすべて実施されるものとして推定したもの.

　既存のプログラム 10 個が環境保護庁創設に合わせて作り直された．もっとも大きいプログラムは，内務省によって作られた水質マネジメントプログラム，厚生教育福祉省によって作られた廃棄物と大気質のマネジメントプログラムである．他の省庁によるペスト，放射線衛生，水道衛生などに向けたプログラムも集められた．1971 年度に 5200 人の職員，11 億ドルの予算でスタートした．
　環境保護庁の主要な役割は議会が求める環境法の実行である．政策と法令を展開し，研究やモニター活動などさまざまな活動を実施する．先々の環境問題を回避するために，議会に新たなプログラムを提案することもある．
　ワシントン DC に本庁を置き，政策を設計，法律を制定し，またプログラムの評価を行い，各州では環境政策を管掌する部署や企業，関係機関と接触する．国内に計 10 箇所の地方事務所を配置し，それぞれに管轄するエリアを割り当てている．
　1980 年代，発足して 10 年が経ち，環境保護庁は 12000 人のスタッフを抱え，およそ 50 億ドルの年間予算をもつようになった．この予算の数字は事実を正しく伝えていないかもしれない．大量の補助金を含んでいるからである．1980 年の場合，50 億ドルを上回る予算のうち官庁運営には 15 億ドルが使われた．残りは地域処理施設の建設費などに向けた補助金として州政府，地方自治体に交付された．
　予算は環境の各種分野に細分化される．主要な部分は企業，政府による空気清浄装置，排水処理設備，廃棄物処理施設の購入，埋立てなどに使われる．表 3.1 に環境保護庁のプログラムに基づく総支出額を示す．1972 年から 1990 年にかけては法令遵守にかかわる支出は 300 億ドルから 1150 億ドルへと跳ね上がった．1990 年には国民総生産のおよそ 2.1%にも及んでいる．

表 3.2　1987年の環境保護庁プログラムのコスト[a]

	（10億ドル）
水：	
点源負荷	33.6
面源負荷	0.8
飲料水	3.1
大気：	
固定汚染源	19.0
移動汚染源	7.5
その他	0.3
固形廃棄物（資源保護回復法指定）：	16.7
有害廃棄物：	
資源保護回復法指定	1.7
スーパーファンド法指定	0.7
農薬：	0.5
有害化学物質：	0.4
その他（環境保護庁指定以外も含む）：	0.8
放射線：	0.3
合計：	85.4[b]

[a] 出典：合衆国環境保護庁, 1991.
[b] 1987年の総コストは 8529万ドルと報告されている．この表中にある合計との若干の相違はデータを丸めたことにより生じている．

　環境保護庁のプログラムに基づく支出の内訳を，1987年を例として表3.2に示す．図3.2に示すように，大きな支出の対象は水質汚濁と工場等による大気汚染である．次いで大きいのは廃棄物処理である．さらに包括的環境対処・補償・責任法（CERCL法：the Comprehensive Environmental Response, Compensation and Liability Act）と資源保護回復法（RCR法：the Resource Conservation and Recovery Act）の施行により，有害物質にかかわる支出が今後増大するであろう．

　他の省庁と同じように環境保護庁にとっても予算と人員の規模は重要である．議会から受けた指令を達成していかなければ予算も人員も保証されない．法令を発布し，施行するにあたっては，それによって国内の経済活動が停滞することは好ましくなく，行き過ぎがないよう気をつけなければならない．規制を受ける法人は納得がいかない場合，環境保護庁に制限を緩和させるよう議会に対してロビー活動を行う．その結果として環境保護庁の予算が減らされる可能性

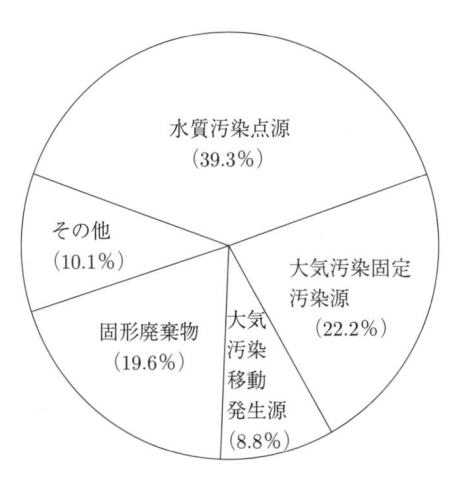

図 3.2 1987年の環境保護庁プログラムに対応する費用プログラム
注) 合衆国環境保護庁資料 (1991) に基づく

もある．環境保護庁が規制をかけても関係者が協力的でないと効果が出ない場合がある．規制が順守されない場合に，環境保護庁としては限られた人員で多数の関係者を相手に働きかけるようなことはできない．実質的に環境保護庁には法令を順守するよう働きかけるための政治力が十分になく，関係者が示す協力の姿勢のうえで法令の施行が成り立っている．このために環境保護庁はプログラム実施に際して交渉を働きかけ，また関係者への啓発を試みることとなる．

　もちろん環境保護庁にもミスがないわけではない．環境運動団体や議会委員会の審議結果に対する反対運動から批判あるいは告訴を受けることもある．環境運動団体は，環境保護庁が法的に正しくないと受け止めると議会に対してロビー活動を行い，連邦裁判所に訴えることも多い．議会は環境保護庁の規制を緩めるためにいろいろな方法を使う．たとえば，環境保護庁の担当者の法令執行における決定権を減じることなどがある．逆に環境保護庁が法令の対象となる諸団体に対して立場が弱いと思われるときには議会が強制権を発動することもある．1980年代に環境保護庁の担当官が有害物質処理に関する特別法の下で特定企業の不正を見逃したのではないかという疑惑があった．その際に議会は調査活動に踏み込んだ．このようにして環境保護庁は，法令を強く執行しつつ法令に従う組織としてバランスを保っている．

議会はさまざまな判断基準や政策の下，環境保護庁をコントロールしようとする．しかし議会の提案は曖昧なことが多く，環境保護庁において法的な解釈を行う必要に迫られることがある．法文を制定するプロセスにおいて曖昧さは自由度の確保にも繋がるが，法文に合意を得るうえで反論に応えられるものでなければならない．しばしば環境問題は複雑であり，議会は曖昧さをともなう提案を行ってしまう．法文を制定する側としては時間や専門家が不足し，科学的，技術的な検証を十分に行えないこともある．そのためにしばしば具体性に欠ける法令となることが課題となる．1970年代，議会が排水処理について「使用可能で最良な技術」を使うよう要求し，結果として環境保護庁は「使用可能で最良」の定義を行わなければならなかった．議会はまた，法令施行のための戦略と戦術の立案を環境保護庁に要求することがある．裁判で負けないように立案は十分に練らなければならない．環境保護庁には環境法令を遵守させるための強制措置を執行する権限も与えられている．しかしながら，こういった業務を遂行するにはやはり人的資源が限られており，強制措置の執行は中途半端にならざるをえない．

以下では環境保護庁の仕組みをより体系的に説明する．彼らの中心的業務は環境法令の設計と実施である．合衆国連邦政府の事例に限定するが，他国あるいは州や各種地方自治体においてもほぼ同様と見てよい．

3.1.2 大統領と大統領府

政府の一機関とはいえ大統領でも環境保護庁を完全に掌握しているわけではない．一つの掌握方法は長官と上層部の人選である．実際に長官の選出にはそのようなメッセージが含まれている．Ronald Reagan 大統領は Anne Gorsuch を選んだ．その含意は環境保護庁の産業界への影響を後退させることであったとされる．Gorsuch は大統領への忠誠心を示し，企業への影響を減じるようにした．Reagan は次に環境運動家らから敬愛されていた William Ruckelshaus を長官にした．環境保護庁は規制を強化するというメッセージである．Gorsuch 時代に低迷した環境保護庁の影響力を強力に復元した．

環境保護庁上層部に対して大統領府はしばしば政策と人選の観点から影響力を与えようとする．うまく行く場合もある．Quarles (1976) や Burford (1986) が多くの成功事例を示している．その一方で，長官が大統領府からの圧力に抵

抗したケースもある．Nixon 大統領時代の Russell Train は，環境保護庁の法令については長官が最終権限をもつということに書面で確約をとった．

大統領府は予算面から影響力を行使することもある．政府予算は財務省が管掌する．Reagan 政権初期，予算に対する影響力が示された．1981 年から 1983 年にかけて環境保護庁の予算はほぼ 1/3 にカット，人員も削減された．環境保全上の監視や執行が極端にむずかしくなった．

環境保護庁の法令立案には大統領に加え，財務省も影響を与える．1971 年以降，財務省は，環境保護庁が法令を実施するうえでインフレ等による経済的・財政的状況を考慮しているかを検証することになった．1981 年 2 月，Reagan 大統領はすべての官庁に対して，1 億ドル以上の経済波及効果が見込まれる法令を創案あるいは改訂する場合には必ずそのインパクトを分析すること（決定インパクト分析，RIA:regulatory impact analysis）とする大統領令 12291 を発令した．

大統領令 12291 の大きな意義は，過度な支出をともないつつ便益をもたらさないような法令を排除したことである．財務省に関する研究によれば，大統領令 12291 は規制緩和の推進にも大きく寄与したとされる．科学的データと環境質の貨幣価値を評価する手法に限界があるなかで，RIA を誤用したことが新たなビジネスを生みだす政治的機運にもなった．

3.1.3　議会

議会は法令を制定し，プログラムを実行するための法的裏づけを環境保護庁に付与する．また環境保護庁の予算と人員を支配する．さらに環境保護庁の行動を批判的に観察する立場でもある．法文を作成する権限は環境保護庁に与えられている．

議会が環境保護庁に影響力を与えるには，法案に意見を加えることが一つの方法である．法令施行に際して長官が負うべき義務を明記することなどである．後述するように，環境運動団体が環境保護庁を告訴する場合があるが，法令により長官の裁量とはならない執行を対象としている場合もある．議会は環境保護庁の執行力を強化するために法令に加筆する．もし環境保護庁が要求されている期日までに何らかの執行ができない場合には議会が強制力を発揮する．

1984 年に資源保護回復法を改訂する際に前述のような議会の強制力が行使さ

れた．このとき議会は，環境保護庁が決めた期日までに法令が発布できないならば法的規制は最小限に留めることを決議した．1984年の改訂が発効するまでは，有害物質の発生量が月100kgから1000kgまでの小規模汚染者は規制対象外としていた．1984年に資源保護回復法が発布されてから，議会は小規模汚染者も1986年5月までに対象に含むよう環境保護庁に要求した．その際に規制の内容も詳細化し，小規模汚染者であっても専用トラックをもつことを条件とした．環境保護庁は以後，総合規制を発布しなくてもよくなった．環境保護庁は期日どおりに規制を発効させた．Fortuna and Lennet (1987) は，環境保護庁が規制最小化の原則をもつことによってその実行力を高めたと見ている．

議会は会計検査院による行政評価報告などを用いて，環境保護庁の政策実行についての監視も行っている．また議会委員会では法案の検討に際して公聴会を行う．公聴会では各政党から意見を聞くことができる．

議会は環境保護庁の不十分さを批判することが多いが，多くのアナリストは環境保護庁がもてる時間，資源，情報では議会の要望に応えることは到底できないと捉えている．結果として期限や目標を守ることができない．その一方で，議会は法令の遵守期限について延期を要求することもある．

なぜ議会は遵守期限を延長しようとするのか．厳格に遵守することで生じる経済的困難や他の関係する法令と同時に成立させようとすることで生じる無理がその理由となる．Rosenbaum (1991) は，議会が政策実行の政治的意志を十分にもっていないことも大きな理由だと主張している．実際に政治的関心が薄いような排出抑制策については，議会は環境保護庁に完全に委ねてしまっている．

3.1.4 裁判所

係争中にある当事者らは法廷で議論を戦わせる．その結果が環境保護庁そのものとその政策に影響を与えることもある．環境運動団体や企業などが環境保護庁長官を訴える原告となることがある．環境運動団体はしばしば環境法令が適当でないとか実行がうまくいっていないとして訴える．設定された目標に対して排出基準が緩すぎるという主張も多い．対照的に企業等からは基準が厳しすぎるという主張が出てくる．

しばしば裁判所の判決は基準以上の状況をもたらすことがある．1977年，州が国家基準を上回る空気清浄機を設けていることについてSierra ClubとRuckelshaus 長官が連邦地方裁判所で争った裁判もその一例である．1970 年制定の大気改善法 (the Clean Air Act) は，大気質を当該州で国家水準よりも緩くすることを認めなかった．法廷は Sierra Club を支持し，環境保護庁に悪化回避策 (PSD:the prevention of significant deterioration) の制定を命じた．Melnick (1983) は，環境保護庁による悪化回避策は法廷で生まれたこれまでにない形のものと述べている．

ほかにも法廷が環境保護庁の交通や土地利用をコントロールする施策に対していかに影響力をもったかを示す例がある．1972 年にカリフォルニア州は大気改善法に則った州法案を環境保護庁に提出した．しかし環境保護庁は，ロサンジェルスやサンフランシスコなどの都市部で国家基準を満たせていないことを理由に却下した．このとき環境保護庁は代替案を示さなかった．

カリフォルニア州 Riverside 市と Ruckelshaus 長官の裁判で，法廷は大気改善法に関する環境保護庁の失敗を認めた．原告は州の計画が光化学オキシダントの基準を満たしていないとして訴え，環境保護庁長官は交通と土地利用の計画上でこの課題に対応すべきであったと弁明した．法廷は原告を支持し，長官に交通と土地利用にかかわる環境規制を実施するよう命じた．Riverside 市と Ruckelshaus 長官の裁判の以前から，環境保護庁はローカルな交通と土地利用の問題にかかわらなければならないことは承知していた．1972 年，環境保護庁はロサンジェルスの交通環境政策を提示した際に，法廷と法規には関与する以外に選択の余地がないと公言した．

法廷はしばしば環境運動団体や規制派に技巧的に利用される．環境保護庁が法令を制定するとき，裁判所は従来の法令を変える必然性があるかを確認する．改訂された法律はしばしば過去の判決結果をもとに法廷で検証される．Wenner (1982) は合衆国で 1970 年代にあった 1900 件の判決を分析し，裁判がおしなべて長期化していることを指摘した．

3.1.5 州政府

環境保護庁によって実行される政策の多くは州政府の管掌外にあるものだが，たとえ連邦政府の責任が広がっても州政府は独自に政策プログラムを実行する．連邦政府は 1948 年に FWPC 法が制定されるまで環境分野にいかなる役割ももたなかった．その後，連邦政府は大気汚染や水質汚濁に関して役割が増大しつ

つある状況を見通すようになった．1970年代初期までに州政府の権限は相対的に薄まっていった．Reagan政権では揺り戻しがあった．新連邦主義の下，環境のみならず各分野で州への権限委譲が進められた．

環境政策における州への権限委譲についていくつかの理由が用意された．最初に州政府は地域の実情とニーズに応じてより柔軟かつ迅速に対応できる．それに加えて州は，革新的な政策や新しいアプローチの下で実験・検証を独自に行うことができる．そして州政府と連邦政府で輻輳する環境関連諸業務を州に一元化することが合理的であるとみなされた．

Reagan政権の影響はその後もつづき，大気汚染や水質汚濁に対する連邦政策プログラムが州に委譲されていった．このような枠組みの下で，州が政策を遂行する際には環境保護庁と州の担当部局がパートナー関係をとることとなった．環境保護庁は政策と国の責任を維持しつつ，州政府も負うべき責任を果たせるようにした．国家法は責任の分割を認めている．しかし州政府の環境部局が十分な組織，監視能力，さまざまな政策遂行能力を備えている場合に限っている．

1980年代，多くの州で従来は連邦政府が行ってきたものに比べて革新的な環境政策が打ち出された．カリフォルニア州では自動車燃料の環境負荷低減が強く求められ，後に東部の州でも同様の動きがあった．連邦政府では後を追うようにして1990年に燃料のクリーン化を法律に定めた．Ringquist (1993)によれば，多くの州が環境プログラムの先駆者となった．さらに州レベルでの社会実験が多くの環境マネジメント戦略を生み出し，国内のさまざまな政策デザインに波及した．

3.1.6 法令の対象

環境保護庁による諸規則は広い範囲の組織に影響を及ぼす．民間企業だけでなく州や地方自治体，各種の連邦省庁にも影響を与える．

州および地方自治体

環境保護庁は州の環境部局とたくさんの繋がりがあるが，州政府との関係がいつもうまくいっているとは限らない．州が連邦法に従って政策を実行することもあれば，環境保護庁が州から要望を受けて政策を実行することもある．

環境保護庁と州や地方自治体との間の緊張感は，環境保護庁による道路と土

地利用の規制策においても明るみに出ることがある．FWPC 法が求めることであっても，環境保護庁はしばしば回避しようとする．従来は州や地方自治体が土地利用と交通の規制を行ってきたことを環境保護庁も認識しているが，法廷において環境保護庁が管掌することになった．環境保護庁は自らの管掌をはずすよう議会に FWPC 法の改定を求めたが，そうすると否応なく庁と州や自治体の間には緊張関係が生み出されることになる．

環境保護庁は市役所や公的法人が廃棄物処理施設を設置することの負担を法令で規定している．国家汚染物質排出防止システム (NPDES:the National Pollution Discharge Elimination System) について，水処理業務を行うすべての公的団体に国有の汚染除去システムの使用を認めている．この許可を得ていない州では，環境保護庁が直接許可を認めている．

他の連邦政府機関

環境保護庁は他の連邦政府機関と協力して業務を進めているが，省庁間にコンフリクトが潜在している場合もある．軍施設のような連邦施設に対しても汚染制限を課している．法令に従わない官公庁には制裁を加えることができるが，関係機関の間で調整するほうが望ましい．環境保護庁は他の省庁と敵対しようとはしていない．そのようなことをすれば政治的に見て逆効果となるだろう．職員は他の省庁の担当者と直接交渉するよりほかない．上層部が顔を合わせても解決には繋がらない．

環境影響報告書 (EIS:Environmental Impact Statement) の作成は 1969 年の国家環境政策法 (NEPA:the National Environmental Policy Act) 制定の下で確立された．環境保護庁は他の政府機関に対する権限を強固に与えられた．1970 年改訂の FWPC 法は，環境保護庁が随時環境影響報告書を査定することを規定した．環境保護庁は他の省庁と交渉を重ね，正面から衝突することは回避するようにしている．しかしまともに衝突しないことから，環境保護庁は官公庁に有力な制限を与えられていないとする批判もある．

営利企業

民間企業に対する環境保護庁のアプローチの仕方は，大統領が誰か，長官が誰かによって揺るがされる．Nixon 政権の Ruckelshaus 長官のように法令遵守

に向けて強気に出る長官もいた．Ruckelshaus 長官は環境保護庁の存在感を大きくした人物である．Reagan 政権の初代長官 Anne Gorsuch の場合はたくさんの諮問委員会をつくって，交渉を通じて産業と協力しあう形でプログラムを遂行した．

　Bush 政権の William Reilly 長官，Clinton 政権の Carol Browner 長官は産業界とのパートナーシップを謳い，規制の形ではないプログラムを推進した．Green Lights Program は数百の自発的な参加企業を集めて調査の実施に同意を得て，5 年間で足下の 90%以上が照明効率性を満たすようにするプログラムであった．環境保護庁は照明を取り替えることにかかる費用と効率的な照明の利用可能性に関する詳細な情報を公開した．このプログラムによって人びとは年間数百万ドルの節約を行うことができた．

　企業にとっては，Lindblom (1980) が言う政府との特別な関係をもつことに一つのメリットがある．彼は民主主義的な政府が長期の混乱を経て生き残ることは期待できないと言う．企業もそのように認識する．企業はしばしば長期的なロビー活動と法廷闘争を勝ち抜くために財源と法的能力を確保しようとする．

　産業界は，環境保護庁と対立することがあっても，有効な方策と政治家への近づきやすさがあれば的確に対立を打開していく．企業はやはり環境保護庁が課する制限条項を緩和するよう大統領府や議会に働きかける．民間セクターは環境案件に関する議会公聴会で主導的な立場に立ち，法廷で環境保護庁の法令に対抗しようとする．

　1970 年代には環境法令による重荷を減らす方向へと戦略が選ばれた．公益的な関心をもつ新しいタイプのグループによるものである．ときに企業による支援を受け，環境運動団体と同様な戦略で展開する．もっとも古いものとして The Pacific Legal 財団が挙げられる．彼らは法廷においてカリフォルニア州に州内での核開発を阻止させないように働きかけた．また環境保護庁に，ロサンジェルス市に排水を太平洋に流す前に処理しないで済むように働きかけた．ほかには Mountain States Legal 財団，The Northeast Legal 財団などがある．Rosenbaum (1991) によると，企業系の公益性をもった集団は過去数十年の間に法廷で環境問題を闘った Adolph Coors 社や Scaife 財団のような組織に財源を支えられている場合がある．

　1980 年代後半，"wise use" 運動という，環境運動団体を集めて広がりを見せ

表 3.3　合衆国における国家レベルの環境ロビー組織

組織	設立年	会員数（千人）		予算
		1960	1990	（百万ドル）
Sierra Club	1892	15	560	35.2
米国 Audubon 協会	1905	32	600	35.0
国立公園保護協会	1919	15	100	3.4
Izaak Walton 同盟	1922	51	50	1.4
自然保護協会	1935	10*	370	17.3
全米野生生物連盟	1936	–	975	87.2
Defenders of Wildlife	1947	–	80	4.6
環境保護基金 (EDF)	1967	–	150	12.9
Fridends of the Earth	1969	–	30	3.1
天然資源保護協議会 (NRDC)	1970	–	168	16.0
Environmental Action	1970	–	20	1.2
環境政策研究所	1972		会員グループではない	
合計		123	3103	217.3

転載許可：Mitchell,Dunlap and Mertig, "Twenty Years of Environmental Mobilization:Trends Among National Environmental Organization", *American Environmentalism*, p13, 1992.

* この数値は推定によるものとされる．

た動きがあった．このとき，多くの企業がスポンサーになって環境法令に反対した．"wise use" を提唱する団体と環境 NGO が論争をすることもあった．

3.1.7　環境 NGO

1892 年に Sierra Club が設立されて以来，環境運動団体も国家環境政策に少なからず影響を与えている．以来，第 2 次世界大戦が終結するまで五つの国家レベルで活動する環境運動団体が設立された（表 3.3）．これらの団体の関心事はおよそ 1950 年までは国立公園，景勝地などの公共地と野生生物種の保護であった．

1960 年代以降は環境 NGO の組織数と規模が急速に拡大し，戦略も多様化した．ワシントンを中心に活動している 12 団体の 1990 年時点での予算と会員数を表 3.3 に示す．これらの組織は国の環境政策や法制度に関してロビー活動を行っているという点で他の団体と異なる．

表 3.3 には環境法制に関係する二つの団体も含んでいる．環境保護基金 (EDF:Environmental Defense Fund) と天然資源保護協議会 (NRDC:Natural

Resources Defense Council) である．これらの団体にはたくさんの弁護士，科学者，技術者が参加し，官民問わず環境悪化にかかわっている諸団体を厳しく追及することで広く知られるようになった．法制に関心をもつのは EDF や NRDC だけではない．1970 年代には Sierra Club が他に先がけて環境問題に対する訴訟活動を始めた．法廷闘争やロビー活動に加え，表 3.3 に掲げた諸団体はそれぞれ彼らの目的に沿うかたちで啓発キャンペーンも行うようになった．

　表 3.3 の著名な団体に加え，数百の団体が合衆国内に存在し，予算も人員も増加しつつある．1990 年，Greenpeace USA は 5 億ドルの予算と 200 万人のメンバーを有していた．表 3.3 に示す諸団体は個々の目的に向けて邁進した．これらには抗議活動や，Earth First! や Sea Shepherd Society に見るようなさまざまな形の環境破壊行為阻止活動も含む．彼らは捕鯨船を沈没させようとしたり，森林伐採を妨害するために釘を打ち込んだりする．こういった環境破壊行為阻止活動は deep ecology という思想に結びついている．

　環境運動団体は社会的なアウトサイダーとして法廷活動，ロビー活動，直接的行動，マスメディアでのキャンペーンに出る．しかし，大統領府や環境保護庁の高い地位に環境 NGO 出身者がいることもある．最近の例で言えば，ブッシュ政権での環境保護庁長官 William Reilly は世界自然保護基金 (WWF) 代表だった．

　国家レベルの環境 NGO が影響を与えているのは合衆国の環境政策だけではない．1970 年代以降，草の根レベルでたくさんの環境運動団体がつくられた．それぞれ有害物質の除去や新たな環境汚染を阻止するために局地的な形で活動してきた．こういったグループもまた環境保護庁に影響を与えている．たとえば，地域の有害物質による土壌汚染に関する施策立案にコミュニティ参加を得やすくするための環境保護庁のプログラムは，こういった団体に支えられている．草の根的な環境運動団体は，有害物質除去などに対する専門家派遣費を自治体に補助するプログラムを進めるよう強く働きかけてきた．

　また，第 1 章に述べた環境正義の思想も草の根的な団体の活動に基づいている．こうして環境保護庁は，プログラムや政策を立案するうえで人種にかかわる問題にも配慮するようになっていった．

3.1.8 マスメディアと大衆

環境運動の高まりは大衆による支持の高さに呼応する．共感するマスメディアは大衆の支持を支える重要な役割を担う．環境運動団体が法制を変えようとするならば，まず団体が市民に認められなければならない．

環境運動団体は大衆の支持を得るべく，今世紀ずっとマスメディアを利用してきた．1900年代にあった，ヨセミテ国立公園のHetch Hetchy Valleyをダム貯水による水没から守るキャンペーンは古典的な代表例である．特に米東部の新聞社の編集部は，貯水に反対する意見を大衆に喚起した．1960年代までにマスメディアによるこのような動きは一般的となった．Santa Barbara油井流出事件(1969)，Love Canal化学廃棄物事件(1978)，タンカーExxon Valdez号石油流出事件(1989)なども有名である．

大衆意見とマスメディアは環境保護庁にさまざまなメッセージを発してきた．たとえば，環境保護庁の権限強化などである．1980年代初期に，テレビと新聞はスーパーファンド法(superfund program)に関して環境保護庁長官と上層部に失政があったと批判した．党の方針に利用されたとする環境保護庁の主張は長くメディアで取り沙汰されてきた．大衆は大統領府，環境保護庁，議会の間でどのような闘いがあり，環境保護庁に誤りがあったかどうかを検証するための情報に関心を寄せた．この論争はReagan政権の重大問題となり，長官は辞任に追い込まれることとなった．

マスメディアも大衆意見も環境保護庁の政策上の立場に影響を与える．McClosky (1992)によると，Alarの商標で知られるダミノジット系農薬の安全性に関する問題がその一例である．

大衆意見とマスメディアは議会を通じて環境保護庁の取り組みに影響を与える．1980年代後半に，環境保護庁が各種の環境問題に対してリスク面での重大性からランク付けを行い，一般的な見解と比較した．結果として食い違いが生じ，たとえば成層圏のオゾン破壊や地球温暖化などについて環境保護庁の見解に比べ大衆一般の認識は低いことが明らかになった．化学プラント事故，有害物質については逆の結果となった．環境保護庁のランク付けは以降，部外者とともにフォローアップがつづけられた．

リスクに関するランク付けは，大衆の認識の低さなどさまざまな環境問題を

明るみにした.専門家と一般に認識の相違が見られるという結果は,環境リスクに対する教育の必要性を問題提起するものとなった.

3.2 環境保護庁の規則制定プロセス

議会が環境関連法案を制定するとき,環境保護庁は法令の実行過程,諸要件の具体化を図り,規則を作って法令の実効性をもたせる.合衆国では官庁がつくる規則 (rule) は法令 (regulation) と同等の力をもつ.すなわち法令と規則は同じ意味となる.

本節では環境保護庁の規則の制定について解説する.まず,連邦政府の規則の制定の手順にかかわる法律である行政手続法 (APA:the Administrative Procedure Act) に目を向ける.それから環境保護庁の話題に移り,FWPC法を題材として具体的な規則制定プロセスに触れる.

3.2.1 行政手続法

官僚は選挙で選ばれていないにもかかわらず,実際には立法上の大きなパワーをもっている.1930年代,Franklin D.Roosevelt 大統領が経済恐慌への対策として新たな社会プログラムを手がけたときから官僚のパワーは絶大なものとなった.この時期に連邦官庁は国民への説明などの必要性から人員,予算,権限などが大幅に増大した.

1946年には,議会は連邦官庁の勢力を制限するために行政手続法を制定した.州政府でも行政手続法に倣って同種の法律を策定したところが多い.行政手続法の一つのポイントは官庁が法律を発令し,実施するプロセスに対し,手続きのあり方を明記したことである.

たとえば,法令に定めていないことが明らかになって官庁が新たに規則を作るときには,以下のような「告知と見解の手順」を踏まなければならない.

1. 官庁は連邦登記システムに則り,予定される規則の制定について告知をしなければならない.告知の中身は,制定しようとする規則,制定プロセスの内容,制定することで生じる法的権限などである.
2. 関心をもつ人びとは制定プロセスに何らかの形で参加することができる.
3. さまざまな人びとからコメントを得てから官庁は規則文の最終案と規則の

前提・意図の説明文を告知する.
 4. 告知後30日が経過するまでは最終案を確定してはならない.

以上は規則制定の手順として行政手続法に説明されている.
 上に述べた四つの要件は，規則に対し，関心をもつ人が見解を述べ，その成立過程を知ることができるようにするためのものである．また30日間の猶予期間は最終案に対して法廷を通じて修正要求などを受け付けるためにある.
 環境保護庁など各省庁では，行政手続法に定める手順以上に詳細な制定プロセスの記録を公開するようになってきている.
 規則制定プロセスはケースによってさまざまである．個々の法律によって制定プロセスが作り替えられることもある．詳細は個々に異なるが，以下では一つの例を示して制定プロセスの主要な特徴を説明することとする.

3.2.2 排水ガイドライン制定の手順

環境保護庁では1972年のFWPC法改訂の下で排水に関するガイドラインを定めた．改訂FWPC法の第12章に，水質汚濁に関する連邦の戦略について国家汚染物質排出防止システム(NPDES)という新たな内容を含めた．本法の下で環境保護庁と州の関係部局は，品質・性能を定めた47000の排水処理システムを整備することとした．議会は1973年10月に排水基準を定めるよう環境保護庁に要望し，1974年12月に策定された．排水基準は1972年の改訂FWPC法の内容に対応している．本法ではたとえば，産業界に排水処理に実績がある実行可能な最善の技術(BPT:best practicable technology)を1977年までに，適用可能な最善の技術(BAT:best available technology)を1983年までに導入するよう求めている.
 環境保護庁は排水基準の設定に際していろいろな困難に直面した．250以上の業種の排水処理について調査を行うとともに，実績がある技術，実行可能な技術についても調べなければならなくなった．これらの作業量は膨大である．1973年後期には22業種について排水基準を設定する予定だった．しかし天然資源保護協議会による期限設定には無理があり，環境保護庁との間で詳細なタイムテーブルを作り直すこととして同意するに至った．この同意では，連邦行政管理予算局が環境保護庁の制定する規則を検証する手順をはずすこととした

表 3.4 BPT と BAT を定義するための環境保護庁の規則制定手順

契約者研究段階
 規制対象とする産業の選定
 技術面・経済面での契約者の選定
 「開発調書」案の作成，非公式外部審査のための回覧
規則提案段階
 非公式外部審査のコメントの分析
 環境保護庁内部での検討
 開発調書案作成とルール
 規則制定告知を連邦登記システムで公表
 最低 30 日間の縦覧
規則公表の段階
 縦覧コメントの分析
 開発調書と規則の作成
 規則制定告知を連邦登記システムで公表
 実施前最低 90 日間の縦覧

出典:Magat,Krupnik and Harrington, 1986,p.32.

(後述のように，行政管理予算局は違うかたちで環境保護庁にかかわることとなった)．

　表3.4に定めるように，規則制定のプロセスはいくつかの産業については3部で構成される．最初のパートでは，環境保護庁は技術調査法人に産業活動，実績がある技術，実行可能な技術に関する調査を発注する．技術調査法人は業種内でも異なる分野ごとに排水状況，処理手順などを調べ上げ，必要となる費用とエネルギーを異なる排水処理スキームごとに明らかにする．技術調査法人は，業種ごとの定量的限界などをまとめた文書を環境保護庁に提出する．環境保護庁はまた，予定されている排水処理技術について経済効果の算定を経済調査法人に発注する．

　制定プロセスの第 1 段階のなかで，環境保護庁は調査法人による報告，対象企業，取引相手となる企業，環境運動団体，諸官庁などの情報を総合してレポートを広く一般に公開する．

　第 2 段階として，環境保護庁では庁内ワーキンググループを発足する．追加分析やトレードオフの検討などが行われる．結果は連邦登記システムにて公表される．以後，関心をもつ政党などが見解を出すために 30 日間という日数が与えられる．見解は一般にいろいろな批評から構成される．

見解が出された後，規則の発布という第3段階に入る．この段階で外部と接触する機会はなく，最終案と諸見解への回答が連邦登記システムにて公表される．

規則の公開後90日間は，異議を唱える人がいれば受け付ける．この例では排水基準のあり方について多く異議が出され，150件の訴えがあった．その多くについて主張と反論のやりとりが長期化した．制定までの遅延は，排水処理実施の遅れへと繋がった．

3.2.3 行政管理予算局の役割

規則制定における行政管理予算局（OMB:Office of Management and Budget）の役割に目を向けてみる．1980年代に出された二つの大統領命令により行政管理予算局の影響力が高められた．大統領令12291は，主要な規則の制定に際しては費用便益分析を行い，パブリックコメントなどに対応し，目的に沿ったものとなっているかを行政管理予算局が確認することとなった．

排水ガイドラインのケースで標準的な規則制定プロセスを踏んでいたとすれば，行政管理予算局は公表前に予定された法案と制定プロセスの詳細について連邦登記システムに告知を掲載していたであろう．

極端な場合，行政管理予算局が3年半以上をかけて，場合によってはさらに数ヶ月をかけて確認を行うこともある．

1985年，Reagan大統領による大統領令12498は，法令を公表する前の段階での行政管理予算局の役割を強化した．官庁が法令が必要か否かを判断するために集められる情報，行われる調査が正当化された．これら二つの大統領令に対して，行政管理予算局は法令の本質的な考えを理解しないし，議会や選挙人に対する説明にもなっていない，といった批判もある．行政管理予算局の能力に対する批判には議論の余地があるが，行政管理予算局はしばしば，特に環境にかかわる費用と便益が貨幣換算して示されることについて視野が狭いことがある．

以上，環境プログラムが適用されるのになぜ数年もかかるのか，またホワイトハウス，議会，法令の対象となる団体，環境運動団体が政策形成に与える影響力について説明してきた．

3.3 合衆国以外の環境関連省庁

　他国の環境関連省庁が，合衆国の環境保護庁といかに類似しているかを示す．国によって環境政策に関連する省庁や部局の形はさまざまだが共通点も見られる．1960年代以前，水質汚濁，大気汚染，廃棄物など多様なエリアを対象とする環境法令は異なる省庁によって作られていた．さらに言えば，それぞれの省庁の健康を担当する部局，天然資源を担当する部局というように，省庁の下位レベルで取り扱われていた．少なくとも合衆国について言えば管掌責任が分散していた．

　他国では環境関連省庁の活動に対し，司法セクション以外の法制機関が監視するという形が多い．この状況は，市民や環境運動団体が環境保護庁の活動に異議を唱え，訴えれば裁判所が対応するというかたちの合衆国とは対照的である．なぜ他国では司法セクションに監視を求めないか，いくつかの説明がなされる．(1) 市民が訴えることができても法律に限界がある，(2) 市民が省庁を訴えることが一般的ではない，(3) 法廷を通じて情報ソースが得られる見込みがない．

　環境に関連しない省庁部局が環境保護庁に制限を加えることもある．合衆国では行政管理予算局の存在がそれである．他国では経済計画を立案する省庁などが影響を与える．しばしば資源開発関連の省庁が環境関連省庁に制限を求めることがある．

　他国の環境関連省庁も合衆国と同様に，経済発展を理由として環境法令を緩和させることがある．

　国家レベルの環境省庁は1960年代にはなかった．先進諸国では1960年代後半あるいは1970年代に作られた．事例を表3.5に示す．合衆国の環境保護庁がきっかけとなってこういった省庁が設立されたケースが多い．国内の水供給，排水処理，大気質などに関する法令が別々の省庁から出されていた．それらを統合したり相互関係をふまえたものにすることがなかった．環境省庁の設立はそういった断片化を排除すること，法令に基づく諸活動を調整することから始まった．1960年代後半には，先進諸国の政府では市民から経済成長に対応してとられるべき環境政策の遅れが強く指摘されるようになっていた．

　1972年にストックホルムで人間環境に関する国連会議(あるいはストックホ

表 3.5　1972 年以前に先進諸国で創設された政府環境関連機関の例

創立年度	国名	組織名
1969	スウェーデン	国家環境保護委員会
1970	合衆国	環境保護庁
1970	英国	環境省
1970	カナダ	環境省
1971	日本	環境庁
1971	フランス	環境・自然保護省

ルム会議, UNCHE:the United Nations Confenence on the Human Environment) が開催されるまで，発展途上国では国政府内の環境関連省庁が作られることはなかった．ストックホルム会議開催に先駆けてたくさんの国際会議が開かれ，先進国と途上国それぞれが抱える環境問題，および異なる認識の下で環境と経済のあり方について議論した．Tolba ら (1992) によれば，先進諸国は経済成長にともなう汚染問題を議論し，自然保護にも関心を寄せてストックホルムを訪れた．先進諸国は汚染と貧困の問題，資源利用の非効率に関する議論には関心がなかった．途上国については Runnals (1986) が以下のように述べている．発展途上国はこの場で環境に関連する国際ルールが作られることによって自国の経済成長を抑えられてしまうのではないかと危惧した．最終的には世界銀行と合衆国国際開発庁が環境関連投資を支援するかどうかが気にかかった．

　ストックホルム会議の結果として，発展途上国も環境マネジメントに力を入れるようになった．ケニアの場合，1974 年に国家レベルの環境関連機関をアフリカで初めて創設した．同国政府は 1972 年に，スイスの Founex で先駆けて開催された人間環境関係の国際会議に向けて検討委員会を設置していた．それから天然資源省に国家環境事務局を置き，2 年後には大統領府内に移した．国家環境事務局は産業開発省と衝突してしばしば窮地に立たされたが，国家の環境マネジメントを進めるうえで効果的に機能した．他の発展途上国でも，世界銀行や合衆国などの国際援助機関の支援を得て同様な環境関連機関が創設された．

　表 3.6 に示すように，多くの発展途上国がストックホルム会議開催直後に国家レベルの環境関連省庁を創設した．それから 20 年経った 1992 年までに先進諸国すべて，発展途上国の大半で環境政策に関連する省庁が設けられている．

表 3.6 ストックホルム会議以降に開発途上国で創設された政府環境関連機関の例

創立年度	国名	組織名
1973	ブラジル	特別環境事務局
1974	ケニア	国家環境事務局
1975	タイ	国家環境委員会
1977	フィリピン	国家環境保護審議会
1980	サウジアラビア	環境保護モニタリング庁

1992年,アフリカ51カ国のうち37カ国に環境省,天然資源省,自然保全省などの省庁がある.

多くの発展途上国で環境政策に関連する省庁が置かれているが,低予算,専門性を有するスタッフの不足などにより,法律の正当性を確立すること,法令目標に到達することに困難がある.政治力の弱さも一因であろう.これらの要素が相まって環境政策は十分に実行できていない.

3.4 地球環境問題への国際的対応

国際的な環境への関心の高まりから,つづけて1970年代には地球環境問題としての諸問題がいろいろと明るみに出た.1970年代までは,国際的な環境問題の主要事項は野生生物の保護と水の質と利用のあり方であった.以降は複雑化かつ拡大化する諸問題に対応するための国際法の制定が主要事項となった.

多くの環境問題のなかで地球規模の問題といえばいわゆる酸性雨,成層圏のオゾンホール,地球的気候変動,生物多様性の損失,有害物質の国際取引などである.ここではこれらの問題に対応する環境政策を立案するうえでの主要な関係者を紹介する.オゾンホールについては国連環境計画(UNEP)と環境NGOが担う役割が大きい.有害物質の取引については国際政治と国際取引に関する各国の環境政策のあり方が重要になってきている.

3.4.1 国際協定の成立へ:オゾンホールを例として

オゾンホールは1970年代から言われていたが,1984年に英国の科学者が南極方面で成層圏に発見したことから問題の重大さが認識されるようになった.後に両半球の高緯度エリアでオゾン層が薄くなっていることが確認された.1980

年代までに臭素化合物と塩素化合物の使用がオゾン層破壊に結びついていることが実証的に確認された．中でもフロンガスがもっとも悪影響を及ぼすことが明らかにされた．オゾンホールは皮膚ガンや白内障などの視覚障害，免疫不全をもたらすとされる．生態系への悪影響により漁獲量や農業生産量が減少することも明らかになっている．

1980年代，科学者らはオゾン層破壊を止めなければ生じるであろうことを予想した．そのシナリオは警告的であり国際的な対応は比較的速かった．

交渉過程における国連環境計画の役割

1972年のストックホルム会議以来，国連環境計画は環境問題の国際的解決の場において重要な役割を担ってきた．国連環境計画は国連総会がストックホルム会議に呼応して，国連として環境対応行動を喚起し調整する機関として創設した．国連環境計画は具体的には監視データのクリアリングハウス，国際協定を成立させるためのファシリテーターとして機能している．

国連環境計画が国際協定の成立にどのように関与するか，オゾン層を破壊する物質に関するモントリオール議定書を例に説明する．オゾン層破壊がもたらす被害に対する科学的関心の高まりを受けて，1976年，本問題を国連環境計画の五つの優先課題の一つと定めた．すぐに国連環境計画は科学者，NGO，政府代表らを集めて国際会議を立ち上げ，オゾン層破壊問題について討議した．この会議は1977年に開催され，オゾン層に対する世界行動計画を策定した．会議では国際的にフロンガスの使用制限を進めることを提議したが，オゾン層破壊問題はその時点では緊急事態とは受け止められていなかった．

1978年，国連環境計画はオゾン層に関する調整委員会を構成し，さらに踏み込んだ検討を行うこととした．委員会にはNGOも政府代表者も参加しており，科学調査の優先度を高めるうえで重要な役割を果たした．

1981年，国連環境計画はオゾン層保護に関する地球的枠組みを作り上げるために，法律と技術の専門家を集めて暫定ワーキンググループを結成した．ワーキンググループは1982年1月に始まり，その後は国際的な駆け引きの場となった．国際法を作るための枠組みに関する会合は協定を作るうえで重要である．枠組みに関する会合は諸原則をまとめたものの拘束性をもつような協定は作らなかった．

オゾン層破壊問題にかかわる交渉上の主要国として，フロンガスを生み出している主な国々も含まれた．合衆国，英国，フランス，西ドイツ，イタリアである．これら5カ国は地球上のフロンガスの75%を生産している．合衆国の場合，国内でフロンガス削減の圧力があり，「どの国も同じ土台で」とする国際協定づくりに賛意を寄せた．欧州の生産者らは，代替物生産によるコスト増加を回避して国際市場における優位性を確保したかった．このため削減には抵抗していた．

参加各国は1985年に，ウィーンで枠組みに関する会合をもつことについては合意を得た．ウィーン会議では調査と情報交換について取り決めを作ったが義務的拘束はなかった．科学者らは1980年代後半までにフロンガスの生産をつづけることの弊害を明らかにした．これはフロンガスを生産する各国も交渉再開に同意するきっかけとなった．

ウィーン会議以降の交渉の帰結は，1987年に「オゾン層を破壊する物質に関するモントリオール議定書」としてまとめられた．モントリオール議定書はウィーン会議とは対照的に，フロンガス生産者に拘束的義務を課している．署名した国は特定種のフロンガスを1986年時点での生産量に維持し，2000年までに50%まで削減することとした．

モントリオール会議の後も国連環境計画は議定書を強化するために幾度か会議を開いた．ここで国連環境計画長官 Mostafa Tolba は交渉に直接関与し，成果を出すまでに多大な影響力を発揮した．Porter and Brown (1991) は Tolba の貢献を次のように表現している．モントリオール議定書作成に向けた交渉のなかで，彼はオーストリア出身の Winfried Lang 議長のそばにいてキーパーソンであった．合意に至るまでフロンガス削減に向け交渉に回り，欧州の代表者らと非公式にも話し合った．Porter and Brown は，国連環境計画長官もまた重要な役割を担ったと書いている．国連環境計画長官は会議上，各国に妥協を求めたり協定が厳格に実行されるためのタイムテーブルを示すことでモントリオール議定書をより強力なものにした．1990年にはついに，特定種のフロンガスを2000年までに全廃するように改訂した．

環境 NGO の影響力

国際環境問題の解決に向けて，環境保護基金 (EDF) のような国家規模の環境

NGO が担う役割が大きくなった．こういった団体は国際団体とともに地球問題解決のための国際協定の成立に向けて取り組んでいる．環境 NGO の存在意義はオゾン層破壊問題を取り上げても説明できる．

各国の政府担当者に圧力をかけるだけでなく，彼ら独自の分析結果をモントリオールでの会合に用意するなどした．たとえば弁護士，エコノミスト，地球物理学者で構成される環境保護基金の代表者は，欧州の NGO らとともに分析を行い，データと結果を共有した．それらの情報は欧州政府に対してモントリオール議定書が示す 2000 年までの特定フロンの生産半減を納得させるのに役立った．NGO 間，しかも国を超えての団体間の情報交換が普通に行われるようになった．国連環境計画は NGO が参加し，意見を述べることを認めた．結果として国連環境計画の政策立案には NGO も影響を与えていたことになる．

多くの環境 NGO がモントリオール議定書は弱いと感じていた．そして強化に向けた活動をすぐに始めた．モントリオールでの会議の数週間後に Friend of the Earth International は年会を開催したが，そこでオゾン層破壊の問題解決をキャンペーンの上位課題として位置づけた．彼らは議定書に批准した国々に議定書の遵守を確約させ，今後の国際会議にて議定書の内容を強化するよう働きかけた．

モントリオール議定書の成立後，すぐ世界の環境 NGO は各国でオゾン問題を一般に認識させるキャンペーンを張った．フロンガスなどオゾンホールを生み出す諸物質の生産と使用の削減について大衆の支持，政治的支持を得るよう努めた．キャンペーンとして有権者や生徒，記者を教育するプログラムを提供したり，消費者にフロンガスを使用した製品の不買運動を喚起した．また国際会議では，使用削減への緩やかな足取りを早めようと強く働きかけた．議定書は最終的に NGO の強力な活動の成果に依っている面が大きい．

NGO がオゾン層破壊問題に向けて手がけた活動の方法は，その後の諸々の環境問題に対しても使用された．Cook (1990) は次のように言う．「強力な NGO の声」が国際政治の構図を変えた．交渉の当事者となる政府は地球の保護を訴える市民に応えなければならなくなっている．モントリオール議定書に対して NGO が使った戦略と戦術は他の課題，特に地球温暖化問題に際しても用いられた．

フロンガス削減条件が強化されたからといってオゾン層破壊問題が解決した

わけではない．国連環境計画と数々のNGOが引きつづき協定を強化する必要性を検討しつつ，現在の削減条件が適当かどうか判定するために監視をつづけている．一方，こうした努力が未使用フロンガスの闇取引により妨害を受けている．インド，中国，ロシア，合衆国などいくつかの国々でフロンガスの違法な輸入が問題となっている．1995年には合衆国で百万ポンドを超える違法な輸入が行われた．覚醒剤に次ぐ規模の違法取引である．

3.4.2 有害物質の国際取引

国連環境計画と数々のNGOはフロンガス削減の国際合意に寄与したが，廃棄物の国家間移動については同様な成功を収めることができていない．先進国で廃棄物の国際取引問題は長年の課題であったが，1980年代には発展途上国でも問題となり始めた．発展途上国は有害物質が国内に入ってくることを指して「毒による植民地主義」と捉えている．しかしながら事実上，発展途上国がむしろ廃棄物を受け入れる方向に向かっている．有毒廃棄物が不適切かつ不法に取引されることから国際的な緊張感が生み出されている．この問題を解決しようとさまざまな試みが行われている．

有害廃棄物が先進国から発展途上国に移送されている．この問題には化学産業の発達，先進国での有害廃棄物法制の厳格な運用，多くの発展途上国における絶望的な経済状況といった背景がある．

第2次世界大戦後，化学物質の商業的利用は劇的に増大した．1982年までに60000種類以上の物質が生み出されたと推定されている．これは1940年の350倍に相当する．1992年には100000種類の化学物質が販売されている．新物質の増加は化学製品の生産量の増加にも繋がる．製品に関する情報の不足も化学的廃棄物の急増への対応において問題となっている．毎年1000種類ほどの新物質が生み出されている．これらの物質の発ガン性や生物への影響に関する検証体制は適切というにはほど遠い状況にある．

1980年代に有毒廃棄物の国際取引が明るみに出た．先進国の廃棄物処理に対する規制が強まったことがその一因としてある．合衆国では1984年に資源保護回復法が改定され，有害物質を扱う施設に対して厳格に規制が加えられることになった．新たな規制に対応するためのコストを抱えることができずに多くの堆積場が閉鎖された．その結果として，有害廃棄物を受け入れる施設に対す

る需要が高まった．しかし新施設を整備することは容易ではない．廃棄物施設の配置計画に反対が出ることをNIMBY（Not In My Back Yard：わが家の裏に配置することは反対する）と言う．

　廃棄物処理施設の不足は結果的に施設使用料の高騰を招いた．廃棄物処理法制の厳格運用は他の先進諸国でも同様に進んだ．そこに廃棄物を船舶で輸出する業者が出てきた．彼らは発展途上国に廃棄物を運ぶことで収入を得る．1980年代後半には闇の取引ネットワークが生まれ，数々の発展途上国（その多くはラテンアメリカとアフリカにある）が有害物質の送り先として狙われた．

　多くの発展途上国は外貨獲得において深刻な困難に見舞われていた．国際的な負債からドルなどの通貨を獲得したいがために有害物質を受け入れた．交渉上立場が弱いのである．1980年代，発展途上国では大抵，輸入される有害物質に関する法制はなかった．さらに適切な施設も専門家も居らず，有害物質を監視することもできなければ，その危険を評価することもできなかった．

　1980年代に，発展途上国に運ばれた有害物質によりたくさんの事件が起きた．たとえば228個の「溶剤」と書かれた45ガロンドラムが合衆国からジンバブエに船で運ばれた．実際には溶剤ではなく，かなり有毒な廃棄物であった．他の例としては，ダイオキシンを含む焼却灰を輸送業者が合衆国と欧州から海を越えて発展途上国に運んだことが報じられた．

　増大する有毒物質の国際取引に関する法令上の対応はいろいろと挙げることができるが，基本的なものとして事前に周知・同意を図るということがある．すなわち，廃棄物を輸出する側は輸出先の国に予告し，事前に同意文書を得なければならない（この法令により貨物のラベルが正しいことも確認する必要がある）．この考え方は合衆国と相手国の相互協定で適用される．これは有害物質の地域間移動についての協定に関するバーゼル会議の中心テーマとしても知られるものである．1989年に同会議で合意に至り，1992年5月に発効した．

　バーゼル会議は有害廃棄物取引の問題解決の第一歩として高く称賛されたが批判も多い．毒によるテロに対応できていないのではないかといった疑問が上がった．会議で関心が向けられたことは，廃棄物処理について法制度もマネジメントも経験がない発展途上国をどうにかしなければならないということだった．

　バーゼル会議や過去の会議に見られる欠点として強制力の欠如ということがある．合衆国の有害物質に関する法制の中心となる「事前の告知・同意」につ

いて考えてみよう．有害物質のラベルを「再生可能」とか「燃料」といったものに偽装する事件がよく起きる．環境保護庁はこの種の問題に対して強制力をもっていないし，税関との連携もとれていない．結果として「事前の告知・同意」は形骸化する．

廃棄物を受け入れているアフリカ諸国では，貧困国の犠牲によって先進国がさらなる経済発展を遂げるという「環境不正義」と受け止めている．バーゼル会議で輸出国と同レベルの技術水準，マネジメント施設をもたない国への輸出を止めさせようとしたロビー活動は失敗に終わった．彼らはまた，国連による監視を含む枠組みを提唱したが，有害物質を受け入れてでも経済成長が必要な国々の同意を得られなかった．

1995年にバーゼル会議参加者による会議が開催され，先進国から発展途上国への有害物質の輸送を停止する改訂案が採択された．また，1998年1月1日からは再生可能物質の輸出も禁じることとした．しかしこれらの変化は必ずしも廃棄物取引を減らす方向への前進とはいえなかった．改訂案は，新しい取引を対象とはしなかったからである．1996年半ば，修正案への参加国批准では停止については批准されなかった．有害物質，再生可能廃棄物といった言葉の定義が曖昧だったために輸出を禁じる物質を特定することができなかったのである．

仮にバーゼル会議決議内容を強化するようつづけても，有害物質の国際取引の問題は容易に解決しないであろう．強制力をもたせることは依然としてむずかしい．高度な廃棄物処理のための法令と施設を有する合衆国内においても，不法投棄や不適切行為は後を絶たない．

参考文献

Burford, A. M. 1986. *Are You Tough Enough?* New York: McGraw-Hill.

Cook, E. 1900. Global Environmental Advocacy: Citizen Acitvism in
    Protecting the Ozone Layer. *Ambio* 19(6-7): 334-38.

Dunlap, R. E., and A. G. Mertig, eds. 1992. *American Environmentalism.*
    Philadlphia: Taylor & Frances.

EPA(U.S. Environmental Protection Agency). 1987. *Unfinished Business:*

A Comparative Assessment of Environmental Problems. Vol.I. Washington, DC: Office of Policy Analysis.

—.1990. *Reducing the Risk: Setting Priorities and Strategies for Environmental Protection.* Report of the Science Advisory Board: Relative Risk Reduction Strategies Committee(Report #SAB-EC-90-021). Washington, DC.

—.1991. *Environmental Investments, The Cost of a Clean Environment.* Report of the Administrator, Environmental Protection Agency. Washington, DC: Island Press.

Fortuna, R. C., and D. J. Lennett. 1987. *Hazardous Waste Regulation: The New Era.* New York: McGraw-Hill.

Lindblom, C. A. 1980. *The Policy Making Process.* 2d ed. Englewood Cliffs, NJ: Prentice-Hall.

Magat, W. A., A. J. Krupnick, and W. Harrington. 1986. *Rules in the Making.* Washington, DC: Re-sources for the Future.

McClosky, M. 1992. "Twenty Years of Change in the Environmental Movement: An Insider's View." *In American Environmentalism,* eds. R. E. Dunlap and A. G. Mertig, 77-88. Philadelphia: Taylor and Frances.

Melnick, R. S. 1983. *Regulation and the Courts: The Case of the Clean Air Act.* Washington, DC: The Brookings Institution.

Porter, G., and J. W. Brown. 1991. *Global Environmental Politics.* Boulder, CO: Westview Press.

Quarles, J. 1976. *Cleaning Up America: An Insider's View of the Environmental Protection Agency.* Boston: Houghton Mifflin.

Ringquist, E. J. 1993. *Environmental Protection at the State Level: Politics and Progress in Controlling Pollution.* Armonk, NY: M. E. Sharpe.

Rosenbaum, W. A. 1991. *Environmental Politics and Policy,* 2d ed. Washington, DC: CQ Press.

Runnals, D. 1986."Factors Influencing Environmental Policies in International Development Agencies." In *Environmental Planning and Management, Proceedings of the Regional Symposium on Environmental and Narural Resources Planning*, Manila, Phillipines, 19-21 February 1986. Manila: Asian Development Bank.

Tolba, M. K., O. A. El-Kholy, E. El-Hinnawi, M. W. Holdgate, D. F. McMichael, and R. E. Munn, eds. 1992. *The World Environment* 1972-1992. London: Chapman & Hall.

Wenner, L. M. 1982. *The Environmental Decade in Court*. Bloomington: Indiana University Press.

第4章　開発プロジェクト：主体，プロセス，環境ファクター

　環境法令は高速道路，ダム，製鉄所などの大規模開発プロジェクトにも影響する．そういったプロジェクトが目的を果たし，生み出される経済便益を低下させずに環境法令を満たすようにするにはどうすればよいかが問題である．事例分析だけでは一般論を述べることはできないが，いくつかの大規模プロジェクトにおける環境配慮について調べてみることとする．本章では，政治と経済も含め環境に関係する諸要因がプロジェクトの決定にどのように影響するか，計画としてのあらゆる視点からプロジェクトを分析する．

　次節ではNew Melonesダムの公共事業を事例として取り上げ，公共事業にかかわる典型的な諸々の行為，プロセスに目を向ける．最終節ではDow社の石油化学プラントの事例を取り上げ，民間開発プロジェクト計画と公共計画の違いを浮き彫りにする．

4.1　多目的水資源プロジェクト：New Melonesダムを例として

　カリフォルニア州Stanislaus川にあるNew Melonesダムは陸軍工兵隊が計画し，建設した．環境運動家とプロジェクト支援者の間の闘いについて分析する．まず公共計画の意思決定にかかわった主体を分類する．そして開発目的に向けて各主体がとった戦略を明らかにする．この事例では，合衆国の公共計画への個々の市民やグループのかかわり方についても触れる．最後に，関係機関それぞれの利害を調整することのむずかしさについても取り上げる．なお，表4.1にプロジェクトに関する主な出来事を整理している．

4.1.1　1966年までのプロジェクト計画策定

　New Melonesプロジェクトは1966年の建設開始の前から議論になっていた．議論となった理由は環境への影響に関するものではない．陸軍工兵隊と土地改

表 4.1　New Melones ダムに関する歴史上主要な出来事

1944	議会は治水のため工兵隊の 0.45maf 貯水計画を認可
1962	議会は工兵隊に土地改良局が管理する 2.4maf 多目的プロジェクトを計画することを認可
1966	2.4maf プロジェクト建設開始
1971	Sierra Club は，2.4maf プロジェクトが環境影響評価報告書なしで続行されるならば工兵隊を告訴すると脅す
1972	環境保護基金は，環境影響報告書が不十分として工兵隊と土地改良局を告訴
1973	州水資源管理委員会は土地改良局の 2.4maf 完全利用権申請を却下；土地改良局は連邦地方裁判所に上告
1974	カリフォルニア州の有権者たちは，2.4maf プロジェクト完成に反対する市民によってなされた投票を無効とした
1978	建設終了；連邦最高裁判所は州水資源管理委員会と土地改良局が貯水管理をするよう手順を制定
1980	カリフォルニア州知事は，貯水池を 2.4maf まで最大限利用することを許可するという州議会の議案を拒否
1983	州水資源管理委員会は以前の立場を翻し，貯水池最大限使用を許可

※ maf：容積の単位，1million-acre-foot≒1234m^3

良局という合衆国に二つある水資源開発関係機関の間での対立に由来する．双方とも同一箇所にダムを計画していた．

　1930 年代の Stanislaus 川の洪水被害をふまえ，1944 年，陸軍工兵隊が洪水制御用ダム建設の実行可能性を検証することを連邦議会が承認した．陸軍工兵隊は 45 万エーカーフィートのダム湖の計画を立てた．プロジェクトは New Melones ダムがある地点の近くで計画された．ここは 1920 年代に地元の農家が小規模な灌漑対策プロジェクトを進めていた（図 4.1 参照）．

　陸軍工兵隊が洪水制御プロジェクトを立案していた頃，土地改良局は南部カリフォルニアの灌漑用水プロジェクトを国の補助事業として展開する計画を立案していた．土地改良局はカリフォルニア州政府水資源部と共同して業務を行い，110 万エーカーフィートの容量がある New Melones ダムを建設することを

4.1 多目的水資源プロジェクト：New Melones ダムを例として

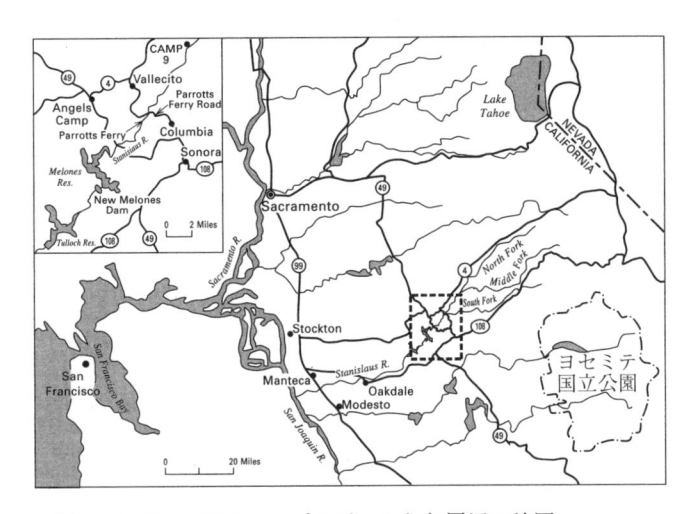

図 4.1 New Melones プロジェクトと周辺の地図
転載許可：Palmer, *"Stanislaus : The Struggle for a River"*, 1982.

決めた．

陸軍工兵隊と土地改良局は 1940 年代後半には 110 万エーカーフィートのダムの技術的実行可能性を明らかにしていたが，陸軍工兵隊は議会から予算が与えられなければ事業を進めることはできなかった．しかし資金確保は困難だった．また 1950 年代初期の Eisenhower 政権では水資源プロジェクトの優先度は低かった．同じ時期，カリフォルニア州の調査によれば灌漑用水は必要がなかった．州の分析によれば，費用便益比はわずか 0.73 だった．これでは政策上認められるはずがなかった．議会は貨幣換算した便益が費用より下回ると見込まれる水資源プロジェクトは認めなかった．

1950 年代後半になって土地改良局は Central Valley プロジェクトに対する計画を見直し，カリフォルニアの南北を縦断するような大規模な運河網と貯水池をつくることを決めた．この計画は土地改良局によって作られ，Central Valley プロジェクトのなかで利用するために，New Melones ダムに 240 万エーカーフィートの灌漑用水を貯水することとした．議会に洪水制御，灌漑用水，水力発電，リクリエーションに供するダムとして認めるよう要望した．1962 年，議会は拡大再編された計画を承認した．陸軍工兵隊が計画，建設し，土地改良局が運営することとした．議会で承認を得たものの，土地改良局はいつどこで灌

漑用水が利用されるか明確な計画をもっていなかった.

1950年代後半から1960年代前半にかけてStanislaus川で大規模洪水がつづいたのが,1962年に議会承認に至った一つのきっかけである.1965年,地元住民と農家はStanislaus川洪水対策協議会を設立し,即時ダム建設を要求した.

4.1.2 反対運動初期：1962年〜1973年

地元の誰もが連邦ダムに賛成していたわけではなかった.洪水の被害を受けないエリアの農家などは土地改良局の計画によって大量の水が南部にもっていかれ,これにより灌漑用水が減らされてしまうことを危惧した.プロジェクトに反対する人びとはStanislaus川流域グループを結成し,洪水制御と灌漑用水貯水だけの110万エーカーフィートのダムをつくることを提案した.しかしこの試みは挫折した.

1960年代後半,陸軍工兵隊が240万エーカーフィートのダムを建設しようとしていた頃,人びとがどのようにStanislaus川に価値を認めているかについて変化が生じた.二つの新しい問題が生じていた.Stanislaus川で筏による急流下りをする人が増えた.プロジェクトの結果として,サンフランシスコベイデルタの水質が低下するという懸念が生じた.

1962年,議会が240万エーカーフィートのダム建設を承認したとき,Stanislaus川は,まだスポーツとしては知名度が低かったが,筏による急流下りの適地としてはじめて認められた.その後10年間のうちに筏による急流下りは流行となった.1971年にはParrot's FerryとCamp Nineの間の9マイルの区間（図4.1参照）が,カリフォルニアで筏による急流下りがもっとも盛んなエリアとなった.もし240万エーカーフィートのダムではなく1940年代に提案されていた110万エーカーフィートのダムが作られていたら,この9マイルの区間は氾濫することはなかっただろう.筏愛好家は小規模案を強く推していた.

カリフォルニア南部の農家も使うなど水の利用が多様化し,水質が低下した.環境運動団体,特にSierra Clubと環境保護基金は,南部カリフォルニアに水を多く流すことできれいな水流がなくなり,特にSacramento-San Joaquimデルタ,Suisunとサンフランシスコ湾にかけて水が澱み汚れていくことを懸念した.実際,水流の減少により水質が低下し,魚類にも悪影響が生じた.

4.1 多目的水資源プロジェクト：New Melones ダムを例として　　75

環境影響報告義務

　建設行為を始める前の 1971 年，反対者が 240 万エーカーフィートのダムの建設を停止するよう運動を始めた．彼らは最初に，連邦の事業などが人間環境の質に影響を与えると判断されるときには，連邦省庁が環境影響報告書を作成するという要件を提示した．予定されていた New Melones プロジェクトは明らかに大きな影響を与えるはずだったが，1971 年に環境影響報告書は作成されなかった．環境影響報告書の制定は 1970 年であり，陸軍工兵隊は本案件以前の数百件の環境影響報告書作成に忙殺されていた．

　1971 年，陸軍工兵隊が New Melones の環境影響報告書を作成した頃，Sierra Club が環境影響報告書の発行前に建設工事の入札をしようとしているとして裁判所に訴えることを知った．陸軍工兵隊は脅威と受け止め，入札を環境影響報告書作成後となるよう 5 ヶ月ほど延期した．

　環境影響報告書を作成してすぐ，1972 年 5 月，環境保護基金は環境影響報告書が不適当であるとして陸軍工兵隊と土地改良局を訴えた．灌漑用水を貯めて使うことでどのような環境インパクトがあるかまったく分析されていないことを理由としている．土地改良局はいつどこで灌漑用水が使われる見込みかを固めていなかった．環境保護基金は貯水した水の利用のあり方とともに，水需要の不確かさを分析するべきと感じていた．環境保護基金と他の団体は，Camp Nine と Parrot's Ferry の間の価値が高まっている区間の洪水を抜きにして洪水制御や他の整備目的を果たすことが必要なのか疑問視していた．

　連邦地方裁判所では環境保護基金の訴えを聞き入れ，同団体が問う要件を満たす環境影響報告書の追加版が作られるまでダム建設の停止を命じた．土地改良局は各種の利水目的に対して貯水された水が利用される可能性を説明する文書を作成した．土地改良局が各種の利用を明確に定義していなくても判決では建設をつづけることが認められた．環境保護基金は判決結果を問うたが不成功に終わり，240 万エーカーフィートのダムに反対する人びとは違う戦略に移っていった．

水利権

　Stanislaus 川の水を引き込むには法的権利を確保する必要があり，土地改良局は水利権を管掌するカリフォルニア水資源調整委員会に申し出た．申請する

と公聴会が開かれる．ここで反対者に240万エーカーフィートのダムを阻止する機会を与えることになったと同時に反対者が増えていった．

　カリフォルニア水資源調整委員会は土地改良局に洪水時を除いて65万エーカーフィートの水利権を与えた．240万エーカーフィートの使用は認められないこととなり，プロジェクトの否定が広く知れ渡るようになった．カリフォルニア水資源調整委員会は土地改良局が具体的な計画をもっていなかったため要求された水利権を認めなかった．しかし将来的に灌漑などの特定された利用が見込まれ，環境などへの影響はなく，その便益が十分にあることを示す機会を与えた．

4.1.3　プロジェクト阻止闘争：1973年〜1983年

　カリフォルニア水資源調整委員会は貯水池を110万エーカーフィートに制限した．土地改良局は即座に連邦地方裁判所に訴えることを表明した．プロジェクト反対者は逆転判決だけでなく，カリフォルニアの水に関する政治の動きが土地改良局に傾くことを恐れた．加えて州政府が委員会の決定を覆させるかもしれなかった．

　環境保護基金の訴えにもカリフォルニア水資源調整委員会の決定にも敗れたのではないことから，陸軍工兵隊は240万エーカーフィートダムの建設をつづけた．その一方で反対者は新たな攻撃に出るべくグループを再編し，完全な勝利を得ようと臨んだ．

住民投票

　1973年の終わり頃，反対者らは住民投票の実施を求める戦略に出た．どのようにして30万人の署名を得るか．どのような形で人数を確認するのか．草の根的な支援だけで効果的なキャンペーンはできるのか．Friends of the Riverという草の根団体を結成し，こういった問いに答えを出しつづけた．

　1974年秋，カリフォルニア州の有権者はStanislaus川の景観を守るか，New Melonesダムに反対するか，住民投票を行った．小規模の洪水調整ダムを建設するか否かを問うた．賛成と書けばNew Melonesダムに反対ということになる．このような設定は混乱を招いたとされる．州全域でキャンペーンが展開されたものの，ダムに反対していた市民は賛成と書くべきなのか反対と書くべき

なのかわからなかった．決議案は 6 パーセントの差で破れた．

敗北の理由はいろいろありそうだが，反対者と支持者で使える資源のアンバランスがあったと思われる．Friends of the River は 240000 ドルを確保した一方で，ダム支持者は 400000 ドルを集めていた．ダム推進の立て役者はダム建設に関係する建設業者，製造業者，農家だったかもしれない．

最終結果

ダム反対者が敗れた州住民投票から 2 年が経ち，反対者らは Stanislaus 川がカリフォルニア州の河川景勝地に選定されるよう試みた．訴状は破棄された．

1978 年 7 月，連邦最高裁判所はカリフォルニア州の訴えを聞いた．これは土地改良局が初期に連邦地方裁判所に提出した，カリフォルニア水資源調整委員会への水利権の申し出と関連している．最高裁判所は土地改良局がカリフォルニア州の水管理法を遵守しているとするカリフォルニア水資源調整委員会の見解を支持した．しかし法廷では，当初訴えが出された地方裁判所に審理が差し戻された．最高裁判所はカリフォルニア水資源調整委員会と土地改良局がとるべきプロセスを規定したということである．1979 年秋に土地改良局は貯水池管理計画を州に提出した．カリフォルニア水資源調整委員会は計画の受け入れを決め，地方裁判所は州の決定が議会と整合すると判定した．本件を地方裁判所に差し戻すことによって最高裁判所はほかの訴えも聞き入れることを可能にした．

1980 年 5 月，反対者らがずっと心配していたことが起きた．240 万エーカーフィートダム支持者が 240 万エーカーフィートすべてを利用することを認める法案を通すよう議会に働きかけた．法案は通過したが Jerry Brown 知事は反対した．カリフォルニア水資源調整委員会の初期の決定がまだ有効だった．

最終的に竣工 5 年後の 1983 年，ダム支持者らが求める結果になった．カリフォルニア水資源調整委員会は灌漑用水がさらに必要かどうかを調べ，可能容量いっぱいに貯水することを認めるに至った．

4.2　公共プロジェクトの特徴

本節では New Melones の事例をもとに公共プロジェクト，特に社会基盤整備プロジェクトの特徴を明らかにする．大規模公共プロジェクトではしばしば

78　第 4 章　開発プロジェクト：主体，プロセス，環境ファクター

連邦，州，地方機関といった異なる目標をもつ主体間で複雑な関係が生じる．そして反対運動に見舞われたときにこの複雑な関係のために計画遂行がむずかしくなる．New Melones の事例で言えば，プロジェクトに反対する市民がプロジェクトを推進することで，環境がどういうことになるかを考えるためのいろいろな機会をもつことができた．合衆国では 1970 年代前半に，市民が公共プロジェクトに何らかの形でかかわる機会（たとえば環境影響報告書の作成）が増えた．他の国でも同様な傾向が見られた．

4.2.1　制度的背景の複雑さ

図 4.2 に示すように，プロジェクトの意思決定に各種の機関が関与する．公共開発に関係する機関は実施面，法制面でかかわる．New Melones ダムの場合，大統領は予算に権限をもつ．連邦議会は計画と建設，そしてそのための予算に対して承認を与える．地方自治体が行う場合は市長と地方議会が同様の役割を担う．

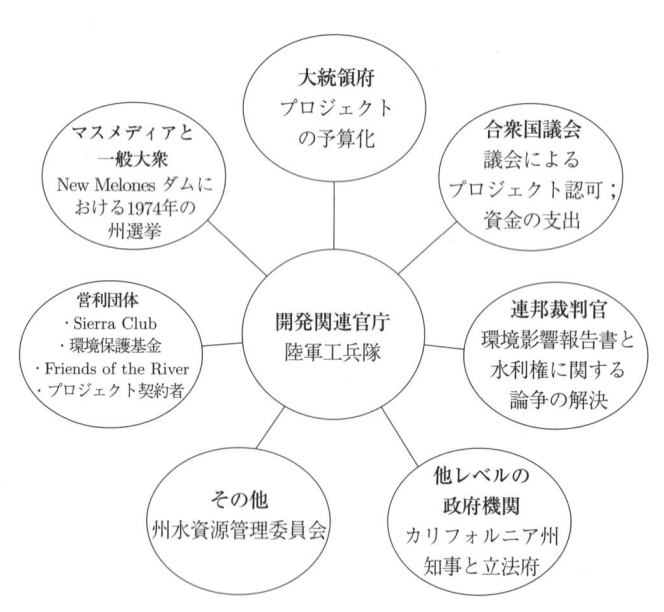

図 4.2　公共プロジェクト提案に影響を及ぼす組織団体．New Melones のケースにおける関係主体

合衆国では法廷がしばしば問題解決に活用される．New Melones の事例では二つの役割を担った．環境保護基金の訴えによりプロジェクトは延期され，プロジェクトによる影響について新たな情報が出てきた．また，陸軍工兵隊による環境調査では環境悪化を緩和する対策が示された．環境影響報告書ではダムで埋没する地域に棲息する野生生物を保護する計画が示された．

公共プロジェクトには国と州という異なるレベルの政府からの代表と議会が影響を与える．国の開発官庁が事業実施に対して州や地方レベルの官公庁に承認を求めることもあるが，政府は補助というかたちで計画策定に立ち入る場合もある．補助を得ていたところでは，しばしば公選された役職者などの主張に変化が生じる．過去の州知事は New Melones プロジェクトを承認してきたが，Jerry Brown 州知事は反対した．

公共プロジェクトに関係するあらゆる省庁，地方自治体に及んでの調整が普通に行われるようになった．1970 年代に各種公共プロジェクトに対する環境影響評価の要件が示されたが，関係省庁間の調整はとても体系的になった．環境影響報告書については省庁間の調整はまだ必須とはなっていない．国の水資源に関係する省庁は，1970 年代に環境影響報告書が義務づけられる前から魚類や野生生物に関係する省庁と調整の機会をもつようにしている．

プロジェクト関係者と，プロジェクトで何らかの損失を被るかもしれない市民の間ではしばしば議論が起きる．New Melones の事例で言えば陸軍工兵隊（と土地改良局）と環境保護基金，Friends of the River は戦い合った．

市民と交わるなかで公共開発に関連する省庁は一般大衆とのコミュニケーションを図る．新聞やテレビはプロジェクトを広く一般市民に知ってもらう上で重要な存在である．議論となっているプロジェクトについてはさまざまな公衆関与の手法がある．プロジェクトを知ってもらうだけでなく，しばしば計画策定に関与してもらう．New Melones の事例における一般大衆の高度な関与とマスメディアはどちらかといえば例外的である．住民投票でも有権者はあまり公共プロジェクトの可否を問われているという認識がない．

4.2.2 大規模公共プロジェクトの不可逆的効果

1969 年に国家環境政策法が可決されて以来，プロジェクト案がどれだけ不可逆的な効果をもたらすかが大きな関心事となるようになった．不可逆的効果に

関する分析は本法で定められており，どのぐらいの期間をかけて回復するかという問いに答えなければならない．New Melonesダムの反対運動が激化したのは，プロジェクトによりあらゆることが元に戻らないと信じていたからである．大型ダムをやめさせることはできなくなったが，せめてプロジェクトを撤廃できないならば数十年かけて氾濫するエリアを元の状態に戻したかった．

大規模プロジェクトは，技術的な理由ではなく政治的な理由によりしばしば不可逆な効果をもたらす．あまり多くあることではないが，計画していた大規模プロジェクトを中止するとマイナスの効果が生じる，中止に向けて政治的な努力が必要になる．プロジェクトが撤廃されることは普通ではないが，聞かないことでもない．1950年，ミズーリ州セントルイスではセントルイス住宅公社が3600万ドルを投じて Pruitt-Igoe 住宅プロジェクトを実施し，2800世帯を収容する33棟の建物を建設した．プロジェクト完了から10年後，不適切な設計と建設によるマイナスの効果を解消しようと住宅公社は数百万ドルを投じた．配管がむき出しでたびたび火災が発生し，柵がない低い窓から不慮の落下で3人の子供が死亡した．設計と建設の両面での欠陥，日照条件の悪さなどから開発地は荒れ，犯罪件数が急増した．20年後の1973年には33棟すべてを解体した．

4.2.3 不確実性下の意思決定

大規模プロジェクトの特徴として，将来を予想することのむずかしさがある．プロジェクトではコスト予想を行うことは広く認識されているが，経済便益と環境影響の予想は不確実性が相まってむずかしい．経済便益の推定は基本的に長期的な人口変動と経済動向を基礎データとして，プロジェクト後に人びとがどのような行動をとるか，多くの仮定を置いて行う．

New Melonesの場合，陸軍工兵隊は経済便益にかかわる不確実性を考慮していなかった．たとえば，陸軍工兵隊は余暇活動に資する経済価値を次のように計算していた．年間400万人の観光客が訪れるだろうと予想した．反対者はこの数字に異を唱えた．この数字は同州にあるヨセミテ国立公園に現に来ている人数より多かった．またNew Melonesを中心として半径75マイルの円内に20の貯水池があり，それらは実際に余暇活動には活用されていない．反対者の指摘は有意義であった．陸軍工兵隊が使った数字により，経済便益はきわめて高

いものとなっていたからである．1970年代前半，反対者は陸軍工兵隊が推定した余暇便益が高すぎると指摘した．しかし，結果的には240万エーカーフィートの規模が認められ，陸軍工兵隊は費用便益計算の正当性を主張する必要もなくなってしまった．

　New Melonesの事例における代表的な不確実性要因は，灌漑用水の貯水の必要性についてである．土地改良局が示した水需要は大きすぎるという批判があった．土地改良局と陸軍工兵隊は，いつどこでその水が必要かを明らかにしなかったにもかかわらず，洪水対策や州南部の農業関係者の利益を背景とする強い支持があってプロジェクトは推進された．

4.3　計画策定とそのプロセス

　New Melonesの事例から公共プロジェクトの計画策定について学ぶものがある．簡単には計画策定という行為は一本調子である．実際には諸活動が輻輳し，新たな情報が入るとやり直しとなることもある．Alexander (1979)は数々の「モデル」を用いて計画策定業務のプロセスを説明している．

　モデルはすべて共通点をもっている．計画を策定する行為を逐次的で多段階なプロセスとして捉える．多くのフェーズは後続のフェーズと繋がり，しばしばフィードバックループがある．フィードバックにより計画者は過去の分析をやり直し，時によって違う結論に至る場合がある，ということは本質的である．

　計画策定のフェーズ，あるいは要素とは何か，そしてそれらはどのように繋がっているか．本節ではこれらの問いに対する答えを求め，計画策定に関する用語を説明したい．また環境への配慮は計画策定のなかでどのようになされるかも示すこととする．

　多くのモデルではプロジェクトの計画に次のようなことが含まれている．問題・目標の特定，代替案の作成，影響分析，最適案を選択するための代替案の評価，計画の実行，プロジェクトの運用と監視などである．ある活動が終わり，他の活動が始まるところの直線は曖昧である．実際，最初の四つの行為（問題・目標の特定，影響分析と評価）は同時に実行されうるものである．図4.3に示すように，計画策定のプロセスのなかで四つの行為の間に双方向で情報の流れが見いだされる．計画策定が進むにつれ四つの行為は終わっていき，内容の精度が向上していく．どのような段階であれ，ある行為が他よりも強調的に扱わ

82   第4章　開発プロジェクト：主体，プロセス，環境ファクター

```
┌─────────────────┐
│  問題と目標の特定  │←┐
└────────┬────────┘ │
         ↓          │
┌─────────────────┐ │
│   代替案の定義    │←┤
└────────┬────────┘ │
         ↓          │
┌─────────────────┐ │
│ 影響分析（費用便  │ │
│ 益分析と環境影響  │←┤
│ 評価を含む）      │ │
└────────┬────────┘ │
         ↓          │
┌─────────────────┐ │
│   代替案の評価    │─┘
└────────┬────────┘
         ↓
┌─────────────────┐
│      実施        │←┐
└────────┬────────┘ │
         ↓          │
┌─────────────────┐ │
│  プロジェクトの   │ │
│ 運営とモニタリング │─┘
└─────────────────┘
```

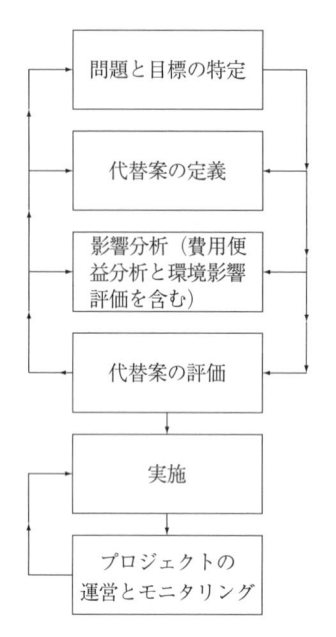

図 4.3 プロジェクト計画の構成要素

れ，計画者の立場で言えば，いま全体のプロセスのなかで何をするべきときかが明確化される．

4.3.1 問題と目標の特定

　問題という言葉は通常，満足が得られていない現状に対する考えという意味で使う．問題の特定とは，現状にどのような問題があるのかをはっきりさせるということである．プロジェクトを計画するうえでは問題の特定にはもっと多くの意味が含まれている．社会基盤整備のような大規模な土木事業では，期待される成長にともなって生じる諸問題を解決しようとする．問題を定義するには，現状に対する不満足以上のことも含めて調べなければならない．また，適切な対応がとれるように予想される問題を特定し，経済成長や人口増加をこれに反映させなければならない．

　New Melones のプロジェクトでは，初期の問題認識は洪水への対応ということであった．Stanislaus 川流域で人口が増加し，何らかの手をうたなければ将

来成長にともなって被害も拡大することが予想された．陸軍工兵隊は1940年代に最初の調査を行った．洪水被害を減らすための戦略として氾濫原の開発を制限することは考えられていなかった．もっぱら洪水制御に目が向けられていた．

問題の定義は，より一般的に言えば目標，目的の特定，代替案を絞り込む上での制約条件の設定などを指す．目標，目的，制約条件はしばしば評価ファクターと呼ばれる．

公共プロジェクトにはさまざまな主体が関与することから，目標や目的を特定するプロセスがしばしば複雑になる．New Melonesの事例では，1940年代前半の主要な主体は，陸軍工兵隊，土地所有者，氾濫原の自治体であった．評価ファクターの性質を考えるために陸軍工兵隊の視点を観察してみる．彼らの目標は洪水被害を軽減することであった．その一方で，問題の捉え方に影響を与えるような制約条件があった．陸軍工兵隊は議会の判断の下で行動し，オプションは限られる．洪水対応に対し土木工事を行うだけで，土地利用の再編や構造物の改築などは念頭になかった．陸軍工兵隊はまた，費用が便益を上回るような事業には手を出せない．

ダム下流の農家は洪水被害を軽減することに関心があった．しかし彼らはもっと満足する対策を求めていた．陸軍工兵隊にとって地元による協賛的支出は欠かせない．1940年代前半には地元負担は少なくてよかった．陸軍工兵隊のプロジェクトはほぼ国家予算で充当されていた．かくして地元の関心は，陸軍工兵隊の予算制約を踏まえてどう対応するかという問いに対して答えを求める話となった．洪水調整のみの単一目的ダムが予定されていた1940年代には，地元と陸軍工兵隊とで問題の設定，受容可能な解に対する見解に齟齬はなかった．

New Melonesプロジェクトの対象が洪水調整以外にも広がりを見せ，他のプロジェクトの出力や灌漑用水も考慮の対象に含まれることになり，関心をもつ人びとが増え，たくさんの問題を特定しなければならなくなった．1950年代に複数の問題の間にコンフリクトが生まれていることが顕在化した．土地改良局は灌漑用水を必要だとしたがカリフォルニア州は必要性がないと表明し，地元の農家は水をもっていかれることに反対した．1970年代には異なる意見をもつ団体が増えていき，どこに落ち着きどころを求めたらよいかがほとんどわからなくなった．

4.3.2 代替案の作成

代替案を作成する際には問題解決の目的，目標，制約に関して明に暗に何らかの仮定を置くこととなる．1940年代初期のNew Melonesに目を向けてみると，陸軍工兵隊は洪水被害の削減について目標と目的を検討し，Stanislaus川の他の地点へ移動する流水量の限界を確認した．不適切な建設候補地を排除するために，流れ，土壌条件などの技術的制約条件も明らかにした．代替案を考えるプロセスにおいて制約条件には2通りがある．1番目に計画をデザインする際の土台となるものである．たとえば，下流域の水位上昇を目標レベル以下に留めるとする目標がNew Melonesダムの貯水規模の設定に通じる．2番目に制約条件は計画の実行可能性と関係する．New Melonesダムの貯水池が一定量を蓄えるとして，その際に費用が便益を上回ったらそのような計画案は受け入れられない．

代替案を作成するうえで環境ファクターも重要な役割をもつ．当初の計画でParrot's FerryとCamp Nineの間の9マイルの区間に価値があるとしていたら，240万エーカーフィートのダムは環境価値と社会費用の観点から否定されていたであろう．しかしながら議会で240万エーカーフィートが承認され，それ以降には9マイルの区間に高い価値があるという主張はなかった．

代替案作成は科学というよりいわば技芸と言える．定型的な代替案でないかぎり創造性と革新的な考え方が要求される．水資源計画では代替案を絞り込む専門的判断が行われるプロセスにおいて，少なくとも1970年代まで多くの技芸が求められていた．この絞り込みの作業は，計画の実行に日々目を向ける開発関連省庁の計画担当者によって行われてきた．

1970年代に環境影響報告書の作成が始まって計画のデザインの自由度がさらに大きくなった．代替案作成プロセスにおいて環境の価値も考慮に入れるようになった．環境影響報告書の作成にはまだ体系的な方法論がない．代替案の作成は技術的および経済的な制約の下で行われる．環境に関する課題の検討は環境影響評価が行われてから取り組むこととなる．プロジェクトを推進する立場には，影響評価の結果を偏見なく見ることはむずかしいものである．

4.3.3 影響分析

影響分析とは，事業の結果として予想される変化（影響）を予測し，記述することである．大規模プロジェクトはたくさんの影響をもたらす．しかし，すべての可能性ある（プラスの）影響を最大限に引き出すために使える資源（人的資源，予算など）は限られている．合衆国では，大規模水資源開発を行う際には必ず費用便益分析を行う．世界銀行も費用を超える経済便益を生み出す見込みがなければ開発プロジェクトに投資することはない．

合衆国では1940年代以降，経済影響については研究されてきたが，環境影響，社会影響については1969年に国家環境政策法が制定されるまで総合性のある分析が行われていなかった．プロジェクト評価はこれまでも行われてきたが，対象範囲がきわめて狭かった．New Melonesの場合，1962年にプロジェクトが承認されるまでに陸軍工兵隊が，Stanislaus川流域の魚類，野生生物にプロジェクトがどのような影響を与えるかを調べていた．連邦法に陸軍工兵隊がその種の調査を行うことを規定していたからである．

どのような影響を調べるか，どのようにして行うか，ということについて定まった方法論はない．一つとして同じケースがない．計画策定の初期段階で目標と制約条件が十分吟味されている場合には影響分析も行いやすい．影響事項を特定するための一つの有効なアプローチは，スコーピングとして知られるプロセスである．影響分析を行う前に事業に関心をもつ人びとと何を調べるべきかを議論し，合意を求めるのである．

4.3.4 代替案評価

代替案が示されると次にあらゆる制約条件の下で実行可能かどうかが検証される．評価の段階では実行可能な代替案のいずれを選択するかという問題に取り組む．実行可能な代替案が唯一のときは，その代替案を実行してよいかどうかを検討する．

環境影響評価によって得られる情報は基本的に重要である．実際には，プロジェクト推進者は影響評価の結果を得る前からプロジェクトを行う場所や規模を決めていることが多い．環境影響評価は主としてプロジェクトによる悪影響を緩和するために用いられ，またプロジェクトの選択には技術的視点，経済的

視点が優先されるのが実情である．

　プロジェクト評価の技法は多く開発されている．プロジェクトの良否は個々人の価値観に委ねられる面もあることから，評価のプロセスに市民を参加させることもある．

4.3.5　計画の実施

　陸軍工兵隊のような開発関連官庁がある計画案を選定することで計画策定は最終段階を迎える．最終調査報告，特に最終案を精査して最終的な意思決定を行う．また，このような計画決定が新たな状況を生み出すことにもなる．特にマイナスの影響が論争となっている状況では，推薦案が拒否されることもないわけではない．あるいは修正要求を出すこともある．New Melonesの事例では，議会が陸軍工兵隊に幾度か修正要求を出し，洪水対策以外の目的を追加させ，またプロジェクトの規模を拡大させた．

　1970年代以前は土木事業において環境問題は重要ではなかった．以後，状況は変わった．多くの建設契約で環境悪化，建設時の社会的影響を減じるよう計画に実行方策が明記されるようになった．

4.3.6　プロジェクトの運営とモニタリング

　プロジェクトが始まったらこれを運営し，環境への影響を監視することになる．たとえばカリフォルニア州政府では，プロジェクトの環境影響報告の要件としてプロジェクト開始後も同意事項を満たす行動をとっているか検証することになっている．また，プロジェクトが環境基準を遵守しているか環境運動団体が監視しつづける例もある．

　監視の例として，水質と大気に関する法律を守っているかをチェックすることが多い．多くの国で施設管理者が自己点検を行い，排水，排煙などのデータを整え，環境保護庁のような機関に報告することを義務づけている．

　環境影響評価は多く行われるようになってきた．第一の議論として，事業による環境悪化を軽減するために行われるべき事後評価である．監視して好ましくない影響が明るみに出た場合，プロジェクトを見直すか，進め方を改めなければならない．これはHolling (1978) らが，適応的環境マネジメント (adaptive environment management) についての指導書で提唱しているものである．

第二の議論として，予測技術の向上に対応して増加する監視業務への対応である．事後評価については研究があまり行われていない．監視を増やすことで予測がより正確なものとなり，かつ既往の予測技術の限界も明らかになるであろう．

4.3.7 公共計画への市民参加

1960年代以前は公共計画への市民の関与は限定的であった．合衆国では，計画策定プロセスに市民が関与するとしたら公聴会に参加することぐらいであった．しかしながら，省庁が最終的な意思決定を行うのは公聴会のあとであり，あまり意味がなかった．それにおよそ市民は計画者，技術者，公選された役職者がつくる計画に満足していた．公共プロジェクトはさまざまな技術的専門家が政府や関連組織とうまく調整しながら適切に評価を行い，計画を策定していた．

1960年代には市民が計画策定に参加する機会は随分と増えた．たとえば，技術的専門家が環境価値や社会価値を無視していると批判するようになった．

1970年代には多くの開発関連官庁が費用便益分析を用いてプロジェクトを評価するようになり，技術的専門家による環境影響，社会影響の評価のあり方が法廷で問われるようになった．市民関与をファシリテートして計画を練り直す省庁も出てきた．

1970年代に大規模社会基盤整備の計画策定プロセスは作り替えられ，陸軍工兵隊などは問題や目的の特定，プロジェクトの評価にも市民がかかわるべきと認識されるようになった．実際，環境上の損失と経済便益のトレードオフなどは，市民の関与なしには独自で判断がつかないと考えられている．市民は代替案の選択もできるし，影響分析にも関与できる．特定の事象，場所について専門家を凌ぐ知識をもつ市民もいて，彼らが計画づくりに寄与することもある．市民こそ事業の影響を詳細に読むことができると考えている省庁もある．

計画策定に直接的に市民を関与させる動きは合衆国に限定されない．民主主義的な国々では市民参加は何らかの形で普通に行われている．環境NGOの勢力拡大によって進展した面も大きい．草の根的な団体が特定の公共プロジェクト計画に敏感に対応することで，省庁が市民関与を促すようになるケースもよくある．

4.4 民間セクターによるプロジェクト計画

民間セクターによる開発プロジェクトは，公共計画と以下の二つの点で異なっている．まず，民間開発で直接的な市民参加の機会は限られている．政府の決定であっても限定的である．開発計画にともなうゾーニングの変更に際して，市役所で開催される会合に参加するぐらいである．第二に，民間プロジェクトの成否は開発者のリスクマネジメント能力にかかわっている．開発者にとってはさまざまな局面においてさまざまなリスクがある．オフィスビルを経営する場合，十分な入居があるかどうかというリスクがある．Peiser (1990) は，都市建設における開発者の基本的な役割はリスクを受け入れることにほかならず，開発がうまくいくかどうかは，たくさんの大きなリスクを関係主体にうまく振り分けられるか否かによるという．

開発者はしばしば財政リスクにも直面するが，ここでは触れないことにする．代わって法令リスクに着目する．このリスクは民間開発者が政府の承認を得ることに失敗し，プロジェクトが遅延したり停止することで生じる．1970年代にカリフォルニアでDow社が建設した石油化学施設を題材に法令リスクについて説明する．この分析では，民間開発者の意思決定に市民がどれだけ影響力をもつかについても検証する．

4.4.1 カリフォルニア州の法令リスクとDow社

1975年2月，Dow社は50億ドルをかけてサンフランシスコ市から35マイル北東の位置に石油化学基地を建設することを発表した．Solano郡で600エーカーの土地と，Contra Costa郡から1.5マイル離れたところにある250エーカーの土地に13のユニットを設置する計画であった（図4.4）．ナフサを生成するとともに，エチレン，アセトン，スチレンなどを使った製品を製造する．1000人の常勤工員，1000人の建設作業員を雇用する．Dow社は1976年に建設を開始し，1978年には第1基のユニットを，1982年までには全ユニットを稼働させる予定であった．明らかに巨大なプロジェクトであった．

Dow社が計画を公表してすぐ，今度はAtlantic Richfield社 (ARCO) がDow社のプロジェクトの近くで大規模な化学プラントを建設する計画を発表した．サンフランシスコ・ベイエリアの環境運動団体はこれら化学プラント施設が大

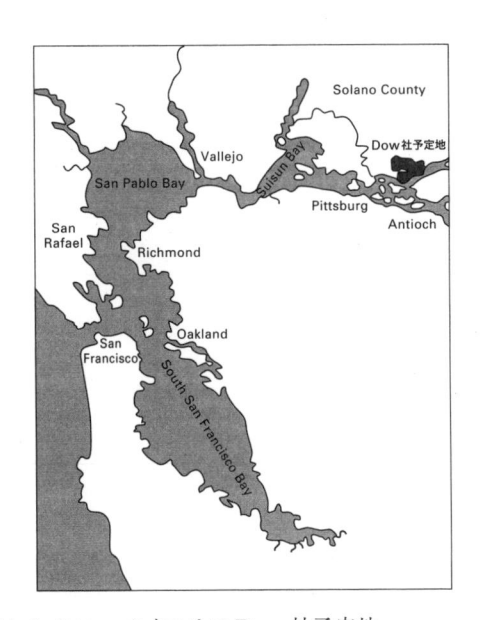

図 4.4 サンフランシスコ・ベイエリア Dow 社予定地
転載許可：Duerksen,Dow vs.California:A Turning Point in the Envirobusiness,pp.6-7,1982.

気質，水質や湿地帯に悪影響を及ぼすのではないかと懸念し始めた．環境問題研究家もまた，Dow 社のプロジェクトは地域の人口増加をもたらし，公共サービスに対する需要が高まり，自治体が対応できなくなるのではないかということを心配した．

　Dow 社の施設はただならない規模で環境問題に直面する．Dow 社は連邦，州，自治体から少なくとも 65 の認可を得ることが必要だった（表 4.2）．

　それらの認可条件だけでなく，カリフォルニア州の環境影響報告にも対応しなければならなかった．1970 年に承認されたカリフォルニア州環境質法(CEQA：California Environmental Quality Act) により環境影響報告書が求められ，州政府や自治体の要件に対応しなければならなかった．州が判断を下す内容もあれば郡が判断を下す内容もあるが，プロジェクトに強くかかわっている Solano 郡は環境影響報告についても精力的に対応した．環境影響や社会影響に関する情報を蓄積し，市民や省庁による質問への回答をまとめた環境影響報告書を即時提出した．じつはこの速さが災いした．州や関心をもつ市民から

表 4.2　環境正義のための運動の鍵となる出来事

連邦	
陸軍工兵隊	4
沿岸警備隊	1
小計	5
州	
地域水道委員会	7
水資源管理委員会	1
水資源局	1
漁業関係者	3
埋立委員会	1
土地委員会	1
ベイエリア大気汚染管理地域	26
小計	40
郡	
サクラメント (Sacramento)	1
ソラノ (Solano)	11
コントラコスタ (Contra Costa)	8
小計	20
合計	65

転載許可：Duerksen, Dow vs.California: A Turning Point in the Envirobusiness, pp.6-7, 1982.

環境影響報告の段取りが速すぎて内容を知るのに十分な時間がなかったことにクレームが出た．

　環境影響報告のプロセスに対しては，Dow 社が発注したコンサルタント会社が報告をまとめたことについても批判があった．このことはカリフォルニア環境質法では合法ではあるが，Solano 郡が用意した環境影響報告書は客観性に欠けるのではないかという疑問が投げかけられた．ある州政府担当者は，Dow 社にとって都合のよいことがまとめられた，いやな感じのする環境影響報告書であると述べた．

　1975年12月，Solano 郡管理委員会は適切な調査を行って改訂した環境影響報告書をまとめた．改訂の内容としては，たとえば郡内の600エーカーにわたる土地を産業用地から農業用地まで適切に区分した．

　Dow 社は環境影響報告のプロセスが早かったことによって二つの問題に直面した．一つ目は，環境影響報告書の最終版が Solano 郡に受理されてすぐ開発をやめさせようとする訴えがあった．先頭に立ったのは Friends of the Earth,

Sierra Club，次いで地元の環境運動団体 People for Open Space が，Solano 郡は環境影響報告とプロジェクト対象地の農地取消の手順に誤りがあるとして訴えた．結局は，法廷では結論は出なかった．

二つ目は，Dow 社が陸軍工兵隊に認可を申請して数ヶ月が経ってから環境影響報告のプロセスが始まったことについてである．国の環境影響報告の手順は州のそれとは別の手順であるが，両者間で調整が行われることはない．

1976 年 4 月，陸軍工兵隊は環境影響報告書の原案を作成し，関係諸官庁や関心をもつ市民に縦覧した．このときまでに，多くの諸官庁が Solano 郡が進める環境影響報告のプロセスが速すぎて不適切であることを認識していた．環境影響報告書が不完全という疑念から新たな疑問も生じ，Dow 社にはたくさんの情報を要求せざるをえなくなった．

関係諸官庁と環境影響報告書の内容について論争的な交渉をつづける間に，Dow 社は別のことで躓いてしまった．Dow 社は施設配置に際してベイエリア大気汚染管理地域の承認を得る必要があった．1976 年夏，Dow 社は 13 あるプラントのなかでスチレンプラントの設置承認を求めていたが，ベイエリア大気汚染管理地域ではこれを認めなかった．

認めなかったのは，1970 年に改訂された FWPC 法に即して，いまこのプラントの設置を認めると明らかに国家大気質基準 (NAAQS:national ambient air quality standards) を満たさない地域になってしまうためであった．ある環境基準を満たさなくなると新たな施設の設置が認められなくなる．

Dow 社は排出処理装置を設置しようとしたが，すでに微粒子，炭化水素，酸化物の基準が NAAQS を満たしていなかった．結局 Dow 社は，ベイエリア大気汚染管理地域において公聴会の開催を要望した．

1976 年秋，Dow 社はカリフォルニア州政府の諸部局の了承を得た．当時の州知事 Jerry Brown の第一の側近 Bill Press が仲介役となって，Dow 社と諸部局が見解を表明した．Press は知事が仕事を超えた共感のメッセージを送っていたと理解し，諸部局の手続きを早めようとした．多くの関係者がカリフォルニアには多くの膠着状態が生まれていると感じていた．Press が強力に進めた交渉を経て，Dow 社は 2 日間を要する公聴会に登場することとなった．1976 年 11 月 5 日，Dow 社は 70 以上の質問に回答し，相互同意に至った．およそ 1 ヶ月後，12 月 8 日にまた公聴会が開かれた．1000 ページに及ぶ供述書を用意した．

知事側と Dow 社は 30 日以内に肯定・否定を明らかにすることとして約束したが，期限が過ぎても回答がなかった．1000 万ドルを投じてプロジェクトを策定したものの，1977 年 1 月 19 日，Dow 社は計画を断念した．知事室は Dow 社の決定に唖然とし，Sacramento から San Diego にかけて窓枠がはずれていったかのようだと述べた．

Dow 社は損失を取り返さなければならなかった．会社の広報担当は「認可のプロセスがとても面倒でコストがかかることがわかり，手続きをつづけるには無理があると判断した」と述べた．Dow 社はこのプロジェクトに 1 億 5 千万ドルを投じた．どんな会社でも事業停止を決定する際には，資金をこれ以上は投じるわけにはいかないだろうという判断を行う．Dow 社社長は最終判断において，われわれを苦しめたのは不確実性だったと述べた．法令リスクが高すぎてプロジェクトが前に進められなくなったということである．

4.4.2　民間開発と法令リスク

民間プロジェクトを推進する際に直面する法令リスクには次のようなものがある．

- 監督官庁によってどのような法的解釈がなされるかわからないという不確実性．
- 環境影響に関して予想よりも強い要求が出されること．
- プロジェクト計画策定中に法令が変更になること．
- 監督官庁と事業者の間のミスコミュニケーション．
- 反対者による訴訟や政治活動によって引き起こされる遅延．

法的プロセスにおける不確実性が，予想よりも高額の法令遵守コストやプロジェクトの遅延や中止といったリスクに繋がっていく．法令遵守コストは処理施設の建設，悪化防止対策，開発権料といったかたちで発生することもある．これらのコストはすぐに積み上がっていく．予期せぬ遅延により収入の機会が減り，開発者の負債が増大していく．Dow 社の事例でも見受けられた法令リスク，諸コストについては，以下でくわしく取り上げる．

法令リスクの性質

　Dow社は法令リスクの高まりを受けて石油化学基地プロジェクトを中止してしまった．Dow社の事業計画部代表Ray Brubakerは企業の立場を簡潔に述べている．

> われわれの本当の問題は州の承認についてであった．前進がなかった．結果が見込めない中で，65件のうちのたった4件の承認を得るためだけに2年半と450万ドルを費やすわけにはいかなかった．

　許認可がかかわる案件には曖昧さがあるために法令リスクが発生する．Dow社とベイエリア大気汚染管理地域の間で明らかな大気汚染の発生について論争が生じた．ベイエリア大気汚染管理地域がDow社の承認申請を認めなかったのは，予想される大気汚染の発生は問題ありと判断したためである．1970年に改訂されたFWPC法では，明白な発生（源）という言葉の定義はなかった．ベイエリア大気汚染管理地域では，地上の観測で汚染発生が確認できたら明白な発生とすることとした．Dow社の担当者は，これはおかしいと考え，より低いレベルで制限を課している地域がないかを調べた．調査の結果，風向や他の気象条件などからより状況の悪いケースがたくさんあることを示したが，ベイエリア大気汚染管理地域は頑として承認しなかった．

　Dow社は環境影響評価のデータと予想結果が不十分と判断され，予期せずして法令コストを負うこととなった．開発者には環境影響の最低基準がないために追加的情報を求められ，コストを払うことになるというリスクもある．Dow社の事例のような大規模で複雑なプロジェクトでは，さまざまな種類の影響が発生する可能性がある．プロジェクトを推進する立場としてはどのような効果に目を向けるか，それともどれだけくわしく調べるべきか，そしてどちらを先に判断するか悩むことがある．監督官庁やプロジェクト推進者が重要と考える影響評価が十分に調べられていないときには開発者が問われることになる．Dow社の事例はまさにそういうことであった．

　Dow社は連邦政府の調査で新情報を求められ，結果的にコストが跳ね上がった．州の調査は連邦政府のものに比べれば簡単なものであった．カリフォルニア州資源庁が求めた四つの新情報は重要であった．Dow社幹部Jack Jonesは環境法令に対する遵守規定を確認した．そして対応不可能と思える多くの疑問

を見つけた．彼は「わたしたちは答えられる質問が何かを答えた．わたしは社外のコンサルタントと相談，調査するなどのためにひと月に20万ドルを費やした」と述べた．

　Dow社の事例からわかるように，ミスコミュニケーションもリスクの発生源であった．Dow社が承認申請を行う際に新たな発生源を認めることで，この地域が国家大気環境基準を満たせなくなることが明らかとなった．基準達成が危うい地域でプロジェクトが行われようとしていたのは，ミスコミュニケーションもその一因であった．1974年にJack Jonesがこのことについて確認した際に，ベイエリア大気汚染管理地域はDow社に対し，大気に関する国家基準の未達成は関係しないと伝えていた．Jack Jonesによれば，担当者はサンフランシスコは未達成地域に含まれない，将来はどうなるかわからないと言ったという．ここでミスコミュニケーションが生じている．ベイエリア大気汚染管理地域のMilton FeldsteinはJonesの主張に驚いた．Feldsteinは，企業側が大気汚染の基準を正しく理解していないのではないかと見解を述べた．

　このようなリスクは，民間開発者と監督官庁の間のやりとりのなかでしばしば生じる．反対者とのやりとりもこの種のリスクをもたらしうる．反対者は行政手続きや法廷の場でプロジェクトを遅延させようとする．Dow社に対する批判は，環境影響報告書の不適切さなどを対象として法廷を通じて行われた．法廷は遅延の原因となる．開発者は法廷闘争に時間が掛かると資金を投じる意味を失う．反対者の提訴によってもたらされる遅延のリスクを避けるべく，開発者はプロジェクトを停止する場合がある．

法令リスクの縮小化

　Dow社が直面した法令上のハードルは同社にとって特殊なものではなかった．カリフォルニア州にとっても特殊なものではなかった．1970年代以降，民間企業とさまざまなレベルの政府が，環境関係で業務負担が増えたり複雑化するリスクに敏感になった．こういったリスクを減らすためにさまざまな戦略がとられた．

　ビジネスを邪魔しているというような汚名を着せられないよう，州政府や地方自治体は承認に要する時間や不確実性を減らす努力をした．たとえば1970年代，ジョージア州では環境案件の承認手続きをワンストップシステムに切り

替えた．同様な方式が各地で採用された．このアイデアは，単に承認手続きを一省庁機関で済ませられるようにしただけである．五つもの省庁の承認が必要だったものが，一つの申請書を作成するだけで済むようになる．さらに開発者は，五つの省庁に出向く必要がなくなる．少なくとも開発者は1回の手続きで承認が得られるようになった．

ワンストップ方式は法令リスクを減少させるが，万能とはいえない．省庁間で調整が必要な場合は速くなるとは限らない．また開発者の負担が減るとは限らないし，特殊な状況がなくなるわけでもない．法令や条文に曖昧さが残る場合は，けっして法令リスクは減少しない．

企業は独自に法令リスクを減らすよう努める．一つの戦略として，計画の初期の段階から異を唱えそうな関係者とコミュニケーションを良好にしておくようにする．市民や環境運動団体などに対しても同様の方法を用いる．特定のプロジェクトについて便宜的に組織を構成し，社外の関係者といっしょに仕事を進めるようにする企業もある．Du Pont 社はコミュニケーション担当部を設けて反対者とコミュニケーションの充実を図る．台北付近でのプラント建設などでこの方法が用いられた．

開発者と反対者のコミュニケーションの障壁は容易にはなくせない．企業によっては，論争を解消するためにメディエーション手法を用いることもある．

また，潜在的な反対者とのコミュニケーションを促進するために，多くの企業では日頃から環境への取り組みをアピールしている．1980 年代後半，多国籍企業数社が協同的な環境活動に取り組んだ．Johnson and Johnson 社は 1980 年代に，各国の環境上のルールに従うためのプログラムを用意した．環境学習に取り組む人びとと，教育的あるいは財政的なネットワークを築くよう努めた．再生可能な材料を用いたり，パッケージを簡素化するなどの努力も行った．

環境に対する責任をもつことを目標とする企業では，環境保護活動に焦点を当ててさまざまな活動に取り組んでいる．いまでは企業が環境保護活動に取り組むことがメリットとなっている．

企業によっては，施設配置の際に汚染防止法令を超えるレベルで環境責任を果たすことを標榜している．スペイン北部に10億ドルをかけて多目的生産施設を配置した Du Pont 社の取り組みを紹介する．1989 年，Du Pont 社は新施設建設により環境価値を創造する，特に野生生物，湿地帯，水質，地域の歴史文

化の保全と向上に繋ぐための方法を構築するために，合衆国の野生生物環境増進会議 (WHEC：the U.S.-based Wildlife Habitat Enhancement Council) の支援を得ようとした．Du Pont 社は WHEC と共同してプラントの配置，設計，建設に当たり，環境ファクターを重視した．独自に環境影響評価も行った．Du Pont 社は施設の汚染制御，ゼロエミッションに全投資額の 15 パーセントを充てた．プロジェクト代表 Bill Walker によれば，WHEC といっしょに仕事をすることでコミュニティと建設前から良好な関係をもつことができたし，環境との調和を図ることができた．このケースは一般的とはいえないが，地域コミュニティと歩み，環境の側面から法令リスクを減らすことができた．

以上まとめると，企業は地域コミュニティや潜在的な反対者らとのコミュニケーションを促進させること，リデュース，リサイクル，リユースの諸技術を採用すること，環境影響を分析すること，その結果を施設の建設，デザイン，配置に活かすことでプロジェクト実施上のリスクを減じることができるのである．

参考文献

Alexander, E. R. 1979. "Planning Theory." In *Introduction to Urban Planning*, ed. A. J. Catanese and J. C. Snyder, 106-119. New York: McGraw-Hill.

Duerksen, C. J. 1982. *Dow vs. California. A Turning Point in the Envirobusiness Struggle*. Washington, DC: Conservation Foundation.

Holling, C. S., ed. 1978. *Adaptive Environmental Assessment and Management*. Chichester, England: Wiley.

Palmer, T. 1982. *Stainislaus: The Struggle for a River*. Berkeley: University of California Press.

Peiser, R. 1990. Who Plans America? Planners or Developers? *Journal of the American Planning Association* 56(4): 496-502.

第2部　環境法令の設計と実施

　第2部では，環境法令がいかにして設計され，意義をもつものになるかを経済学と工学の視点から分析する．最初の3章では環境経済学の基礎に触れる．第5章では，需要，供給，市場といった経済学の基礎概念を用いて環境汚染問題を説明する．第6章ではこれらの基礎概念を，汚染による損失を貨幣価値に置き換えることに用いる．第7章では第5章，第6章の話題を発展させ，費用便益分析，環境負荷軽減の効率的レベルの設定の考え方を紹介する．第8章では，法令に関する伝統的アプローチ「指令と統制」を取り上げる．環境監督官庁はしばしばこの枠組みを用い，汚濁軽減技術を特定して，あるいは汚染処理に限定して指令を出す．官庁はさらに規制活動を行い，条件が適切かを確認したり，違反したときに制裁を課す*．

＊訳注：本書第2部では，原著第9章以降を割愛する．

第5章　環境経済分析

　経済学者が環境を分析する際には，「汚染」は生活の副産物として避けられないものとして認識する．ここでの基本的な関心事は，たとえば排出量を最小化する，リサイクルさせる，重大な負荷を減じるように廃棄物に手を加えるなどして，いかに最良な方法で汚染を軽減するかということである．

　本章では環境法令を分析するための経済学的な考え方を紹介する．まず環境を多様なサービスを提供することができる一つの経済的資産として捉える．そして2種類の経済学モデルを提示する．一つは，まず環境法令の便益を貨幣換算したうえで，消費者の選択にかかわるモデルを検討する．もう一つは，生産にかかわるモデルである．異なる環境法令に対し，企業はどのように判断し，行動するかを推測することに使えるものである．本章では最後に完全競争市場の条件を提示する．この市場の捉え方は理論的なものである．完全競争市場モデルは，実際の市場が社会的コストを踏まえた価格で提供されない状況を分析するのに用いられるものである．

5.1　経済的資産としての環境

　経済学者は，個人，企業，政府が行う消費活動，生産活動の結果として残された物質，エネルギーを指してしばしば残余 (residuals) と呼ぶ．たとえば，バスに乗ると騒音，熱，炭化水素，微粒子，一酸化炭素といった残余が生じる．残余は，汚染者，汚濁処理において発生し，そのような文脈で用いられる．

　自然環境は，経済システムを包含する大きな殻のようなものといえる（図5.1参照）．企業や政府は，財やサービスを生産し，消費者が購入する．財やサービスの生産には投入すべき資本が必要である．一つには家計が提供する労働力であり，また一つには自然環境にある原材料である．経済学者は家計という言葉を，財やサービスの消費者であり，かつ原材料の所有者として用いる．生産も

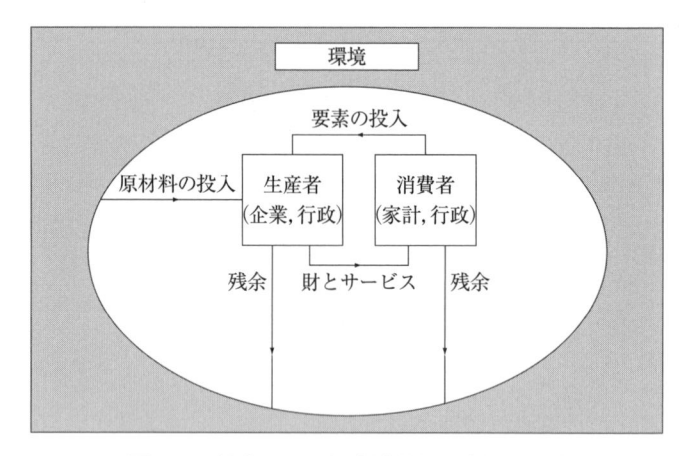

図 5.1 従来からの経済活動と環境との関連

残余を生み出し，環境に影響を与える．消費者は企業や政府から得る収入を用いて財やサービスを購入する．消費のプロセスも残余を生み出す．残余は生産者や消費者が行うリサイクル活動や廃棄物処理などによって軽減される．

残余は，生産活動と消費活動の結果として生じ，物質とエネルギーによって構成される．物質残余は，自然環境に液体，固体，ガスの形で還元される場合がある．エネルギー残余は，騒音，排気熱などの形となる．たとえば，木を燃やせば熱は煙突を上っていく．廃棄物と一般に言う場合，それはリサイクル可能であり，物理的，化学的，あるいは生物学的なプロセスを経て処理される．

物理的法則によれば，残余を完全になくすことはできないようである．たとえば熱力学の法則を考えてみる．第 1 法則によれば，エネルギーは作ることも壊すこともできない．ある状態から違う状態へ変化するだけである．第 2 法則によれば，どのようなエネルギーの変換プロセスも必ず熱を発する．たとえば石炭を燃やすと，水が水蒸気になる際に化学エネルギーが熱に変換する．水蒸気はタービンによって電気を生み出す．このようなエネルギー変換プロセスのなかで，エネルギーは熱というかたちで失われていく．

5.1.1 物質バランスの視点

質量保存の法則は，残余を調整する政策を立案するうえで重要な役割をもつ．

5.1　経済的資産としての環境　　101

物理的法則を見落として政策を立案すると，水，土壌，空気などについて，ある状態から別の状態に変わるときの残余について問題が生じる．具体的には，法令が水質を向上させるためのものであるときに，固体や気体の廃棄物の問題へと広がっていく．排水から負荷物質を取り除こうとすると，埋め立て地や焼却場の物質処理が問題となることがある．焼却場の問題は大気汚染へと繋がる．

　物質バランスの視点は，廃棄物処理において無視することのできないものである．廃棄物処理は，廃棄物を自然環境に還元できる何らかの物質に転換させる．たとえば，膜など何らかの物理的装置を用いて排水から固体を取り除く場合を考えてみよう．固体を排水から取り除いたときに，乾燥固化したもの，焼却灰，大気中に拡散できるものなどにして自然環境に戻せることが望ましい．それらを水に戻す場合に，できるだけ環境負荷等の問題が生じないようにしたい．

　物質バランスの考え方は簡単なものだが，政府は環境政策を採用する際に質量保存の法則を無視してはならない．個々の環境政策が不用意な結果をもたらさないようにしなければならない．大気質にかかわる政策，水質にかかわる政策，騒音にかかわる政策というように，しばしば政策はバラバラに分かれている．ニューヨーク市の大気質管理については数十年前から物質バランスが適当ではなかった．市はアパートの排気口から出る大気汚染に対し厳格な規制を行ってきた．アパート所有者は経済性を理由に，新しい法律を守るよりも，それらの排気口を使うのをやめてしまった．結果として大気汚染は拡大し，市衛生当局の手に負えないことになってしまった．市の取り組みが厳しすぎて，結果的に排気口にかかわる規制が実効的でなくなってしまったのである．

5.1.2　環境への結果

　経済学者はしばしば自然環境を資本と見立てる．資本とは財やサービスを生み出すことのできる資産である．食糧を生み出すのに使われるトラクター，電力を生み出すのに使われるタービンなどは人工資本である．

　自然環境が提供するサービスは次の四つに分類される（表 5.1）．まず石油，材木，鉄のように生産活動の材料となる．これらは一般に天然資源と呼ばれる．再生可能な天然資源と減耗する（再生不可能な）自然資源とはしばしば区別される．地下水は再生可能な資源の一例である．水位を低下させないかぎりいつまでも使える．これに対して，石油や石炭のように減耗する資源は使用にとも

表 5.1 環境関連サービスの分類

原材料の投入
　原油や木材などをさまざまな経済活動に投入する
廃棄物受入サービス
　汚水や騒音などを受容する
生活支援サービス
　澄んだ空気や水を伴う快適で生活に適した環境を実現する
アメニティサービス
　余暇や生活の質の向上のために景勝や快適環境を提供する

出典：Freeman, Haveman, and Kneese, pp.21-22, 1973.

なってストックが減少していくことになる．

　違う分類として，自然環境が汚染に耐えうるものか否かを考える．残余を運んだり薄めたりする，あるいは残余があっても悪影響のある物質に変化することがないものである．

　3番目として，人類や生物の生命を支えるものであるかどうかである．太陽光を受けて植物が有機物を生成する光合成がなければ，われわれは生きていくことができない．光合成なしには食物が作られず，人間はエネルギーを得ていくことができない．

　最後は快適性を与えるか否かである．人びとは精神的なリフレッシュを求めて憩い，リクリエーション，美しい景色のある快適な場所を求めて出向く．

　資本として見たときに，自然環境は人間にどれだけ影響を与えるものか．その視点は人間中心主義的である．たとえば多くの人がイルカを好む．そうだとすれば，経済学的なフレームワークに則ればイルカを保護することには価値があるということになる．一方で，危機に瀕しているスネイルダーターというあまり知られていない魚を大事にしようという人はきわめて少ない．そのような魚は希少であれ，イルカに比べて価値は小さいことになる．自然環境を考えるとき，人間以外の生物種や自然物は資本として捉えることができるが，人がどれだけそれに対して考慮するかという尺度で評価されることになる．生物中心主義的には，そのようには捉えられない．

　表5.1に示したものには，経済サービスとして，それをもっと手に入れるために金を払いたいと考えるものもあれば，それが質的にまたは量的に損なわれることがないように金を払いたいと考えるものもある．表5.1では，環境汚染

に対し，技術的な定義が示されている．環境汚染の結果として，生命に，アメニティに，あるいは生産材料となる物質に悪影響がもたらされる．この定義により排出は環境汚染と区別される．たとえば，アラスカではバックパッカーがゴミを散らかしていく．人がいないアラスカでバックパッカーがポピュラーになり，ゴミの排出は誰かしらに悪影響をもたらす．環境を監督する立場からは，環境汚染は廃棄物が排出された結果としてもたらされると捉える．

違う概念としては，自然環境の同化能力（自浄能力）という考え方がある．しばしば環境負荷の許容レベルについて判断しなければならない．たとえば，空気中の酸素量がある程度以上あれば大気の質として十分とする，バクテリアが一定以下であれば十分とする，などである．この種の判断は，自然環境を破壊しない範囲の排出物がどれだけかで評価される．同化能力とはそのようなものである．

5.2 消費者選択理論と需要曲線

経済学における消費者選択の理論は，環境法令を考えるうえでその需要曲線を導くために重要な役割を果たす．ある財またはサービスに対する消費者個人にとっての需要曲線は，財の総量と価格が異なる場合の消費量との関係を数学的に示すものである．多くの財では，価格が低下すると消費量は増える．需要曲線はそのような量と価格の関係を示す．本節では需要曲線の誘導を説明する．

消費者がどのような行動をとるかについてはいろいろな説明がなされるが，以下のようにモデルを用いるのがもっとも一般的と言えよう．収入を所与とする消費者個人が，2種類の財をどのように購入するか判断に迫られている場面を想定する．それぞれの価格は市場によって決まっているものとする．このとき，消費者個人は市場に対してあまりにも小さい存在であり，自ら市場に影響を与えることができないという意味から，プライステーカーという．

5.2.1 効用の最大化

モデルでは，消費者の行動が以下のような判断根拠を前提として説明される．経済学者にとっては，19世紀後半から用いられている広く一般的な「効用」の考え方である．効用は，消費者が個人の選好によってさまざまな財の組合せに関する代替案のうちいずれの代替案を選ぶかというものである．消費者はより

大きな効用が得られるように財の組合せを決定したい．これには，より高い効用が得られるほうが良いという前提がある．消費者が効用を最大化するということは，彼の個人的な選好からもっとも満足な財の組合せを選択するということである．

財 $i(i=1,2)$ の数量を Q_i とする．消費者が Q_1 と Q_2 の組合せをどのようにするかを考える．いかなる消費者も個々の選好を計る尺度として $U(Q_1,Q_2)$ という効用関数をもっていると想定する．Q_1, Q_2 の組合せで U が一定となる点を結んだものを無差別曲線という．無差別曲線上では，消費者の満足の度合いは不変ということになる．無差別曲線は選好に関する情報を与えるものである．図 5.2 では，たとえば高いレベルと低いレベルの無差別曲線がある．$(\overline{Q}_1, \overline{Q}_2)$ と $(\overline{\overline{Q}}_1, \overline{\overline{Q}}_2)$ を比べた場合に，$(\overline{Q}_1, \overline{Q}_2)$ のほうを消費者は好ましいと考える．選好の度合いが序数として与えられていても，好ましさの程度はこのようにして特定することができる．

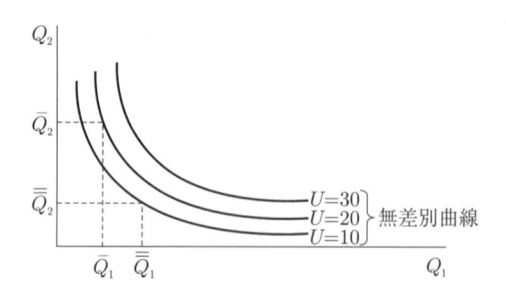

図 **5.2** 選好の尺度となる無差別曲線

標準的な消費者選択のモデルでは，個人はできるかぎり高い効用を得るよう財の組合せを決定しようとするが，収入の制約により得られる効用には限度がある．したがって，次のような制約条件の下で効用関数 $U(Q_1,Q_2)$ を最大化することとなる．

$$p_1 Q_1 + p_2 Q_2 = I \tag{5.1}$$

ここで p_i は $i(i=1,2)$ 番目の財の価格である．消費者は完全情報の下で意思決定を行う，すなわち自分自身の選好と両財の価格を完全に理解していること

を仮定する．

図 5.3 は図 5.2 とほぼ同じだが，式 (5.2) の予算制約線が加わっている．予算制約線の傾きは $-(p_1/p_2)$ となる．図 5.3 によれば，効用を最大化する消費者は Q_1, Q_2 の消費に際して予算をすべて使い切るはずである．効用を最大化する際には，予算制約線は無差別曲線と接することとなる．

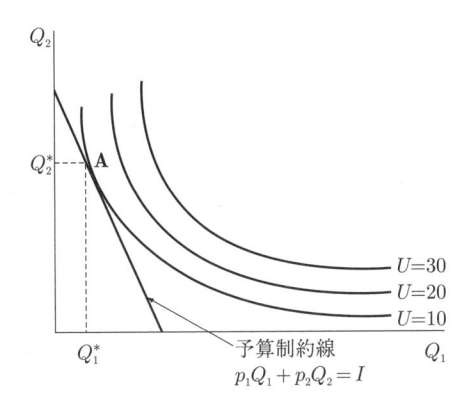

図 **5.3** 効用を最大化する Q_1, Q_2 の値

効用が最大化されるとき，予算制約線の傾きと無差別曲線との接線が一致する．この両線が接するときに一致する傾きから「限界効用」の考えが導き出される．経済学者が「限界」という言葉を用いる場合，それは「追加的」あるいは「増分の」という意味を表す．すなわち限界効用とは，一単位だけ財の消費を増やす場合にどれだけ効用が増えるかを意味する．この接点では，財 i についての限界効用を財 i の価格 p_i で割ったものは財 1 であれ財 2 であれ一定値となる．言い換えると，財を一単位多く消費すると効用はその財の価格に相応して増えることとなる．経済学者は，この関係から「価格」は「財の価値」を示すものとして有効であると主張する．

5.2.2 導出された需要曲線

消費者選択理論は，価格が異なると財の消費がどのように変化するかを示す需要曲線を導き出す．ある消費者個人にとっての需要曲線は，価格を少しずつ

変えて効用最大化の計算を繰り返すことで導くことができる．財 i についての需要曲線を導くには，当該財以外の諸条件はすべて変えないこととする．

図 5.4 を用いて財 1 の需要曲線の導出を例示する．財 1 の価格が減少すると想定する．p_1 がより小さい値のとき，予算線は水平軸と Q_1 がより大きい値となるところで交わる．

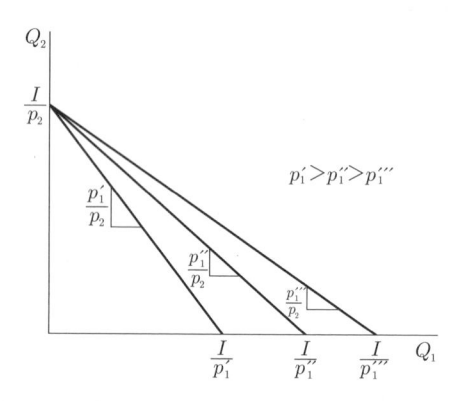

図 5.4 所得 I と価格 p_2 が変化したときの予算線

図 5.2 に示した無差別曲線を図 5.4 に描き入れたとき，結果として図 5.5 に示すように，効用最大化の下で p_1 の値に対応した財の組合せが求められる．この図は効用を最大化したときの Q_1 と p_1 の関係を情報として含むこととなる．p_1 と Q_1 の取りうる組合せを図 5.6 にプロットすることで財 1 の需要曲線が導かれる．大抵の財について需要曲線は右に下がっていく．言い換えると，効用を最大化しようとする消費者は，価格が低ければたくさんの量を購入するということである．

社会の構成員すべてに図 5.6 のような曲線が成り立つとすれば，二つのグラフを水平方向に足し合わせることによって市場需要曲線が作られる．図 5.7 は，二人の消費者で構成される社会で想定する市場需要曲線を表している．個人の需要曲線を集計することをしばしば「水平的な足し合わせ」と呼ぶ．次章では，汚染削減の便益を推計するためにこれを用いる．

5.2 消費者選択理論と需要曲線

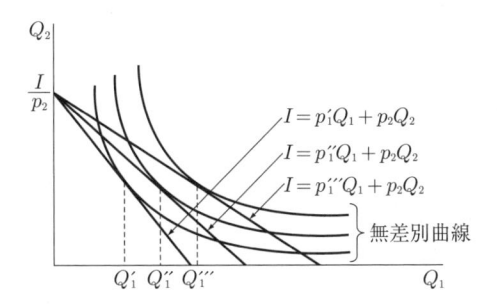

図 5.5 効用を最大化する消費水準の価格 p_1 による変化

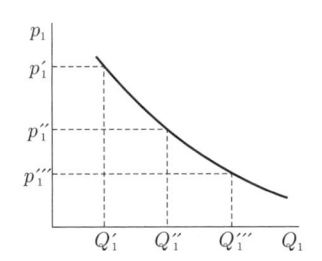

図 5.6 財 1 に対する個人需要曲線

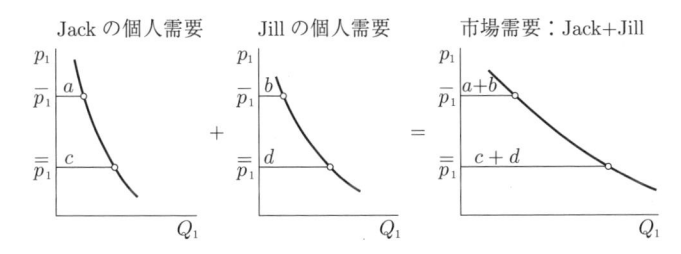

図 5.7 個人需要曲線を水平に足し合わせることで導出される市場需要曲線

5.3 生産の理論と供給曲線

環境政策を立案するうえで経済学における生産の理論は重要である．生産の理論は，企業がある生産量に対して多様な生産要素をどれだけ必要とするかを決定する場面を説明するものである．この理論により供給曲線が導かれる．供給曲線は，変化する生産要素の価格に対応する企業による生産量を示すものである．環境政策を新たに実施しようとすると生産コストが上昇する場合がある．供給曲線は，政策が生産量と価格にどのように影響を与えるかを計測することに使える．

5.3.1 生産関数と等量曲線

企業の意思決定の理論は，生産に用いられる技術に依存する面がある．基本的には，生産要素と生産物の間にある関係は生産関数というかたちで数学的に説明される．単純化のために，企業が生産するある1種類の生産物の量 Q と，それに必要な生産要素を2種類として，その関係を示すこととする．この場合に生産関数は次のように表される．

$$Q = F(X_1, X_2) \tag{5.2}$$

ここで $X_i (i=1,2)$ は i 番目の生産要素の総量を表す．生産関数 $F(X_1, X_2)$ は，投入する生産要素 (X_1, X_2) の組合せで生産できる量の最大値を表す．生産関数は投入と生産に関する技術的な関係を表現するものと言える．ある投入に対して最大の産出量を意味することから，この関数は生産における費用効率性を反映していることとなる．

使われる技術によって生産関数の形状はさまざまである．もっともよく使われるのは次の条件を満たすものである．

- 投入量 (X_1, X_2) の組合せに対し，産出量 Q は一定とする．
- 関数 $F(X_1, X_2)$ は便宜上，数学的に連続とする．
- 関数 $F(X_1, X_2)$ は，何らかの投入を増やすと生産量が増大するということ以外の条件は何も変わらないこととする．

図5.8はある生産関数 $F(X_1, X_2)$ の等高線を表している．X_1, X_2 を変えても

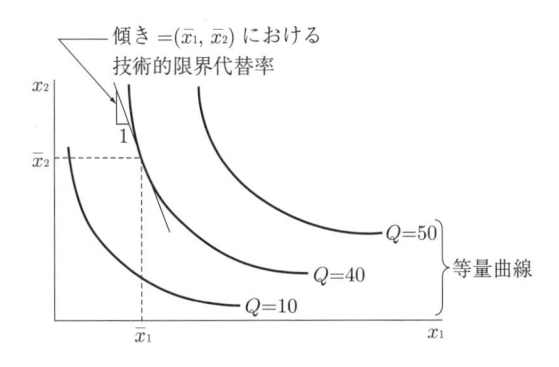

図 **5.8** 生産関数の等高線

生産量 Q は一定であるという条件を満たすこの等高線は，等量曲線と呼ばれる．

企業はある投入財を減ずることになったら他の投入財を増やすことで，一定の生産量を維持する．生産要素 (X_1, X_2) の組合せがどのように変化しても，等量曲線の傾きは，投入財 1 の量が減ればそれを補うように投入財 2 の量を増やすことを意味している．一定の生産量を保つために，ある材料を減らすならば他方を増やす，という投入の代替可能性は一つの重要な考えである．ある等量曲線における傾きの絶対値は技術的限界代替率と呼ばれる．この値は，先述した生産関数の形状を決定づける技術に依存して決まることとなる．

5.3.2 最小費用生産

最小費用生産の理論は費用効率性を考えるうえで用いられる．その目的は，一定の生産量に対して生産費用を最小にする投入要素 X_1, X_2 を算出することである．生産関数は次のように表される．

$$w_1 X_1 + w_2 X_2 = C \tag{5.3}$$

ここで w_i は投入要素 i の価格，X_i はその投入量，C は生産費用である．方程式 (5.3) は，X_1 と X_2 をそれぞれ軸とする座標平面上で，前節の予算制約線のように引かれる直線である．

図 5.9 のように等量曲線と費用関数を同じ図上にプロットする．最小費用で一定の生産をもたらす投入要素の組合せが図上に並べられる．たとえば 40 単位

を生産する状況を想定する．この条件を満たす投入要素の組合わせはいくつもある．たとえば図 5.9 の点 S や点 U などである．しかし，200 という費用単位で 40 単位の生産量を実現する投入要素の組合せは唯一点 S に限られる．これ以外に 200 以下で生産可能な投入要素の組合せは存在しない．費用効率的な生産レベルは，図に示すように等量曲線と費用関数が接する点で達成される．図 5.9 の点 R，点 T はともに費用効率的だが，異なる等量曲線と費用関数の接点となっている．

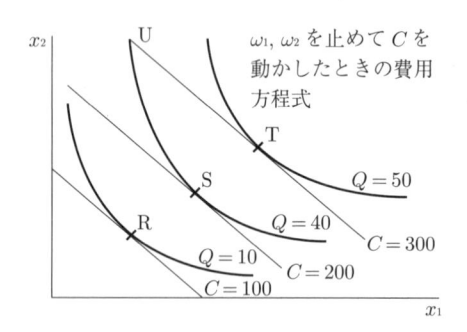

図 5.9 費用を最小化する X_1, X_2 の C による変化

これらの接点は，生産量を変化させた場合の最小費用がどのように変化するかを示すものとなる．生産量に対する最小費用の変化をこれらの点をつなぐ形で示すと図 5.10 のようになる．この曲線を費用曲線という．

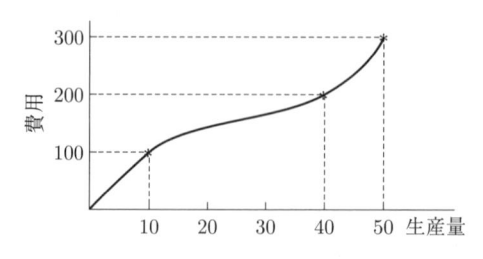

図 5.10 図 5.9 の結果から得られる費用曲線

5.3.3 費用という用語について

以下の用語は，生産の理論においてそれぞれ広く使われる．

固定費用 費用のなかには，生産しなくてもかかるものがある．固定費用には契約費用や維持管理費用などが含まれる．どれほどの時間幅で分析するかによって固定費用の解釈は異なる．長期的には固定費用というものは存在しないことになる．

変動費用 生産量に依存して変化する費用を指す．賃金や材料費，燃料費などが変動費用の代表例である．

総費用 短期的に見て企業は固定費用と変動費用を支払う．総費用はある量の生産を行うのに必要な費用となる（図 5.11(a)）．最小費用理論では，総費用は生産要素の価格を所与として，最小となる支出額として導かれる．

平均費用 一定量の生産を行う場合の 1 単位にかかわる費用を指す（図 5.11(b)）．平均費用は，総費用を生産量で割ることにより求められる．同様にして平均固定費用，平均変動費用はそれぞれ固定費用，変動費用を生産量で割ることで求められる．

限界費用 生産量を 1 単位増やすとしたときの総費用の増分を表す．総費用の曲線上で，限界費用は各点での接線の傾きに等しい（図 5.12）．

限界費用は生産量を 1 単位増やしたときの総費用の増分であり，ある生産量に対する総変動費用 $\overline{Q}$ は，生産量 0 から $\overline{Q}$ まで限界費用を足し合わせたものと等しいことになる．

費用曲線の形状は使用する生産技術に依存するものであるが，生産の理論では基本的に図 5.13 に示すように，費用の詳細に関心が向けられる．特に，平均費用が最小となるとき，限界費用曲線と平均費用が交わることは興味深い．より一般的に言えば，生産量を増やして平均費用が低下していくときに，限界費用は平均費用より下回っている．

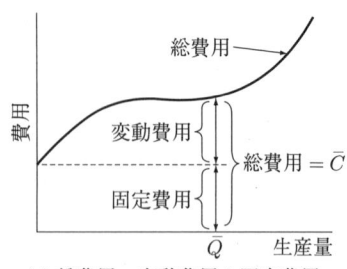

(a) 総費用＝変動費用＋固定費用

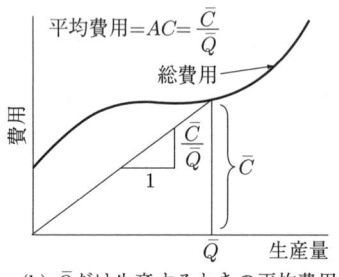

(b) $\bar{Q}$ だけ生産するときの平均費用

図 **5.11** 総費用・固定費用・変動費用・平均費用

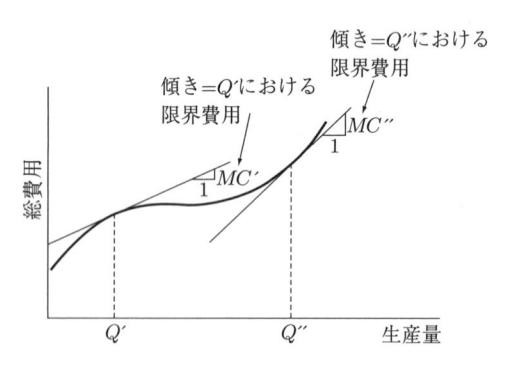

図 **5.12** 限界費用 ＝ 総費用曲線の傾き

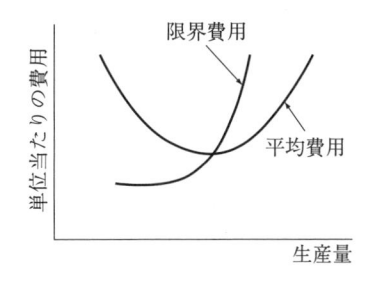

図 **5.13** 短期的限界費用曲線と平均費用曲線の典型

5.3.4 供給曲線

企業の供給曲線は，価格の変化に応じて企業がある財をどのように供給するかを説明するものである．他の条件を一定とすると，当該財の価格が上昇するときにはより多く生産するであろう．供給曲線は図上では一般的に右に上がる傾向をもつ．

所与の生産量に対する最小の費用を求めたときと同じようにして企業の短期供給曲線を求める．完全競争市場を想定する．完全競争市場の特徴的な性質は，個々の企業が互いにプライステーカーとなっていることである．その他の特徴は次節で述べる．個々の企業は完全競争市場のなかでは非常に小さい存在であり，生産財と生産要素の価格に影響を与えることはできない．市場価格が p のとき，企業は生産量 Q を販売することにより収入 pQ を得る．ここで価格 p は短期的には一定とみなす．

企業が供給量を決定する際の一つの重要な要素は，企業の限界費用と市場価格の関係である．経済学ではこの関係を決定づけるうえで，企業は利潤を最大化することを目標とするものと捉える．数学的には，企業は利潤 π を最大化させる生産量 Q を決定する問題を定義する．

$$\pi = pQ - TC \tag{5.4}$$

ここで p は当該財 1 単位の市場価格，TC は生産量を Q としたときの総費用である．企業は生産量を調整してこの利潤最大化問題を解く．このとき，限界費用が市場価格に等しくなる．

図 5.14 に示すように，完全競争下で利潤最大化を行う企業の供給曲線は，限

界費用曲線に等しくならなければならない．企業は限界費用に等しい価格で生産を行わなければならないからである．図に示されるように，平均変動費用に等しい価格は供給曲線においてある限度値となる．平均変動費用を満たす収入が得られないほど価格が低いと，企業は生産するたびに赤字を生み出すことになる．利潤を最大化する企業にとっては，その限度値を下回ったら生産を停止せざるをえない．

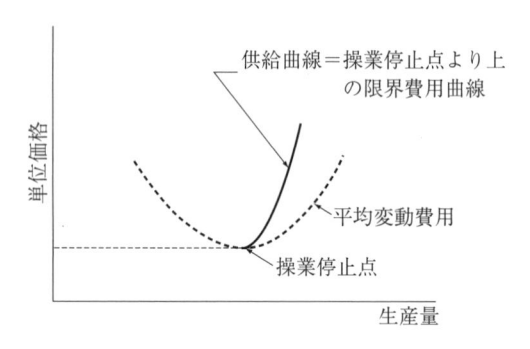

図 5.14　企業の短期的供給曲線

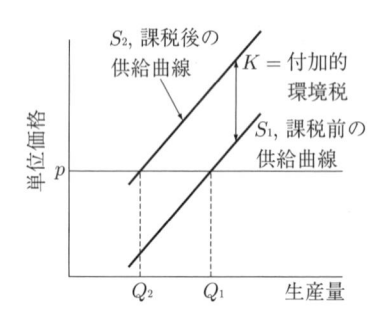

図 5.15　環境税が企業の生産量に与える影響

図5.15では，環境法令を課する場合に企業がどのように対応するかを推定するのに供給曲線を用いている．市場価格 p のときの企業の生産量を水平線で表す．法令を課す前の企業の供給曲線を S_1 で表す．法令により生産量1単位当

たり K だけ環境税を徴収する場合に，この税は生産にともなう環境悪化のコストを反映させるべきであろう．課税の結果は，企業の供給曲線に従って費用に変化をもたらす．課税によって限界費用が上昇するので供給曲線がシフトする．限界費用曲線は供給曲線に等しくなければならない．法令は供給曲線を S_1 から S_2 にシフトさせると同時に，企業の生産は Q_1 から Q_2 に低下することになる．企業はプライステーカーであるため，販売価格を引き上げて生産費用の上昇を補うことはできない．

以上に述べてきたことは1社の企業についてである．完全競争市場には多くの企業が参加し，互いに個々の供給曲線をもっている．市場供給曲線は，個々の企業の供給曲線を水平に足し合わせたものとして求められる．これは図5.7で示した市場需要曲線と同様の考え方である．

生産の理論は，完全競争市場下で利潤を最大化する企業が，限界生産費用が市場で決定された価格と等しくなるところまで生産量を調整するプロセスを説明している．市場価格は，企業が生産に要する諸資源の価値を反映している．もしその資源をその生産活動に使っていなければそれだけ価値があることを忘れられていた，という意味から，このことを経済学では市場価格が機会費用を表していると言う．機会費用の概念は重要であり，以降でも使用する．

5.4 完全市場とパレート最適性

生産者と消費者は市場で出会う．市場とは購入者と販売者が交換を行う場である．ある理想的な状態としての完全競争の概念は環境政策を分析するうえで重要である．何らかの環境法令を導入することで発展するであろう（不完全な）現実の市場を分析する際に一つの参照基準になるからである．ここでは完全競争を特徴づける性質について説明する．そして，なぜ経済学者はしばしば完全競争市場を市場の性能を評価するベンチマークとして用いるのかを説明する．

図5.16に示す市場経済では，2種類の交換が行われているものとする．消費者は金と引き替えに財またはサービスを生産者から受け取る．逆に生産者は，土地や労働力などの生産要素を消費者にその対価を支払うことによって受け取る．

5.4.1 完全競争市場

完全競争市場としてある1種類の同質的な財を生産する小規模な生産者が多

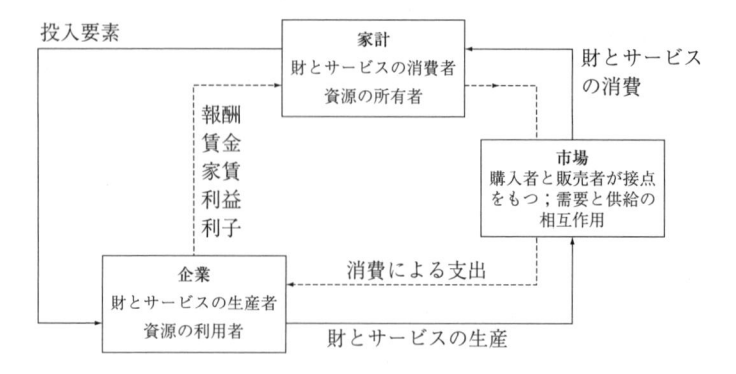

```
投入要素 ─────→ 家計                       財とサービス
              財とサービスの消費者 ─────→   の消費
              資源の所有者
        報酬
        賃金                           市場
        家賃                      購入者と販売者が接点
        利益                      をもつ；需要と供給の
        利子                      相互作用

              企業            消費による支出
              財とサービスの生産者
              資源の利用者      財とサービスの生産
```

経済学では現実を単純に表現した社会モデルを作る．単純化のために次の仮定を置く．
 (a) 政府は存在しない．
 (b) すべての収入は使われる．貯蓄されない．
 (c) 国際的な取引はない．
 (d) システムとして閉じている．
一般的な経済分析では，(a) (b) (c) の複雑さを考慮することも可能である．(d) についてはやや難しい．

図 5.16 経済システムの一般モデル
転載許可：Turner, Pearce and Bateman "*Emvironmental Economies: A Elementary Introduction*", 1993.

数いることを想定する．個々の企業はプライステーカーであり，みな価格，技術，生産費用に関して完全情報的な経済に参加しているものとする．いま参加している生産者は撤退する自由があり，潜在的な生産者には参入の自由が認められている．「参入退出の障壁がない」という言い方をする．

図 5.16 に示すような経済において，財，サービス，生産要素のすべてが完全競争的に交換されていることを想定する．そして消費者と生産者の間でさまざまなやりとりが行われた結果として，複数の市場が同時に均衡状態に到達することを想定する．企業が供給するサービスまたは生産物がすべて消費者によって購入されるとき，市場は清算されると言う．

完全競争市場のモデルは，消費者・生産者の行動にさまざまな仮定を置く．個々の生産者は（生産関数に示す）技術制約の下で利潤を最大化する．個々の消費者は予算制約の下で効用を最大化する．生産者にとって消費者が多いことで市場価格を受容することとなる．消費者もまた，個々の行動で価格を変えさ

せるほどの影響力をもたない.

経済学では,すべての市場が同時に均衡状態に到達することを一般均衡と言う.一般均衡は以下に示す性質を備えた,ある一つのの状態である.

- 個々の消費者は予算制約下で効用を最大化している.
- 個々の生産者は技術制約下で利潤を最大化している.
- すべての市場は清算される,すなわち生産者が供給したものがすべて消費者によって購入されている.
- 企業は超過利潤を得ることはできない(リスク負担や創業にかかわる労力等を含む費用をまかなうに十分な収入は得られていると仮定する).

市場清算の条件は図 5.17 のような図で説明される.均衡価格 p^* は市場供給曲線と市場需要曲線の交点である.他のいかなる価格であっても,市場の参加者はみな調整する方向に働く.需要が供給を上回る場合には不足が生じて購入者間で競争が生じ,価格が上がる方向に向かう.同じように,供給が需要を上回る場合には均衡価格とならない.超過する供給が価格を低下させる要因として作用する.最終的に,均衡価格において市場は清算される.

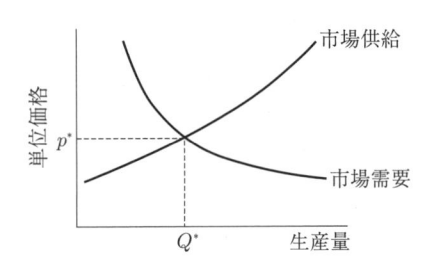

図 5.17 市場均衡 = 供給曲線と需要曲線との交点

5.4.2 パレート効率的配分

経済学者が完全競争市場に注意を向ける理由は,均衡条件こそがパレート効率的な投入と産出の分配をもたらすものであるからである.資源配分が「パレート効率的」あるいは「パレート最適である」とは,他の人の効用あるいは利潤

を悪化させることなしに，一人の効用あるいは利潤を増加させるような配分の調整を行うことはできない状態を意味する．ここでは，資源配分を広い意味で用いており，企業間の投入要素の配分も含み，消費者間の財およびサービスの配分も含めている．もし費用配分がパレート効率的でない場合は，資源を何らかの方法で再配分することで向上させることができるかもしれない．このような再配分はパレート改善と言われる．

　簡単のために，二人の消費者がある財の組合せをもち，互いに相手が何をもっているかを知っている状況を想定して，パレート効率的な配分を考えてみる．彼らは互いに財を交換でき，財の購入により効用を高められるとともに，二人以外に交換を行う者はいないものと想定する．交換前の経済はパレート効率的ではなく，交換の結果として両者は互いに効用を高めることができたとする．そのような交換はパレート改善であるけれども，その結果としての資源配分がパレート効率的とは限らない．ほかにもパレート改善を可能とする再配分がありうるかもしれない．

　パレート効率性は生産者側でも当てはまる．生産者は互いに最小コストで生産しているという意味で費用効率的となる．価格を維持したままで，ある生産者が生産量を増やせば相手は生産量を減らさざるをえない．このような状況もパレート効率的である．

　すでに述べたように，完全競争市場はパレート効率的な資源配分を実現する．より完全な定理として，(1) 十分な市場がある，(2) 消費者と生産者は完全競争市場で活動する，(3) 価格と生産量に関してある一般均衡が存在し，そのときの資源配分はパレート効率的である，という説明がなされる．パレート効率的な資源配分は唯一とは限らない．この定理では，三つの条件が満たされるときにのみパレート効率的な資源配分が達せられることを述べている．

　十分な市場があるという条件はもう少し説明が必要である．すべての財およびサービスが参加者によって価値付けられているならば市場で交換が生じうる，という考えが根底にある．空気のような財は価値があるけれども，市場で交換できないのでこの定理に当てはまらないことになる．自然環境が提供するサービスは多くの場合，個人で所有することができないし，市場で交換することもできない．したがってこの定理の適用は限定的となる．

5.5 競争市場における価格の意義

　すでに書いたように，経済学者は費用という用語を，金を払うこととは違う意味で用いている．ある企業にとって生産費用は，投入要素にかかる支出を集計したものである．最低賃金の要件を満たすべく政府が介入したり，補助金を与えたりすることは，経済学者が費用として捉えているものとは違う．経済学者にとって費用は過ぎ去った機会に対する代償であり，機会費用は，経済学者の費用の概念を，日常使われる費用の意味と区別するために用いられる．

　機会費用の考え方の根底には，限られた資源に直面する際の犠牲がある．資本，労働力，あるいは他の資源が，一組の生産をもたらすとき，それらの資源は他の目的には使えないことになる．他にもっと価値を生み出す使い方があるならば，それが費用を決定づけるものとなる．たとえば麦を生産している農場の機会費用は，その土地が住居，トウモロコシの生産など，他の目的に使われる場合に得られる最大の価値に相当する．農家がもっている土地を無料で目一杯使って麦を作ったとしても，その土地を他の目的に使えば最大の収入が得られているとするならば，麦を生産するのには費用がともなうこととみなしている．機会費用が 0 ということは，その投入要素が他の経済目的に使い道がないということである．たとえば小さな離れ小島が，航空会社の給油基地としてしか使えないならば，他の目的には使われないという意味でその島の機会費用は 0 である．

　機会費用を算定することはしばしばむずかしいが，市場価格に機会費用が反映される場合がある．完全競争市場において一般均衡が成立する場合である．完全競争下で価格はその投入要素を使う機会を反映している．また最終財に投入要素がどれだけ役立っているかを反映している．言い換えると，完全競争市場では，投入財の価格は他の使い方も考えられる場合の価値を反映している．

　もしすべての財およびサービスについて完全競争市場で交換が行われるならば，機会費用を推定することは容易となる．なぜならば，それらは市場価格によって示されるからである．ただし，呼吸できるだけの質が確保された大気など自然環境がもたらすサービスについては市場が存在しない．自然環境により提供される多くのサービスは市場が競争的でない．このような状況では，市場価格は機会費用とかけ離れてしまう．たとえば，カリフォルニアで農家が支払っ

ている灌漑事業の市場価格はどうか．農家によっては大量の水を50ドル程度で手に入れているかもしれない一方で，400ドルも支払っている農家もいるかもしれない．政府は機会費用を計算することなく補助金を与えている場合もある．

市場価格が機会費用を測るものとして使えない場合には，経済学ではシャドープライスを用いることとなる．シャドープライスとは，完全競争市場においてその財およびサービスが生産され交換されている場合に成立するであろう価格のことである．シャドープライスは機会費用を反映する値をとる．

5.6 環境資源が市場で効率的に配分されない理由

競争市場の考え方は，利益を求める個々人の独立した動きによって結果的に社会的に望ましい状態に至る，という Adam Smith の「見えざる手」によって知られてきたものである．これが今でいえば消費者が効用を最大化し，生産者が利益を最大化させる完全競争市場モデルで説明がつく．パレート効率的な最終結果は何の努力もなく到達する．中央で誰かが計画を立てたり政府が介入しなくてもパレート最適な配分結果は実現可能である．Adam Smith や他の人が記述してきた競争の概念は環境資源に関しては残念ながら当てはまらない．経済学者はこれが何故かをいくつかの方法で説明する．一つには市場の仕組みの問題であり，環境をマネージするうえで役立つものである．所有権，公共財，共有資源，外部費用などの考え方が重要となる．これらの考え方は互いに関係しているが，以下では一つずつ説明していくことにする．

5.6.1 所有権

環境資源が通常の市場取引ではうまく管理できないかを説明する一つの方法として，所有権の考え方がある．所有者の権利，交換する所有物についてである．完全競争のモデルはあらゆる資源，財，サービスが個人により所有され，私有物に対する所有権が存在していると仮定する．

Tietenberg(1992) は，所有権の構造を，経済的に効率的な結果をもたらすものとして詳述している．Tietenberg にとってうまく定義された所有権の構造は以下のような四つの性質によって規定されるとする．

1. 全体性：すべての資源は私有であり，権限は完全に特定されるものである．

2. 排他性：すべての便益と費用は資源を所有または使用することによって発生する．所有者にとっては，間接的あるいは直接的に他者に販売する際に権利を行使できる．
3. 交換可能性：すべての所有権は自発的な交換によって移転する．
4. 強制可能性：所有権は他者によって侵されないし，いかなる強制的な差し押さえにも遭わない．

多くの環境資源は個人所有されないので，競争市場はパレート効率性を満たすことができない．私的所有権を与えることで環境資源をパレート効率的に配分できるかに興味が寄せられる．しかし，私的所有権は必ずしもパレート効率性を向上させるとは限らない．

5.6.2 公共財

公共財の定義を満たす財およびサービスについては，パレート効率的な資源配分に向けて私有権は重要ではなくなる．その財またはサービスが公共主体によって供給されるかも関係しない．公共財は次の二つの条件を満たすものとして定義される．

1. 消費の非競合性：ある人がその財を消費することで他者の消費が減じられることがない．たとえば洪水を防ぐダムについて，ある家族がその便益を享受するうえで，他の家族がいることは妨げにならない．
2. 消費の排除不可能性：その財またはサービスを販売するうえで，特定の人が消費することを制限しようとすれば極端な費用をともなうことになる．たとえばあるダムによって洪水を回避できている地域で，特定の人だけにその便益を享受させないようにすることは実質的に不可能である．

市場システムでは一般に公共財を供給する際に失敗が生じる．排除不可能性の条件により，供給者がすべての消費者から使用料を集めることがむずかしいからである．結果として公共財は，一般に集団的合議を経たうえで公共主体が供給することになる．しかしながら，公共財の定義に従えばしばしばフリーライダー問題が生じる．公共財供給におけるフリーライダー問題は，しばしばパレート効率性を損なうものとなる．

フリーライダーとは，対価を支払うことなしに財またはサービスの便益を享受しようとする者である．フリーライドの可能性は公共財の非競合性によって生じうるものとなる（たとえば，競合財として歯磨きクリームを消費する場合には消費の競合性が生じ，結果として一人が多く使えば他者が使えなくなる）．人びとが公共財（の対価）を自発的に提供するかといえば，需要に見合った供給がされるかぎり，自分の支払意思額に限っては低めに申告するかもしれない．フリーライダーは，本当に無償で消費することだけでなく，他者に見合う供給水準で満足し，それに相応する支払額で済ませる場合も含まれる．公共放送はその一例である．多くの人びとは公共放送に料金を払わずして楽しむことができる．新しい番組を見たいと思って金を払ってもよいというようなことがないかぎり，新たに料金を払う誘因はない．

5.6.3 共有財産的資源

共有財産的資源（あるいは集合財という）は，ある資源に対して消費の競合があるが，個々の消費を排除することは困難な状況を表す言葉である．たとえば釣り場，狩猟場，地下水，地域の石油貯蔵庫などである．公共財の場合，特定の消費を排除したり制限することがむずかしく，利用者が自ら利用を調整するのでもないかぎり，民間主体に管理を任せることはむずかしい．

共有財産的資源を人びとが無制限に使うことで生じる弊害は，生物学者Garrett Hardin(1968)が提示した「共有地の悲劇」として広く紹介されている．Hardinは，すべての酪農家に開放された牧草地で，多くの牛が草を食べることに何の制限もない状況を想定させる．草を食べる量に一定の制限を与えていれば草は生え替わりいつまでも草を供給できるが，酪農家が個々に牛を増やして自らの収入を最大化させようとすると，結果的に利用過多となってやがて草が枯渇してしまうことになる．

共有地の悲劇は，自然環境による排出物の受容能力にも当てはまる．たとえば河川において，ある一定基準を超えなければ水質汚濁を受容できる場合がある．社会的な調整がない場合に河川の汚染処理能力は自由に使われる危険があり，結果として受容能力の限度を超えてしまう．排出者は自らの排出量を抑制しようとするインセンティブをもっていない場合がある．インセンティブがないことによって河川を過剰に利用することとなり，環境上の受容限度を超えて

しまう．環境質を確保するうえで共有財産的資源を過剰に利用しないようにするインセンティブの必要性が問われることがある．

このような共有財産的資源の課題を認識する人は，私的利用を制限する法案に同意するものである．共有財産的資源の効果的なマネジメントは，超過利用によるダメージをもたらさないように個々の利用者に利用制限を課すことである．効果的なマネジメントとして利用可能時間を設ける，あるいはカナダ大西洋沿岸のロブスター保護政策のように，季節的使用制限等の事項を設定することが考えられる．

5.6.4 外部費用

消費者と生産者のやりとりが市場価格に適切に反映されないときに外部性が生じる．生産における外部費用は，たとえば発電所で高硫黄炭を燃料として用いることで生じる大気汚染が生態系の破壊に繋がるような例で見いだされる．また消費の外部費用は，レストランでの喫煙の例で見いだされる．喫煙者は煙草を購入する費用は支出するが，煙によって迷惑を被る人びとが受けるコストをまかなうことはしない．

外部費用が生じているとき，資源は適正に配分されていないことになる．たとえば生産者は，もし外部費用も負担しているならば，負担しない状況に比べて多くの生産を行わないであろう．この意味での総費用（あるいは社会的費用という）は，企業が私的に負担する分と他者が強いられる外部費用としての分の和となる．

図5.15に示すように，外部費用が無視されると不適切な資源配分が行われる．この例で企業は，汚染がもたらす外部費用を負担するようには命じられていないときにQ_1単位だけ生産する．生産量1単位当たりKドルの汚染負担金を企業に課す規制を設けることとする．損失に応じて課税額を決めることとする．図5.15に示すように，企業が汚染負担金を払わなければならない場合，限界費用がその分だけ増大することになる．企業は利潤を最大化する主体であり，汚染負担金が課せられると利潤を維持するために結果的に生産量を減らすこととなろう．

外部性が無視された結果として生じる状態を「市場の失敗」という．図5.15で言えば，市場で取引が行われていても企業が外部費用を考慮に入れていない

状況がこれに相当する.パレート効率性の観点からは,環境汚染によって生じる外部費用を企業が考慮に入れるよう「内部化」することがどうやってできるかが鍵となる.

政府は排出規制を課したり,法令を遵守しない企業に罰を課すなどして汚染者に外部費用を内部化させるように試みてきている.「指令と統制」とはそのようなアプローチを指している.

多くの経済学者は,企業に外部費用を内部化させる有効な方法がもっとあるだろうと考えている.彼らは,市場の失敗を解消するのに経済主体のインセンティブに着目する.汚染者負担金(税)制度がその一つである.空気や水をきれいにする(あるいは汚す)権利はないので,その結果として超過して汚染をもたらす量に着目する.このような権利を売買することによって市場が成立する.

参考文献

Freeman, A. M., III, R. H. Haveman, and A. V. Kneese. 1973. *The Economics of Environmental Policy.* New York: Wiley.

Hardin, G. 1968. The Tragedy of the Commons. *Science* 162: 1243-48. Reprinted in Dorfman, R., and N. S. Dorfman, eds. 1993. *Economics of the Environment: Selected Readings,* 3d ed. New York: W. W. Norton.

Tietenberg, T. 1992. *Environmental and Natural Resources Economics,* 3d ed. New York: Harper Collins.

第6章　環境の価値

　環境質の改善は経済的便益を生み，悪化は損失として認められよう．このように，環境質の貨幣換算を行おうとするといくつかの疑問点が浮かび上がる．便益あるいは費用の変化の大きさはどのようにして定義することができるか．それらは実際にどのように測定することができるか．本章では環境資源の変化の経済効果を推定するために経済学者が用いてきた諸手法を見渡しながら，これらの疑問点について考える．

　便益を推定する手順は理論上，第5章で触れた需要曲線を構築することから始まる．需要あるいは便益に関する情報は，資源配分を向上させるために要する費用と関連し合う．環境政策を立案するために費用と便益を貨幣換算することが増えてきている．費用と便益に関する情報をどのように結びつけるかは次章で説明する．ここでは「評価」，すなわち環境財の大きさ，あるいは環境質の変化による影響を貨幣価値に置き換えることに焦点を当てる．

6.1　資産としての環境資源

　経済学者は環境資源と呼べるものを，生産材料としての機能をもつもの，廃棄物を分解する機能をもつもの，われわれの生命を支える機能をもつもの，アメニティ機能をもつものなど，4種類に分類される自然資本として捉える（表5.1参照）．湖はそれだけで多様なサービスを提供する環境資源の例である．飲料水としてわれわれの生命を支える，ボート遊びやピクニックに使われることでアメニティ機能を提供する，水産に資するとともに，沿岸都市の公害を吸収する機能ももつ．このような湖の価値を推定しようとするならば，いま提供されるサービスだけでなくもっと長い目で提供されるかもしれない作業も見通さなければならない．

　図6.1に示すように，経済価値は全体として利用価値と非利用価値（消極的利

第6章 環境の価値

用価値)に分類される．利用価値とは人びとが自然資産を使うことで生じるものである．たとえば湖を，水道や排出処理に使ったりすることである．利用価値はさらに直接利用価値と間接利用価値に分けられる．湖の間接利用とは，たとえば湖畔にて景色を眺めることなどを指す．

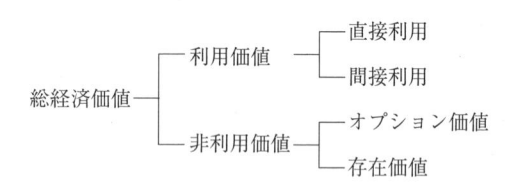

```
                    ┌─ 直接利用
         ┌─ 利用価値 ─┤
総経済価値 ─┤           └─ 間接利用
         │           ┌─ オプション価値
         └─ 非利用価値 ─┤
                     └─ 存在価値
```

図 6.1　環境がもたらすさまざまな価値の種類

60年代以降，経済学者らは個々人が利用することがなくても，その環境資源を守るために何某かのお金を支払ってもよいと考えるような価値もあると考えた．カリフォルニア州とネバダ州の間にあるTahoe湖を例にして示す．Tahoe湖が美しいからといっても，多くの人はTahoe湖に行こうとはしない．これが消極的な利用であり，それはさらに評価を行う個人が将来にそれを利用する見込みがあるか否かによって二分される．もし利用する可能性があると見込んでいる場合にはオプション価値があると言う．一方，個人が利用する可能性がないと思っても価値を認める場合もある．たとえばTahoe湖が美しいと認め，たとえ行かないにしても，その美しさを保つために金を出してもよいと考える人もいるだろう．湖が存在することに価値を認めている．このようにして認める価値を存在価値と言う．

環境の価値は，一般的に支払意思額 (WTP:willingness to pay) を用いて評価される．環境の変化を貨幣尺度で推定するものである．支払意思額はある人が環境の質を向上させること，あるいは環境の劣化を防ぐことにかかわる費用として，最大どれだけ払ってよいかを示すものである．人が財，サービスを選択するときには「トレードオフ」が生じる．支払意思額は，ある財が他の財と比べてどれだけ価値を認めるかを示している．その相対的価値が貨幣の単位で表現されることになる．

支払意思額は，交換不可能な財の価値を示すことはできない．たとえばある

生物種が絶滅することは，何か新たに生じる利益によって置き換えられるものではない．この意味で，交換可能な財またはサービスを対象とするのが経済価値評価の限界と言える．

6.2 経済価値と消費者余剰

　経済価値の定義の中心に来るものは需要曲線である．第5章で触れたように，需要曲線は消費者の効用最大化行動を分析することによって導かれる．需要曲線上の点の高さは「限界支払意思額」である．消費者がある財またはサービスを1単位多く得る代わりに失う金銭価値を指している．1週間当たりのジュースの需要を示している．図6.2で言えば，ジュースは1本ずつ買われるので離散的に表現される．この図で言えば，消費者は最初の1本を買うのに高い支払意思額を表明している．本数を増やすにつれ支払意思額は増えなくなっていく．仮想的な消費者は最初のジュースに2ドルの支払意思額をもつが，2, 3本となると1.5ドルでしかなくなる．これらの値が1本目，2本目，…とつづくジュースに対する限界支払意思額である．一般に消費者は，消費量を増やしていくほど満足しやすくなって，限界支払意思額を次第に小さくしていく．

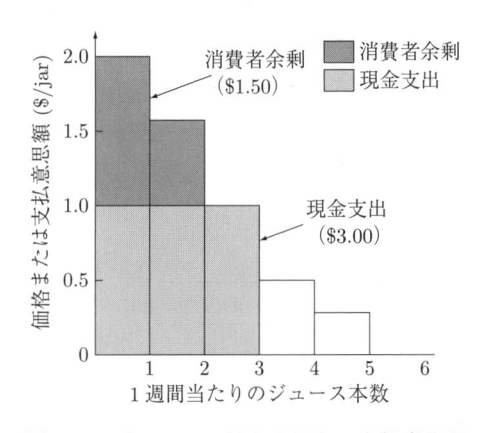

図 6.2 ジュースに対する個人の支払意思額

　ある人が示す支払意思額は，しばしばその人が払わなければならない額を上回ることがある．第5章で触れたように，完全競争市場のなかにいる消費者は

価格を操作することができず，むしろ価格は市場において固定的である．図6.2によれば，ジュースの市場価格は1ドルとなっており，このとき消費者は3本買うことになるであろう．しかしながら3本のジュースの価値は，その消費者にとって限界支払意思額を足し合わせた額，すなわち2ドル＋1.5ドル＋1ドル＝4.5ドルとなっている．3本のジュースに対する消費者の支払意思額は最大4.5ドルまで達する．このような消費者にとっての価値4.5ドルと，実際にかかる費用3ドルの差を消費者余剰という．

消費者余剰の概念は，フランスの経済学者 Jules Dupuit(1844) によって発表された公共事業の価値を考察する論文で紹介された．現在の便益計測の方法論は Dupuit の発案に基づいている．Dupuit は，公共事業の価値に対し，消費者は消費者余剰の分だけ低く見積もっているように受け止めた．消費者余剰も含めた価値の捉え方により，経済学者は市場の価値を集計したもの，あるいは消費者余剰というものに目を向けるようになった．図6.2で言えば，総購入費用3ドルは消費者が認めるべきはずの総価値よりも低いものとなっている．ここでいう総価値は，需要曲線より下側で実際に消費される価値を除いた分を消費者余剰とすることで正しく評価される（図6.2の濃い灰色の部分が消費者余剰である）．

ジュースの例を用いて，消費者個人にとっての限界支払意思額，総価値，消費者余剰を説明してきた．市場を分析する際には，個人の選好の結果を集計したものを使わなければならない．図6.3では（図6.2と違い）需要曲線を用いている．一人の消費者を想定した場合に総便益には消費者余剰が含まれ，消費者余剰は需要曲線の下側で消費された分を除いたエリアで示される．

環境変化の経済価値を推定する際には，事前か事後かという視点が必要である．事前の分析は，政策代替案を選ぶ立場に向けて有用な情報を提供するものである．排出削減の規模をどれぐらいにするか，湿地帯の保全にどれぐらい金をかけるかといった判断に用いられる．事後の分析は過去に取られた行動がどのような結果をもたらしたかを知るためのものである．たとえば，タンカーから漏れた重油がどのような経済損失をもたらしたかを知るために行われる．

事前にしても事後にしても，経済価値評価の技術としては同じものを用いる．大きな違いは，事前分析では将来に起こりうるたくさんの状態を想定するのに対し，事後分析では事象の前後の違いを明らかにする，という点である．

6.2 経済価値と消費者余剰

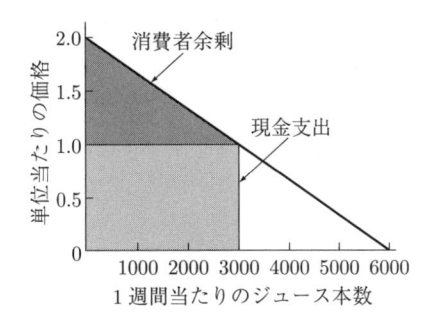

図 6.3 ジュースに対する市場需要曲線

アプローチとしては大きく違う二つがある．一つは市場に基づく手法であり，人びとが実際に行った選択の結果を把握して推定するものである．これらの手法は市場価格のデータに立脚する．仮想評価法 (CVM:contingent valuation method) は，仮想的な状況を想定し，その状況にいたらどのような行動選択を取るかを答えてもらう．価値評価は，購入というかたちで行動に表れた選好ではなく想定上の選好を求めるものとなる．

本章では表 6.1 に示す各手法を紹介する．市場に基づく手法として，まずヘドニック不動産価値，ヘドニック賃金，旅行費用などのデータに基づき，個々人の行動選択の結果から需要曲線を構築するものから始める．これらとは別に，市場のデータを用いるものの需要曲線は求めない方法もある．仮想評価法は，非利用価値を計測するのに有効な方法である．ほかにも貨幣換算の方法はいろ

表 6.1 よく使われる経済価値評価手法

市場に基づく方法
- ヘドニック不動産価値法
- 旅行費用法
- 抑止支出法
- 生産関数アプローチ
- 健康と寿命の評価法
    - 人的資本技法
    - ヘドニック賃金法

仮想評価法（CVM）

いろあるが，ここでは割愛する．

6.3 ヘドニック不動産価値法

ヘドニック不動産価値法は，環境が居住にもたらす効果を価格から評価する．手法の名称は，「特別な記述ではない」という意味でヘドニズム (hedonism) に由来している．ヘドニック価格の理論の核心は，価格に対する財の諸属性に着目し，いろいろな状況における諸属性と価格にかかわる情報を集計することである．たとえば住宅の価格は，区画の大きさや寝室の数などによって決まる．ヘドニック価格は，さまざまな属性が価格に対してどれだけ影響を与えているかを明らかにする．

環境マネジメントにおいては，ヘドニック不動産価値法は，大気中の硫黄酸化物の濃度といった環境特性以外のあらゆる住宅の属性を一定として（止めて），環境特性が変わると価格がどう変化するかを観察する．交通騒音の程度が異なる二つの家を比べたとき，他の条件はすべて同一である場合に，価格の違いは騒音の変化を表していると言えることになる．ヘドニック価格法は，このようにして騒音，大気汚染，水質汚染の貨幣価値を評価するのに用いられてきた．

6.3.1 ヘドニック価格関数

ヘドニック価格法の最初のステップは，価格に影響を与える変数を明らかにすることである．たとえば住居の場合，次のような変数が考えられる．

1. 近隣環境．平均収入，学校のレベルなど．$N_i(i=1,\ldots,m)$ で表す．
2. 住宅の属性．部屋の数や大きさ．$H_j(j=1,\ldots,n)$ で表す．
3. 環境質の水準．騒音，硫化酸化物濃度など $E_k(k=1,\ldots,p)$ で表す．

ヘドニック不動産価値法ではたくさんのデータが必要であり，住宅価格 P と近隣環境，住宅属性，環境質などの価値を変数とする．対象エリアからいくつかの住宅を標本として抜き取り，データを得る．以下のヘドニック価格方程式に対し，回帰分析による統計処理を行う．

$$P = f(N_1, N_2, \ldots, N_m, H_1, H_2, \ldots, H_n, E_1, E_2, \ldots, E_p) \tag{6.1}$$

ここで $f(\ )$ をヘドニック価格関数という．

ヘドニック価格方程式により環境質 E_1 と結びつけて潜在価格 P を求めることができる．もしすべての変数を一定とした場合，潜在価格 P の E_1 に対する曲線の接線の傾きは，E_1 が少し変化したときの P の変化に関する情報を与える．E_1 についての f の偏微分を求める．これが E_1 に対する潜在価格である．

特殊な状況では，E_1 と E_1 に対する潜在価格は同一のものとなる．これが成り立つのは，すべての家計の効用と収入が等しい場合のみである．こういった状況は稀であるが，ここに基本がある．より一般的な状況では，この接線より大きい位置にある (Freeman(1993))．

ヘドニックアプローチを確認するために，都市部の大気改善に関するケースで貨幣価値を求めることを行う．ここでは，すべての家計は収入も効用関数も同質で，さらに大気の質は唯一硫化酸化物のみで計測され，最大値は 100 であるものとみなす．人間活動の結果として大気質が 100 を下回るとする．もし激しく進行した大気汚染がおさまり，他の地域の 100 に近い地域とほぼ同等になったとする．このとき，統計的な分析からこの地域の住宅の地価について次のような方程式が導かれる．

$$P = N^2 + H^2 + 10000 - (100 - E)^2 \tag{6.2}$$

ここで P は住宅の価格，N は近隣環境の質，H は住宅の質，E は大気質の価値．このケースで E に対する潜在価格は式 (6.2) を E で偏微分して $200 - 2E$ である．

図 6.4 は，平均的な家計にとって，家を買うときに大気質を向上させるために払ってもよい価格を示している．もしこの地域のすべての家計が大気質について同じ需要をもっているとした場合，それぞれが家を買うかどうかはともかくとして，図 6.4 は大気質についての平均的な需要曲線を示している．

大気質を向上させる事業の価値は，大気質を改善する地域と改善しない地域の需要曲線を求めることによって明らかになる．たとえば，大気質を（ある指標において）50 から 60 に向上させることによるメリットは，図 6.4 ではグレーの部分で示され，これは一家計にとって 900 ドルになる．指標を 50 から 60 に向上するならば各家計が享受する便益は上昇し，そういった事業に金を払ってよいと考えるようになる．一家計当たり 900 ドルに地域全体の世帯数をかけ合わせることで，地域で集計された経済便益が計算される．たとえば 10 万世帯の

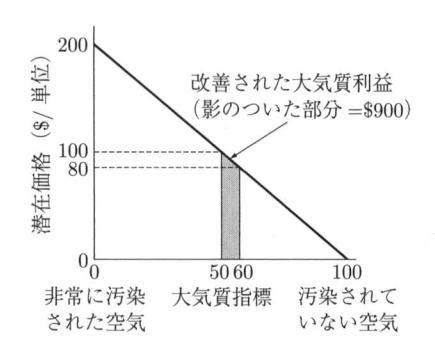

図 **6.4** 大気質に対する家計需要曲線

家計が大気質の変化による影響を受けるならば，大気改善の経済便益は総じて9千億ドルに及ぶ．

大気質の例は，すべての家計が収入と選好が同質であることを想定している．実際はそうはならない．よって潜在価格関数は必ずしも需要曲線を表していない．ヘドニック不動産価値法を適用することはむずかしく，ヘドニック価格関数を求める統計手法以上に必要な手順がある．経済手法としての側面と統計技法としての側面のそれぞれがわかる人がいなければうまく使われないことになる．

6.3.2 ヘドニック価格分析例

ヘドニック価格分析を用いて大気質の悪化が土地の価値に及ぼす影響を推定した研究はたくさんある．初期の研究では，Freeman (1979) が，いまよく使われている（一部に対数を含む）線形方程式でヘドニック価格を示した．Harrison and Rubinfeld (1978) は，ボストン都市部で大気質が住宅の価値にどれだけ影響を及ぼしているかを調べ，さまざまな関数を想定して分析を試みた．住宅価格を説明するものとして，公共データのなかで，最終的に持ち家の広さのメディアンの対数を含む形の方程式を選んだ．

表6.2はボストンの研究で用いられた変数のいくつかを使っている．表に示すように，大気質を表す変数としてはここでは窒素酸化物の濃度の2乗を用いている．窒素酸化物の係数は統計的に有意ではないが，経済学的に興味深い結果を示している．Harrison and Rubinfeld は他の変数と合わせて計算を行った結果から，窒素酸化物を0.01ppm減じることで住宅の価値は平均して1613ド

表 6.2 ボストン周辺における大気質調査から導かれた
ヘドニック価格方程式の諸変数

変数例	係数	変数の説明
RM^2	0.0057	平均部屋数
AGE	1.26×10^{-4}	1940年以前に建設されたビルの所有者の割合
Log RAD	0.017	高速道路放射線へのアクセシビリティ指標
TAX	-3.53×10^{-4}	不動産税額
PTRATID	-0.030	学区における教師と生徒の比率
CRIM	-0.014	犯罪発生率
NOX^2	-0.0058	窒素酸化物濃度（1億分の1）

出典：Harrison and Rubinfeld, 1978.

ル上昇するという結論を得ている．

Harrison and Rubinfeldは，すべての家計が等しい収入を得ているとは言えないことから，大気質向上に対する支払意思額も調べた．結果として支払意思額は収入，窒素酸化物量，一軒当たりの居住人数によって変化することを明らかにした．窒素酸化物を削減することによる平均年間便益は60ドルから120ドルまで開きがあった．

6.3.3 ヘドニック価格法の問題点

ヘドニック不動産価値法には次のような問題点がある．

- **省略された変数**：ヘドニック方程式を作るうえで価格に重要な影響を与えている変数を見落とすと，式中の係数は正しいとは言えなくなる．その結果として潜在価格も正しくないものになる．
- **相関特性**：二つの変数の間に非常に強い相関があると，ヘドニック方程式の個々の係数は正しいとは言えなくなる．たとえば，空港は騒音も大気汚染も発生させるかもしれない．騒音が増えるときには大気汚染も増え，それぞれが価格に影響を及ぼしうる．ヘドニック価格方程式において，価格の変化が両者のどちらの変化によるものか区別することができない．
- **関数形の選択**：対数，2乗など多くの関数形が用いられているが，経済学においてはどれが正しい関数形であるかを判定する方法はない．専門家がふさわしい，使いやすいと考える関数形を選択しているのが実情である．

- **セグメンテーション**：住宅市場は借地か所有地かなどさまざまな基準により複数のセグメントに分類される．セグメントに分割せずにヘドニック推定を行うと，結果として得られる係数の信頼性は低いものとなる．セグメントを考慮し，それぞれで推定を行うことが望ましい．
- **完全住宅市場**：ヘドニック不動産価値法では住宅市場が完全競争下の均衡状態であることを想定している．大気質について考えると，すべての住宅購入者は大気質が彼らの効用を低下させうるものであることを承知で購入を判断する．ヘドニック不動産価値法では，住宅の供給過剰や供給不足を想定せず，需要と供給は等しいと仮定している．現実にはそのとおりとはならない．

これらの問題点を有するものの，環境の諸特性に対する価値づけに関する有益な情報を，住宅地価に基づいて提供する有効な方法であると理解されている．

6.4 旅行費用法

旅行費用法 (TCM:Travel Cost Method) は，公園や貯水池など屋外で余暇を楽しめるエリアの価値を算定するために使われてきている．余暇地に旅行し，楽しむためにかかるコストに基づいて余暇地滞在の価値を求める．旅行費用法は実際にとられた行動の結果をデータとして用いるので非利用価値を推定することはできない．

余暇地の入場料が時間や場所によって分割されているケースでは，需要曲線は時間，場所ごとにどれだけの人数が訪れたかというデータに基づいて導出する．公共性の強い管理者がそういった区別のない料金体系を設定している場合には個々の時間，場所に対応した支払意思額を明らかにできないことになる．

旅行費用法では，公園など余暇地を訪れることの価格は，訪問者がどこから来るかによって異なる旅行費の違いによって推定できるという想定がある．余暇地の利用に対する支払意思額を，当該地への旅行費用の上昇にどのように対応するかを見て推定する．旅行費用法では，当該地へ行くための交通費，所要時間を貨幣換算したもの（時間費用という），入場料を旅行費用とみなす．貨幣換算した旅行費は，家計がどこに居住するか，家計の収入に基づいて算定する時間費用に応じて決まる．ただし入場料に関しては家計によらず一定である．

6.4 旅行費用法　135

表 6.3　仮想上のリクリエーション地への交通費用および訪問数

ゾーン	人口	1回当たり費用	1シーズンの訪問者	1000人当たり訪問数
1	1000	$1	500	500
2	4000	$3	1200	300

転載許可：Clawson and Knetsch, *"Economics of Outdoor Recreation"*, 1969.

表 6.4　入場料の違いによる訪問数の推定[a]

ゾーン	入場料と訪問数				
	$0	$1	$2	$3	$4
1	500	400	300	200	100
2	1200	800	400	0	0
合計	1700[b]	1200	700	200	100

[a] 転載許可：Clawson and Knetsch, *"Economics of Outdoor Recreation"*, 1969.
[b] 入場料無料のときの訪問数は実際のデータに基づいている（表 6.3 参照）.

　第1ステップとして，余暇地を訪れる人びとの居住ゾーンをいくつかに分ける．余暇地を中心とする同心円状に複数のゾーンに分ける．実際上は郡や市などの行政界も考慮に入れる．
　旅行費用法では各ゾーンの人口数，そして各ゾーンからの訪問者数についてデータが必要である．後者のデータは標本調査を行うことによって得る．各ゾーンからの訪問者を人口数で割り，たとえば人口1000人当たりの訪問者数，といった指標に置き換える．

6.4.1　旅行費用法の適用例

　表6.3は，余暇地としてある貯水池を想定して旅行費用を求めたものである．入場料はない．当該地周辺を二つのゾーンに分割している．当該地に近いゾーン1からの訪問者は旅行費用に1ドルをかけている．ゾーン2からの訪問者は3ドルをかけている．表はさらに人口1000人当たりの来訪者数を示している．図6.5は旅行費用を縦軸に，人口1000人当たりの訪問者数を横軸にして二つのデータをプロットしたものである．
　旅行費用法では，旅行費用が使用料によって増額する状況でも，この貯水池に対する需要曲線を求めることができる．使用料が変化する場合，それはすべ

ての利用者に及ぶからである.

表 6.4 を用いて手法適用の手順を示すと,もし入場料がない場合は,ある 1 シーズンの総入場者数は 1700 人である.これは訪問者への調査によってわかる.そして図 6.5 の需要曲線の一点となる.入場料が無料から 1 ドルになると,ゾーン 1 への旅行費用は 1 ドルから 2 ドルに上昇し,人口 1000 人当たり訪問者は 500 人から 400 人に減る.ゾーン 1 の人口は 1000 人なので,推定訪問者数はそのまま 400 人と推定される.ゾーン 2 についても同様に分析すると,3 ドルが 4 ドルになって訪問者数は人口 1000 人当たり 300 人から 200 人に,人口を考慮すると 1200 人から 800 人に減少する.両ゾーンを合わせると入場料 1 ドル上昇により総訪問者数は 1200 人となる.

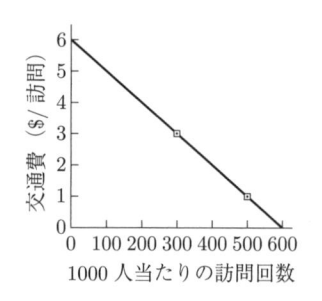

図 6.5 仮想上のリクリエーション地への交通費用と 1000 人当たり訪問数の関係
転載許可:Clawson and Knetsch, *"Economics of Outdoor Recreation"*, 1969.

表 6.4 を参考に入場料が 2 ドルに上昇する場合を考えると,訪問者数はゾーン 1 から 300 人,ゾーン 2 から 400 人,合計して 700 人となる.同様に 3 ドル,4 ドル,5 ドルと上昇させて推定することが可能である.5 ドルから 6 ドルあるいはそれ以上に上昇するとゾーン 1 では訪問者はいなくなる.以上の計算結果をもとに図 6.6 の需要曲線を描くことができる.

この仮想の貯水池に対する経済便益を求めるには,支払意思がある訪問者数の最大値を求めればよい.価格がゼロの場合,最大の支払意思額は図 6.6 の需要曲線より下側の全面積がこれに当たる.入場料が 4 ドルから 5 ドルに上昇するとき最初の 100 人が訪問する.このとき 0 人から 100 人までの需要曲線の下側の面積が 450 ドルとなり,これがその場合の経済価値を表している.同様に

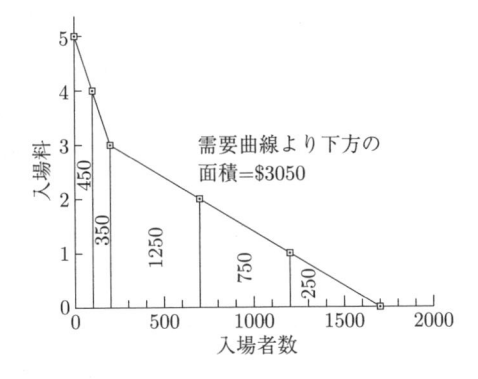

図 6.6 仮想上の貯水池に関する需要曲線

して需要曲線下側の総面積を計算すると3050ドルとなる．これが当該地が提供する余暇の機会に対する経済価値である．

6.4.2 旅行費用法の複雑さ

旅行費用法を簡単明瞭に説明してきたつもりだが，以下に示すように実際にはいろいろな面倒さがある．

トリップの多目的性

1回のトリップで複数の箇所を訪れているかもしれない．そのようなデータを用いる場合，調べようとする余暇地の旅行費用はどのように計算すればよいか．訪問者が遠方からの長期滞在者であり，それぞれの余暇地にそのつど足を運ぶならば話は明確である．

代替的な余暇地

余暇地の価値はそれ自体のみで決まるものではない．近くに似た余暇地がある場合もある．仮に二つの似た湖が近くにあるものの，一方は主要道路から10マイル離れているとする．普通は主要道路に沿って位置する湖のほうを選ぶであろう．そうすると遠いほうの価値を計算してもゼロとなる．旅行費用法ではこのような問題を解決する術がない．

時間費用

　旅行に費やす時間は経済価値を測るうえで重要である．しかし，その値を推定する方法について合意されたものはない．賃金を用いるのが一つの方法である．しかし週末や休暇に費やす旅行時間を考えるのに，労働にかかわる時間を適用するのは正確とは言いがたい．さらに休日の時間はそれ自体が機会費用である．もし旅行をしなければ自由な時間を他の目的に使っていたかもしれない．個々人に異なるであろう時間費用 (time costs) は問題であるし，これらの問題を克服するようなデータを入手することはむずかしい．

距離費用

　距離に応じた費用の計算方法は 2 種類ある．(1) 自動車の運転に応じて発生する費用として燃料費を用いる．(2) 車の減価償却費，保険費用を含めた費用を距離で割って平均値として用いる．消費者理論では，消費によって向上する便益と費用を比較する．しかし，行動を選択する際に人は一般に平均費用を考慮しない．最終的に上記のいずれの方法を使うかは分析者の判断による．

6.5 抑止支出法

　抑止支出法は次のような考え方に基づいている．人びとは環境悪化を予防するために支出しようとする．そういった支出は彼らがどれだけ環境質を向上させたいかという意思と対応するはずである．環境悪化の抑止のために支出することはよくある．家計は水道水の水質悪化に応じて浄化フィルターやビン入り飲料水などの購入を増やす．あるいは飲む前に煮沸する．質の高い水を必要とする企業もやはり水処理に多額のお金を投じる．家計も企業も大気汚染が進行しないようたえず支出しているはずである．あるいは大気汚染のために，室内の空気の清浄を目的としてエアコンやフィルターなどを購入する．

　本手法の基本的な考え方は，経済学で代替財と呼ぶような財に対する支出額を測ることで環境の便益を推定するということである．実際にビン入り水は水道水に代わるものであり，企業にとっては汚れた水をそのまま使用することはできず，水処理に支出しなければならない．環境質を向上させることで得られる便益は，その代替財に支出する額が減ることで計測することができそうである．

　抑止支出法は直観的に肯けるもので，しばしば実際に適用されるが，問題点も

ないわけではない．一つには，代替財は，いま問題としている汚染の完全な解決方法になっているとは限らないという点である．たとえば沿道の住宅で，二重窓を設置することで騒音被害を抑制しようとする場面を考える．同様にエアコンは気温をコントロールすることができる．二重窓やエアコンへの支出が本当に環境汚染に対する防御の価値を的確に表していると言えるだろうか．

環境価値を推定するうえで，企業による抑止支出はしばしば間違った結論を導いてしまう．市場供給曲線に対して十分な影響力をもつときに，しばしば抑止支出額は適当ではなくなる．

6.6 生産関数アプローチ

生産関数アプローチは，環境質を表す変数と市場で取り引きされる財の生産量の間の関係に着目する．両者の関係は多くの産業セクター，特に農林水産業で見いだされる．また，そのような関係は生産関数から実証的に導かれる．環境変数と生産量の間の関係は，しばしば用量反応曲線の形で示される．環境質が向上すれば生産コストは下げることができる．その結果として，生産者によって供給される市場財の数量は増える．環境質が低下することで逆の結果に至る場合もある．以下では，生産関数アプローチの適用例を紹介する．

6.6.1 生産性変化の影響を受けない価格

環境質の変化が生産費用にあまり影響を与えず，価格も変化しないケースを取り上げる．ここではまず環境の質が生産量にどれだけ影響を与えるかを特定し，それから変化の大きさを貨幣換算で価値評価する．

Hufschmidt and Dixon (1986) が東京湾での漁獲量減少の経済価値を明らかにした研究例をもとに本アプローチを説明する．埋立てにより漁場の質は低下した．埋立て事業はもっとも恵まれた漁場を対象として実施されることになり，その効果は漁獲量低下にてきめんに現れた．Hufschmidt and Dixon は，水産量の低下というかたちで埋立て事業の影響を評価した．埋立てが行われた1963年の前後両方について，魚に対する市場価格のデータがあった．1963年より前では平均水産量は166000トンだった．それが1972年から1977年には表6.5のように変化した．表の3列目の数字が水産量の減少を表している．その値は，埋立て前の1956-62年のデータと大きな違いを示している．

表 6.5　東京湾埋立てによる漁獲量の減少[a]

年次	漁獲量 (10^3 トン)	1956-62[b] 比減少量 (10^3 トン)	漁獲減による経済損失 （10 億円）	漁業者の収益減 （10 億円）
1972	50	116	62.6	46.3
1973	52	114	61.3	43.5
1974	55	111	56.5	42.4
1975	44	122	66.5	47.2
1976	53	113	51.2	36.4
1977	97	69	19.2	12.1
年平均	59	108	52.9	38.0

[a] 出典：Hufschmidt and Dixon(1986). 値はすべて 1979 年換算額.
[b] 1956-62 年の年平均漁獲量は 166×10^3 トンであった.

次のステップとして水産量の減少を貨幣換算することとなる．Hufschmidt and Dixon は二つの尺度でこれを評価した．一つは生産量減少の市場価値である．もう一つは，漁師にとっての生産量減少にともなう収入減という損失である．

生産量が減少したことによる市場価値の低下は，漁獲減少量に「生産量当たり単位価値」を乗じることで算出する．単位価値は毎年の漁業収入額に基づいている．表 6.5 の「漁獲減による経済損失」の列に計算結果を示す．

東京湾の例では，環境資源の貨幣価値を生産性の変化で表している．しかしこの研究事例は事後分析であり，このような価値付けをプロジェクト等の意思決定にどのように使えるかは定かではない．環境問題の複雑さが市場価格にどのように関係するか，今もなお研究の途上にある主題である．

6.6.2　価格に影響を与える環境変化

地域でオゾンを減らす方策，そしてそういった方策が農家にもたらす価値を評価する問題を取り上げる．高レベルのオゾンは逆に作物の成長に影響を与える，という現実的な問題がある．評価の手順を表 6.6 に示す．

最初のステップでは，オゾンを減らすことで作物にどれだけの影響があるかを推定する．これは科学的な問いであり，結果はしばしば用量反応曲線によって示されるものである．簡単のために，オゾンを削減することで農業生産が年間 1 エーカー当たり 2 トン増えるものと仮定する．市場価格は 1 トン当たり 10

6.6 生産関数アプローチ

表 6.6 生産関数アプローチ

物理的影響を描写する
　生産量の変化と環境質の変化を結びつけるのに小刻みな変化に対応する曲線あるいは生産関数を使用する
生産者の反応を分析する
　生産者は環境質の変化に応じて何らかの行動をとる．このことが限界生産費用と短期供給曲線に変化をもたらす
市場の反応を分析する
　生産者の反応がまとまったものになると業界全体の供給曲線や均衡していた価格，あるいは生産高に影響が及ぶ
経済変動を推定する
　生産価格と生産量の上記のような変化は消費者余剰と生産者余剰の変化をもたらす

ドルで一定とする．もし労働力など生産性が調整されないとすれば，オゾン削減の経済価値は年間1エーカー当たり20ドルと推定される．収穫を維持するために労働力を1トン当たり2ドル追加することが求められる．このケースでは，経済便益は農業生産に対し労働力とともに増加する．あるいは年間1エーカー当たり16ドル増加する．

　大きな問題点として次のことが挙げられる．生産者は彼らの生産量を環境質の向上に応じて増大させるだろうか？　ということである．農家は経済と環境の情勢に応じて生産量を調整するであろう．この例では，ホウレンソウのようなオゾンに敏感でかつ比較的市場価値の高い生産物について利益を最大化するような局面を想定している．

6.6.3　市場水準効果

　市場水準効果について，個々の生産者がもたらす変化が十分に大きい場合，産業全体のコストに影響が及ぶかを考えてみる．たとえば，オゾンにかかわる変化が作物市場全体の供給曲線に変化をもたらす場合，新しい市場均衡が生じ，相応の便益が貨幣換算で推定される．このとき社会的総余剰，特に生産者余剰をどう計測するかがむずかしい．

　オゾン削減がホウレンソウ市場全体で限界費用を下げるとする．供給曲線の変化は図6.7にようになる．本来の均衡価格はOCで，そのときの生産量はOH

である．オゾン削減の結果，需要曲線と新しい供給曲線の交点として均衡価格が OA，均衡生産量が OG となる．生産費が低下した結果，新たな均衡において消費者はより多くのホウレンソウを買おうとする．

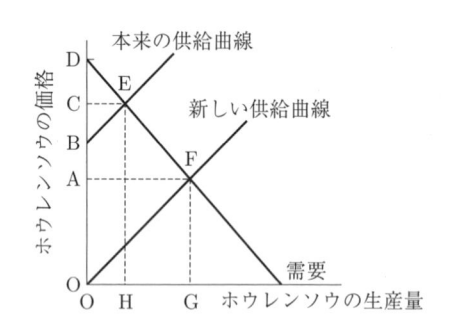

図 6.7　オゾン集中による収穫減少に対する市場水準の反応

　生産者と消費者にどのような経済的利得が得られたかは次のように分解して考える．消費者の利得は消費者余剰の増加による．本来の消費者余剰は三角形 CDE であったが，供給のシフトにより三角形 ADF に拡大する．二つの三角形の差，すなわち図形 ACEF が消費者余剰の増加分に当たる．
　供給者も市場均衡の変化による影響を受ける．生産者における市場の変化の影響は生産者余剰を用いて分析する．基本的には，第 5 章で述べた完全競争市場における一企業についての考え方と同じである．利潤最大化を目的とする企業は，限界費用が市場価格と等しくなるまで生産を増やす．総収入（価格×生産量）と総可変費用（限界価格曲線より下方，原点と企業の生産量の区間のエリア）の差が生産者余剰である．
　産業全体の生産者余剰は，産業内の企業の生産者余剰を水平方向に合計したものに等しい．図 6.7 において，三角形 BCE はオゾン削減前の産業全体の生産者余剰である．同様に三角形 OAF は削減後の生産者余剰である．増加分は二つの三角形の差，すなわち面積 OAF から面積 BCE を差し引いたものである．
　均衡がシフトすることによる経済的な影響を，消費者余剰ならびに生産者余剰で分析した．図 6.7 の例に示すように，消費者余剰も生産者余剰も増加する．経済利得の大きさはその増加分，すなわち図形 OBEF の面積で表されることと

なる．

6.7 健康と寿命の評価法

　硫黄酸化物の抑制など環境質を向上させることで健康や寿命が改善されるかたちの便益も大事である．健康，寿命の経済価値を評価するには二つの方法がある．一つは，病気や早死による逸失利益を計算するものである．これは経済便益，支払意思額の基本的な定義と結びついていない．しかしデータを集めやすく，広く用いられている．もう一つの方法は，より確固とした考え方によるもので，（環境）リスクの高い仕事に就くとしたらどれだけの支払意思額を払ってよいかを見るものである．

　どちらの方法も生涯の価値を（統計的に）貨幣換算するものであるが，ここには論争がある．生涯を貨幣換算して価値評価することに異を唱える人もいる．個人にしても政府にしても人の幸せと生死を天秤にかけざるをえないときがある．たとえば喫煙家にしても，煙草が生命を縮めるリスクと快楽のトレードオフを意識している．生涯の経済価値を論ずることは結局，暗黙にしている価値を明確化しようとすることである．その手法はある特定の人の生涯を価値付けするためにあるのではなく，統計的あるいは現実的な意味から個人の生涯を考えるために用いられる．

6.7.1　収入に基づく評価

　生涯損失あるいは死亡可能性の貨幣価値を算出するためによく用いられるのが「人的資本技法」である．人が亡くなった場合に，将来生存していれば得られたであろう収入の現在価値を求める．人は一つの資本であり，期待される収入で評価されるという考えである．

　本手法が使われ始めた頃は，ある年齢まで生きつづける確率と将来収入の期待値をもとに指標を算定していた．寿命はこのための基礎的なデータとなる．そして将来収入は（適切な割引率を用いて）現在価値に換算される．環境質の向上により生存率がどれだけ向上するかを推測し，本手法に則り貨幣価値を算出する．実際には性別，年齢，教育などの個人差，発揮されるであろう労働力を考慮に入れる．

　人的資本技法には多くの反論がある．一つには人の価値を収入によって判断

していることである．たとえば身障者などは，人としての価値を認めないようなモラル上の問題を引き起こす．また多くの経済学者は，貨幣価値は便益の定義の根拠となる支払意思額とリンクしていないとして反対する．

6.7.2 支払意思額に基づく評価

数十年にわたり，経済学者は生涯の価値を（環境の視点から）死のリスクの減少という視点から捉え，議論してきた．Freemanは次のように考えた．死の確率を1%下げる政策があるならば，それに1000ドル払ってよいとする1000人の同質な人の集まりを考える．彼らの支払意思額を集計すると100万ドルになり，平均して10人は死を回避できると見なす（1000×0.01）．集計した支払意思額100万ドルを死を回避できる人数で割ると10万ドルとなる．もしある政策を購入することに対する支払意思額がきちんと表明されているとすると，生涯の価値は観測データから算出できることとなる．支払意思額は他の研究でも求められている．汚染削減によって救われる生命を研究している例では，労働市場のデータから，遭遇する可能性のあるリスクを受け入れるか否かをこれに見合う高賃金となっているかを調べて生涯の価値を算定している．

労働市場のデータから賃金とリスクのトレードオフに関するデータを得る標準的なやり方はヘドニック価格法である．ヘドニック価格法では，財またはサービスの価格と数量に関する数学的な関係を推定する．ここでは価格は賃金であり，サービスは仕事である．価値付けの手順はヘドニック賃金法と呼ばれるもので，統計的データをもとに次の式を求める．

$$w = g(J_1, J_2, \ldots, J_n, L, I) \tag{6.3}$$

ここでwは年収等の賃金，gはヘドニック賃金関数，J_iは労働者の（複数の）特性を表し，それらとは別にLは生命上の損失，Iは致命的ではない負傷を考慮する．一例として個人属性に賃金，年齢，性別，教育を考慮した分析を進める．賃金と繋がりがある属性としては地位，業務環境，威厳などがある．

ヘドニック賃金法では微分を用いる．もっとも簡単には，ヘドニック賃金関数を各属性で偏微分して限界潜在価格を求める．生命損失によるヘドニック賃金関数の偏微分は，潜在的な生命の限界価値を表す．これらの価値はリスクとドルのトレードオフを表すのであって，その人が死や怪我をしてもたらす価値

の変化という意味ではないと Viscusi(1986) は述べている．潜在価格はリスクの限界変化に対する支払意思額を表す．

Freeman(1993) は 11 個の研究から，死のリスク軽減に対する限界支払意思額を求めている．最良の推定によれば，1986 年の米国ドルにして 64 万ドルから 850 万ドルの開きがある．属性を 10 以上も考慮したことからデータの質もさまざまに異なっている．最近の研究では Gegax, Gerking and Schulze(1991) が，Freeman(1993) が用いた仕事に関する描写的な特性により値を求めている．その結果としては，統計的生命価値は 190 万ドルに達するという．

6.8 仮想評価法

以上に述べてきた便益評価法は市場データからその価値を推定するものであった．他の方法として，人びとの財やサービスに対する支払意思額を直接訊くということが考えられる．仮想評価法は，仮想的な状況において環境改善を行うことに対し，どれだけの金額を払ってもよいと考えるかを訊くものである．単純な方法であるが労力と技術を必要とする．

仮想評価法は 1960 年代に初めて用いられたが，経済学者からは懐疑的に見られていた．買ったことがない財やサービスについて人びとに質問したところで，それらに対する選好がはたしてわかるだろうかという疑問が多くあった．グランドキャニオンの景色，ハゲタカの保全といったことに個々人が価値を表明できるだろうか．また，回答に意図的なバイアスが掛かることも懸念される．価値を認めている環境資源を保全したいがために，より多くの公共支出がなされるよう，多めの支払意思額を表明するかもしれない．

依然として論争はあるが，仮想評価法は受け入れられつつある．仮想評価法は景色，野生生物，湿地帯といったさまざまな環境資源を評価することができる．タンカーからの石油流出や有害物質による損失を評価した例もある．本手法が受け入れられる大きなきっかけとなったのは，1980 年代後半に連邦裁判所で環境損失への補償額を決定する際に適用されたことである．

6.8.1 支払意思額と受入補償額

仮想評価法では，支払意思額を訊く代わりに受入補償額を訊くことがある．受入補償額とは，人には所与の環境質を享受する権利があるとし，その権利を損

なわれることへの対価を想定するものである．受入補償額は，人がその環境質の改善を認めること，あるいは劣化を許容することに対して払うであろう額の最小値に当たる．たとえば安全な飲料水を飲めるようにすることについて，その可能性が損なわれることへの補償額として受入補償額を想定し，使用する．

支払意思額と受入補償額は等しくない．前者は収入の制約を受けるのに対し，受入補償額は上限がない．Dorfman(1993)は，消費者選択理論に基づくならば，支払意思額，受入補償額が収入に比してきわめて小さいときはほぼ等しくなると述べている．しかし実証研究では，受入補償額は必ず支払意思額より大きく，しばしば数倍以上も大きくなる．

支払意思額も受入補償額もともに理論的に正しく導かれたものである．そして環境上の課題が個人に依拠しているときには受入補償額を計測する，人が環境上の課題に何某かを支払わなければならないかどうかというときには支払意思額を計測する，というように使い分けもはっきりしている．経済学者の間では厚生変化の社会的指標として支払意思額がより多く使われているという理由から，以下では支払意思額を用いた議論を行っていく．しかし，文脈によっては受入補償額が適切な場合もある．

正確な支払意思額を表明させることはむずかしい．以下ではそのための手順について考察する．

6.8.2　仮想評価法の使用法

環境質を何の指標で測るかがはっきりすれば，想定される状況を設定することができるようになる．状況設定は支払意思額にかかわる情報を導き出す．参加者はどのような指標について支払意思額を表明するか，直接的に答えを求められることはない．環境質が脅かされるシナリオを想定し，そのうえで脅威から守るためにどれだけの金を払う意思があるかを回答者に尋ねるという段取りが望ましい．水質向上の経済便益を評価するために，ニューイングランドで減っていたアトランティック・サーモンを甦らせるための公的資金準備のシナリオ，ニューイングランドの川でアトランティック・サーモンがとれなくなっているシナリオなどが例として挙げられる．シナリオの記述は，一民間団体が維持復元をすることを前提として想定する．これに対し，人びとがどれだけの金を団体に寄付するかを調べる．

仮想評価法の結果は，環境整備への投資の判断根拠となる．ともすれば資産税，所得税，入場料，使用料，寄付金などを要求するための材料に使われる．被験者が環境問題に価値を認めるが，やり方が不適当と思えば支払意思額を低めに回答してしまうかもしれない．

アンケートにおいて，被験者に回答を誘導するシナリオを立ててしまうことがある．アンケートは，結果にバイアスをもたらさないよう，また支払意思額を正確に表明させるよう，事前に試行しておかなければならない．プレテストでは少人数を対象に試行版を用いて調査を行えばよい．被験者は回答を通じて設問を理解し，実験者と他の被験者とでディスカッションを行って各自の反応を知る．そして改善の意見を踏まえて最終版のアンケートを作成すればよい．

被験者には，想定する環境対応行動によって十分に影響を受ける人を選ぶべきである．影響を受ける人からしか有益な回答が得られない可能性もある．被験者の属性として年齢，収入，支持政党，教育歴などを聞き，結果の解釈に役立てるようにする．

支払意思額を求めるための技法

支払意思額を求める方法は電話，郵便，面会などいろいろとある．たとえば付け値ゲームというやり方では，インタビューに基づき，環境変化にある金額を払う気があるかどうかを知る．もしイエスであればさらに高い額について聞き，これ以上払わない，という金額まで聞きつづける．最後に聞いた金額を被験者の支払意思額とする．オープンエンド方式では単刀直入に支払意思額を聞く．

ほかには投票方式がある．環境変化に対し，提示した金額を支払う気があるかを被験者に尋ねる．もしイエスと答えれば支払意思額はその金額より大きい．被験者はランダムに各グループに割り振り，前記の質問はグループごとにまとめて尋ねる．グループごとに提示額が違うが，総合することでさまざまな金額に対する回答を得ることができ，最終的に需要曲線を描くことができる．

さらに他の方法として，代替案に対する順位を聞くものがある．提示する環境変化に対し，どの行動が適当と考えるか，被験者に各代替案に対して順位を付けさせる．それぞれの行動の代替案は貨幣的価値をともなっている．たとえば，「休暇中のハワイ旅行」とすれば1000ドルの価値があるとみなす．被験者は行動の代替案にランク付けを行う．環境資源の価値はランキングから推定さ

れる．もし1000ドルの「休暇中のハワイ旅行」が1位，環境保全が2位，500ドルの週末のスキー旅行が3位とすれば，環境資源の価値は500ドル以上1000ドル未満と評価すべきであろう．

データの処理

支払意思額の値付けが行われた後は異常値を排除する．たとえば個人の支払い能力を超えるような回答は除く．調査データは収入，年齢，教育レベルなどをふまえて統計的に解析される．仮想評価法が有効であるのは，支払意思額が合理的に求められているかどうかによる．たとえば，環境質と収入が高いならば支払意思額は高くあるべきであろう．

6.8.3　仮想評価法の解釈

環境悪化防止策の強さを決めるのに非利用価値を用いることについて経済学者は一般に納得しているが，仮想評価法が的確に非利用価値を示すものを導いているかといえば，その点については必ずしも合意は得られていない．市場で取り引きされた事実に基づくデータしか有効ではないと考える経済学者も多い．その意味では，ヘドニック価格法のほうが支持される．たとえヘドニック価格法が環境資源そのものを購入しているのではないにしても，データは事実であり仮想的な判断によるものではない．仮想評価法は実際の支出を伴わない仮想的な設問であることに疑念が生じてしまう．被験者は自らの選好について整理がついていないかもしれないし，質問に正しく反応できないかもしれない．

仮想評価法については，アンケートのあり方，質問の順序といったことが被験者の回答に影響を与えるのではないかという批判がある．Diamond and Hausman(1993)はアザラシを対象とした仮想評価法に関する研究を調べた．クジラの保全の価値に対する問いがアザラシの保全の価値に対する問いより先に行われた場合に，逆順の場合と反対に，アザラシのほうが低く評価されることを明らかにした．クジラのほうは対照的に，問いの順序の影響を受けない．クジラのほうが明らかに馴染みがある．その結果として，アザラシよりもたえず正確な意思表明を行うことができる．多くの被験者にとってアザラシの価値などよくわからないのである．このケースのように，調査のやり方が回答にバイアスを与える可能性がある．支払意思額と調査結果の間にはこのような問題が横た

わっている．

　1980年代中頃まで仮想評価法の有効性は限定的とされてきた．ターニングポイントは1980年代後半，連邦裁判所が損なわれた非利用価値の補償のために仮想評価法を使用することが望ましいとしたことである．また1990年に制定された重油汚染防止法では，国立海洋大気庁(NOAA:National Oceanic and Atmospheric Agency)に，重油が流出した際に天然資源が失われることに対する補償額を評価するよう求めた．国立海洋大気庁は重油流出による補償が可能であるとする損失を非利用価値として算定している．

　1990年代には，国立海洋大気庁は5人の優れた経済学者を委員として招き，仮想評価法を用いて非利用価値を求める方法について検討した．結果として，仮想評価法を使うことは望ましいと判断された．委員らは仮想評価法の有効性を認めたが，次のように使用上の限界も明らかにした．あらゆる非利用価値に適用できるものではない．既往の研究では，仮想評価法は支払い意思額を過大に評価する傾向がある．いくつかの点で適用上に問題がある．いくつかの点とは(1)選択に関する非一貫性，(2)有意な予算制約がないこと，(3)情報の提供の仕方，受け入れ方に問題があること，などである．

　これらの問題があるにもかかわらず，国立海洋大気庁は本手法を適切に使えば失われた非利用価値を含め，損失評価の法的プロセスの第1歩として信頼できる情報を得ることができるとし，使用方法について説明している．

6.9　環境資源の価値評価の実践

　表6.1に挙げた評価技法はいずれも実際に使われている．それぞれの状況に応じてどの手法が適当かを考える必要がある．

6.9.1　評価手法の選定

　環境資源の価値評価について多くの本に技法が説明されているが，どのように使うべきかは十分に説明されていない．手法の選択に際して時間と資金は重要な条件である．適切な技法を選ぶためには作業要員を確保することも必要である．ヘドニック価格法などいくつかの技法は，経済理論と統計解析を理解する人員が揃っていなければならない．抑止支出法などはあまり経験がない人員でも使うことができる．

表 6.7 環境価値評価手法の特徴

評価手法	適用対象例	基本的な想定	重要視する評価基準	Dixon らによる評価
ヘドニック不動産価値法	空港周辺の騒音 郊外の大気汚染	住宅市場は完全に競合性あり	ヘドニック不動産価値	およそ応用可能
旅行費用法	レクリエーション施設 生物保護地区	支払意思額は交通支出の影響を受ける	訪問頻度と交通費 交通の費用	対象によって可能
抑止支出法	大気汚染 水質汚染	環境を向上するのに必要な代替物に支出する	環境保護費用	広く応用可能
生産関数アプローチ	穀物の損害 漁業の損害	生産性の変化が供給曲線に影響を与える	供給曲線の変化が市場価格や生産量に影響する	広く応用可能
人的資本技法	生命の価値	個人の過去の所得により評価される	寿命と所得	広く応用可能
ヘドニック賃金法	生命の価値 余暇の価値	労働市場は完全に競合性あり	ヘドニック賃金関数	およそ応用可能
仮想評価法	飲料水に適した水の供給	調査への回答が経済評価を示す	調査やアンケートを使って支払意思額を明らかにする	およそ応用可能

出典：Dixon ら, pp8, 63, 1994.

6.9 環境資源の価値評価の実践　　151

表 6.8　1978年における合衆国の大気汚染防止策の便益

	変動範囲	便益の推定値
健康	3.1-40.6	17.0
汚染と除去	1.1-6.0	3.0
植生	0.1-0.4	0.3
資源	0.4-1.4	0.7
不動産価値	0.9-8.9	2.3

転載許可：Freeman, 1982.

　表6.7は，どの手法を使うのがよいかを考えるための足がかりとなるものである．この表では，本章で紹介した各手法の適用可能性を簡単に説明している．ただしDixonら(1994)による適用可能性の判断指標も付け加えている．

　Dixonらは，アジア開発銀行や世界銀行の支援を得て，開発プロジェクトの費用便益分析を行う人びとに向けて各手法の実用的な説明を行っている．表中でDixonらは，ヘドニック価格法のみ実用上の大きなポテンシャルがあると述べている．ヘドニック価格法は基本的に多くのデータを必要とする．旅行費用法と仮想評価法は実用上限定的であるとしている．これらの手法は限られた状況においてのみ使えるということである．生産関数アプローチ，抑止支出法，人的資本技法はなべて実用的としている．しかし本章の最初のほうで述べたように，これらの技法には強い異議が出されている．

6.9.2　便益評価と政策分析

　1982年，Freemanによって価値評価技法を使い大気汚染規制プログラムを政策として分析することが試みられた．Freemanは，大気汚染削減の便益の大きい部分が健康改善によるものであることを明らかにした（表6.8．健康改善に帰する便益170億ドルのうち，およそ1400万ドルが大気汚染規制による延命化の価値であった．健康改善の便益の些少部分は，自動車を発生源とする大気汚染の抑制による．彼はまた，自動車を発生源とする大気汚染の規制についても述べており，1978年に年間70億ドルの費用が発生し，これは自動車による便益に見合っていないと述べている．Freemanは自動車を発生源とする大気汚染の規制プログラムに対し，費用有効度を見直すことを主張した．

　多くの国々で環境改善にかかわるコストの高まりが予想されており，政策立

案者にとっては政策効果の貨幣価値を算定する必要に迫られている．環境保護庁は，費用便益分析の実施について行政命令 12291 を発令している．連邦政府の諸官庁は，法的アセスメントを行うための予算を確保し，費用便益分析を実施しなければならない．この法令により，環境政策を設計するうえで環境価値評価を行うことが定着した．費用便益分析には議論の余地が多くあるが，制度上の重要な存在になった．環境保護庁は経済的根拠なしに政策プログラムを進めることはできなくなった．

参考文献

Clawson, M., and J. L. Knetsch. 1966. *Economics of Outdoor Recreation.* Baltimore: Johns Hopkins Press.

Diamond, P. A., and J. A. Hausman. 1993. "On Contingent Valuation Measurement of Nonuse Values." In *Contingent Valuation: A Critical Assessment,* ed. J. A. Hausman, 3-38. Amsterdam: Elsevier.

Dixon, J. A., L. F. Scura, R. A. Carpenter, and P. B. Sherman. 1994. *Economic Analysis of Environmental Impacts.* London: Earthscan Publications.

Dorfman, R. 1993. "An Introduction to Benefit-Cost Analysis," In *Economics of the Environment: Selected Readings,* ed. R. Dorfman and N. S. Dorfman, 297-322. New York: W. W. Norton.

Dupuit, J. 1844. On the Measurement of the Utility of Public Works. *Annales des Ponts et Chaussées,* 2d series, vol. 8. Reprinted(as translated from the original, French version)in Munby, D., ed. 1968. *Transport: Selected Readings.* Harmondsworth, Middlesex, U. K. : Penguin Books.

Freeman, A. M., III. 1979. *The Benefits of Environmental Improvement.* Baltimore: Johns Hopkins University Press.

—. 1982. *Air and Water Pollution Control.* New York: Wiley.

—. 1993. *The Measurement of Environmental and Resource Values: Theory and Methods.* Washington, DC: Resources for the Future.

Gegax, D., S. Gerking, and W. Schulze. 1991. Perceived Risk and the Marginal Value of Safety, *Review of Economics and Statistics* 73(4): 589-96.

Harrison, D., Jr., and D. L. Rubinfield. 1978. Hedonic Housing Prices and Demand for Clean Air. *Journal of Environmental Economics and Management 5*: 81-102.

Hufschmidt, M. M. and J. A. Dixon. 1986. "Valuation of Losses of Marine Product Resources Caused by Coastal Development of Tokyo Bay." In *Economic Valuation Techniques for the Environment: A Case Study Workbook*, eds. J. A. Dixon and M. M. Hufschmidt, Baltimore: Johns Hopkins University Press.

Viscusi, W. K. 1986. The Valuation of Risks to Life and Health: Guidelines for Policy Analysis. In *Benefit Assessment: The State of the Art*, eds. J. D. Bentkover, V. T. Covello, and J. Mumpower. Dordrecht, Netherlands: D. Reidel.

第7章 排出規制の効率性

　環境問題を経済性の視点から考える場合，しばしば次の問題に直面する．いま実施しようとしている環境法令あるいは開発プロジェクトは，社会の資源配分をより良いものにするだろうか？ここで資源配分と言えば，企業における生産要素の配分あるいは消費者への生産物の分配のことを指す．資源配分の向上を判断するものとしてパレート基準がある．ある要素の使用あるいは生産物の分配が，他の誰も損することなく一人またはそれ以上の人びとに改善をもたらす（と少なくとも当事者が考える）か否かを判断する．パレート基準を満たす変化をパレート改善と言う．パレート基準を満たす資源配分に改善する余地がない場合，パレート効率的であると言う．

　パレート基準はたいていの経済学者が認めている．ある人の効用が他の人の効用を犠牲にして増加するか否か，という判断を介さずに資源配分を評価できるからである．パレート改善はいかなる効用損失も，個人間比較における利得損失も含まない．

　パレート基準の実際的な意味合いは小さい．なぜならば，プロジェクトにおいて何らかの損失が少しでも生じれば，その条件を満たすことができないからである．開発プロジェクトにしても環境法令にしても，ほぼ必ず得るものと失うものがある．いずれにしてもプロジェクトや法令が前進をもたらすものかどうかは，パレート基準によっては判断できない．

7.1 潜在的パレート改善基準

　1930年代，経済学者らは社会の資源配分の改善を示すものとして補償原理を提示した．補償原理は，潜在的なパレート改善の可能性を示唆するものである．予定された開発プロジェクトあるいは環境法令により，利得がある人と損失を被る人が特定できるものとする．そしてよい結果をもたらす効果，悪い結果を

もたらす効果がそれぞれ貨幣尺度により計測できるものとする．予定されたプロジェクトあるいは法令により利得を受け取る人が損失を被る人に金銭的な付与を行うことで損失を被る人が満足できる状態になるときに，プロジェクトは潜在的にパレート改善可能という．実際には金銭上の再配分が行われるものではないことから，このような資源再配分を潜在的な改善と言う．

7.1.1 基準の不備

潜在的パレート改善は，プロジェクトあるいは法令が誰かを害するとしても社会全体的に改善されるならば好ましいという基準である．利益得失を相殺するという観点からは都合のよい基準であるが，富の配分をより良いものにするかと言えば問題があるとする批判も多い．プロジェクトにより貧しい者が犠牲になって富める者がさらに富む状況であっても，プロジェクトに高い評価を与える可能性もある．

潜在的パレート改善基準に対する批判は

1. 個々の厚生は個々の収入の変化によって適切に計ることができる．
2. ある人が得る単位的なお金は他の誰が得ても等しい．
3. 社会の厚生の変化は個々人の収入の総計の変化で計ることができる．

潜在的パレート改善は，現状の富の配分が社会的に受け入れ可能であるという前提に立っていることにも批判が出ている．

7.1.2 生産的効率性

潜在的パレート改善は，費用と利益の分配が説明できていないにしても実際に使われてきた．特に生産的効率性として知られる経済性を示す指標と結びつけての使い方が重要である．プロジェクトあるいは法令が財やサービスの価値を高めるとき，それは生産的効率性を向上させる，という言い方をする．

例を用いて生産的効率性を説明する．土地と労働力という二つの投入要素，小麦と材木という生産物から構成される経済を想定する．利用可能な土地と労働力を最大限に利用して100の小麦と材木を生産するものとする．さらに，土地と労働力をうまく使えば101の小麦と100の材木が作れるものとする．このような初期状態からの変化は生産的効率性を向上させていると言える．ある1

種類の生産量を増やしつつ他の生産量が減ることがないように変化させられる場合，経済は生産的効率性が最大化されていないと言える．

　生産の効率性はパレート効率性より狭い概念である．なぜならば，後者は生産と分配の両方において用いられるからである．生産的効率性を最大化させることは必ずしも資源配分をパレート効率的にするとは限らない．生産的に効率的である経済では，パレート基準を満たす方法で消費者に生産物を再配分する機会が残されている．パレート効率的な経済では，生産的効率性が最大化されていなければならない．あるいは，パレート基準を満たすように投入要素が利用される可能性が残されている．数学的に言えば，生産的効率性はパレート効率性の必要条件だが十分条件ではない．

　生産的効率性は，投入要素が生産させる財およびサービスの価値をさらに向上させる余地をもっているかどうかを問うものである．予定された開発プロジェクトまたは環境法令が，生産費用の増大に増して高い貨幣価値を生み出すならば生産的に効率的と言ってよいであろう．言い換えると，プロジェクトまたは法令は潜在的パレート改善基準を満足するならば生産的効率性を高める可能性があると言うことである．さらに生産的効率性への寄与を最大化させるプロジェクトは，貨幣的便益と貨幣的費用の差を最大化させるものであるとも言える．これは費用便益分析で用いられる一つの基準である．

7.2　費用便益分析

　プロジェクト（あるいはプログラム）に対する費用便益分析は，まず貨幣換算された費用と便益を用いて生産的効率性の達成を目的とする評価の手順である．意思決定に際し，プロジェクトの長所，短所を評価するような場面で，かなり広い意味で費用便益分析という言葉が用いられている．ここでは狭い意味で費用便益分析という用語を用いることとする．

　費用便益分析では，財およびサービスに対する支払意思額を便益として，機会費用を費用として計算する．投入要素と生産物の市場が存在し，市場が完全競争から離れていない場合には，費用便益分析で市場価格を用いることができる．完全競争市場では投入要素の価格は機会費用を計るものとなる．生産物の価格は消費者の支払意思額を反映したものとなる．一般に市場は完全競争の理想状態からはかけ離れている．費用と便益を計算する際には，市場に関する情

報は補正しなければ使えない．

市場が存在しない，市場価格が必ずしも投入品の費用，生産物の価値を反映していないときに，経済学者はシャドウプライスを使う（Mishan，1975）．

市場価格に代わるものとしてシャドウプライスを使う例を以下に示す．非熟練工の採用率が低い状況が常態化しているエリアで非熟練工を活用するプロジェクトを計画しており，これに対して費用便益分析を行うこととする．非熟練工の賃金は，労働者がいない状況を勘案してその機会費用より高くてよい．ここでの非熟練工の賃金は，費用便益分析では0でもよい．機会費用が0ということである．なぜならば，他に選択肢がなく非熟練工を雇うのは合理的となるからである．

予定されたプロジェクトは，大気汚染などの外部費用を生み出す結果として価格にならない損失が生じうる．シャドウプライスはこのとき，暗に損失することの価値になる．暗黙の価格を計算するには第6章で触れた手法が使える．ここではヘドニック不動産価値法が使えるだろう．

費用便益分析についてさらにくわしく触れるとすると，パラメータiとTについて述べなければならない．予定されたプロジェクトは今後毎年，$B_1, B_2, \ldots, B_T$と便益を生み出していく．ここでB_tとはt年 ($t = 1, \ldots, T$) に生じる便益を貨幣換算したものである．同様に費用$C_1, C_2, \ldots, C_T$が生じる．ここでC_tはt年に生じる費用である．

費用便益分析では，将来の費用および便益についてその現在価値を計算する．割引率iが重要である．すべての年の費用を現在価値に直してから足し，やはり現在価値に直した便益の和からこれを差し引く．その結果を純現在価値と呼び，予定されたプロジェクトの生産的効率性が示される．

7.2.1 現在価値への割引

現在価値への割引は，異なる時点の費用（または便益）を比較可能な形に置き換える作業とも言える．その手順を簡単に理解するうえで，銀行預金の利子を思い浮かべてほしい．もしPドルを銀行に預けて1年にiパーセントの利子がつくとすれば，1年後には$(1+i)P$円になる．2年後には$(1+i)^2 P$となる．このようにしてt年後には$(1+i)^t P$となる．

t年後の貨幣換算した値が$(1+i)^t P$かと問われれば，その答えはPドルで

表 **7.1** 割引率 i に応じた t 年後における1ドルの現在価値

t 年	割引率 i (%)			
	4	8	12	20
10	0.676	0.463	0.332	0.162
25	0.375	0.146	0.059	0.011
50	0.141	0.021	0.004	0.0001

ある．1年に i パーセントの利子がつくから最終的に $(1+i)^t P$ となるのであって，投資した額はあくまで P ドルである．将来の額を $(1+i)^t$ で割ることで現在額と等価になる．すなわち，t 年後の額が F であればその現在価値は次のとおりである．

$$\frac{F}{(1+i)^t} \tag{7.1}$$

毎年の便益と費用，そして割引率 i，時限 T を特定することが必要である．貨幣換算した費用と便益は第5章，第6章に述べた手順で特定すればよい．計算の対象は国家規模に及ぶこともある．合衆国の水資源プロジェクトについては，国民全員を対象として費用と便益を算定している．逆に，地方に限定して計算することのほうがむずかしい．

時限 T は，その時点の費用および便益を無視しても問題にならないほど十分な時期を設定すればよい．割引計算をふまえれば50年で十分であろう．50年先になると費用も便益もかなり小さい値となる．当然ながら，時限を変えれば費用便益分析の結果が変わる．よって時限をどのように設定したかは明示する必要がある．

7.2.2 割引率の選択

割引率の値は一般的に政策決定者が決める．割引率は時限の設定によっても変わる．割引率 i が大きいほど将来の便益および費用は小さく評価されることになる．割引率を変えた結果として，1ドルの便益あるいは費用は数年後にどのようになるかを表7.1に示す．割引率を4%から20%に増やすと，1ドルの現在価値が極端に小さくなることがわかる．また50年後ともなると，割引率次第では1ドルがたった1ペンスにも満たなくなることがわかる．

第7章 排出規制の効率性

表 7.2 仮想上のプロジェクトの純便益の現在価値に対する割引率の影響

割引率 i(%)	現在価値係数	便益の現在価値 (\$)	純便益の現在価値 (\$)
4	21.5	2150	1150
6	15.8	1580	580
8	12.2	1220	220
10	9.9	990	-10
12	8.3	830	-170
14	7.1	710	-290

このプロジェクトでは 1000 ドルの費用がかかり,50 年間にわたり毎年 100 ドルの便益が生じることを想定している.

表7.2では,割引率が低いときには長期的な資本形成につながるプロジェクトを行うのが望ましいことを示す.表では現在価値が割引率によってどのように変化するかを示している.ここでは1000ドルの費用を投じて50年にわたり毎年100ドルの便益が得られるものと想定している.計算過程において下記のパラメータ K を使う.

$$K = \frac{(1+i)^T - 1}{i(1+i)^T} \tag{7.2}$$

時限 T 年までに一定額 A の便益が得られるとして,割引率を i としたときの K をこれに掛けることで現在価値が求められる.すなわち,以下の式が成り立つ.

$$P = AK \tag{7.3}$$

表7.2の例のように,毎期の便益について現在価値を求めなければならない.表7.2の一番左の列の割引率 i を 4%(0.04) としたとき,現在価値は式 (7.1) に従って,以下のように計算される.

$$\frac{\$100}{(1.04)} + \frac{\$100}{(1.04)^2} + \cdots + \frac{\$100}{(1.04)^{50}}$$

この計算をしなくても,式 (7.2) の K を前もって計算すればよい.$i = 4\%$, $T = 50$ として,K は下記の値となる.

$$K = \frac{(1.04)^{50} - 1}{0.04(1.04)^{50}} = 21.5 \tag{7.4}$$

式 (7.3) に $K = 21.5$, $A = 100$ を代入すると,便益の現在価値は 2150 ドルとなる.

表7.2では，割引率 i を4%から14%まで2%ずつ変えたときの結果の違いを示している．純現在価値は，便益の現在価値から費用1000ドルを引くことで計算される．この仮定上のプロジェクトについては，割引率がおよそ10%未満であれば純現在価値が正となる．このように割引率 i の値はプロジェクトの適否の判断に影響を与えるものとなる．

割引率は政府が政策を決定するうえで検討課題となる．関連して，一般的に以下のようなことが議論となる．

- **資金の用立て**：世界銀行などを通じて債権を販売する，ローンを設定するなどして，プロジェクトの資金は用立てされる．割引率 i の値を設定することは，資金を借用する際の利子率を検討することに通ずる．
- **市場の利子率**：政府が税収入をプロジェクトの財源に用いる場合，プロジェクトを民間企業に委託する可能性も考えられる．その場合に，民間企業は（他の事業投資に比べて）そのプロジェクトが魅力的か否かを判断するであろう．それゆえ割引率は投資市場において間接的に競争に晒されていることとなる．このことを前提とすると，現在価値に用いられる割引率は市場の利子率と等しくあるべきことが肯定される．
- **社会的割引率**：市場の利子率は費用便益分析に用いられるものより高いと主張する経済学者もいる．一般の市場は社会目標，特に次世代に向けた目標を反映してはいないのに対して，道路整備や水資源開発等のインフラストラクチャーへの投資はより長期にわたって便益を確保し，そのためにも高額の費用をかけなければならない．表7.2にも示すように，そのようなプロジェクトは割引率が高いと実施できない．以上を背景に，割引率の値は政治プロセスを通じて決定されるものとなる．

費用便益分析において，割引率を用いること自体に経済学者の間で長年の議論がある．市場の利子率との関係が微妙なこと，インフラストラクチャーのようなものの場合，将来世代をどのように考えるかによって値の合理性が変わること，これらを理由として最終的には割引率の値の設定は政治的課題となってしまう．

7.3 排出規制の最適水準

汚濁をどれだけ除去するかについては，除去にかかわる費用と得られる便益の費用便益差を最大化するような最適除去水準というものが考えられる．この水準で汚濁除去を行うことが生産的に効率的であり，この水準を最適とすることは，多くの経済学者が一つの価値判断 (value judgment) としてきたことである．この基準では汚濁除去への対価の支払いは含まれていない．しかしこの価値判断はそれとは別の問題として，汚濁の排出と除去に関係する費用と利益が曖昧において排出規制の最適基準を決定する根拠として使われることとなる．

最適水準を決定する計算プロセスを簡単な例を用いて説明する．図 7.1 に Cedro 川の例を示す．上流にある Margarita Salt 社があり，Cedro 川の水を生産工程に使用し，使った水を排出している．結果として，塩化物濃度が 1 リットルあたり数ミリグラムほど高くなる．下流では Long Shot Brewery 社がビールを造っているが，このために塩化物を除去しなければならない．

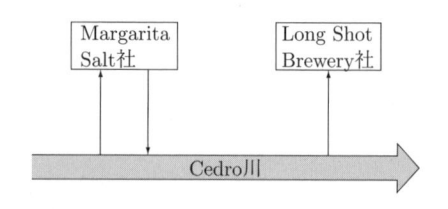

図 **7.1** Cedro 川沿いの二つの企業

7.3.1 Margarita Salt 社による塩化物削減の費用

Cedro 川の水質管理者 CRACQ(Cedro River Agency to Control Quality) は水質管理プログラムを作成した．その狙いは Margarita Salt 社に，Long Shot Brewery 社に対する塩化物処理の責任を負わせることである．両者とも CRACQ に関係し，各社がもっているデータを進んで提供していることとする．(これは仮想の事例である．) CRACQ は両社に対して調査を行う．まず Margarita Salt 社には，「塩化物を除去する場合に 25%，50%，75%，100%と除去水準を変えると，それぞれどれぐらいの費用がかかるか」と尋ねる．(なお 100%という値

表 **7.3** Margarita Salt 社の塩化物除去費用

塩化物除去率	除去費用（1000ドル）
25	164
50	808
75	2050
100	3980

は現実的ではないが，この説明においては計算の簡単化のために仮定する.）塩化物を削減する方法としては，生産工程の最後に通る管のなかで行う，あるいはリサイクル工程の追加，生産工程の変更などが考えられる．生産的な効率性を追求するならば，ここでは費用が最小化される方法を選択することが望ましい．Margarita Salt 社が負担する費用の算定結果を表 7.3 に示す．除去水準と費用の関係をグラフにすると図 7.2 のようになる．さらに数式で表現すると式 (7.4) のようになる．

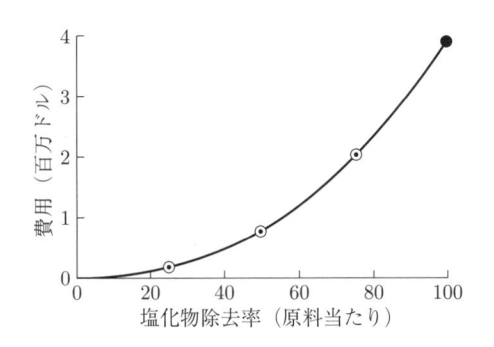

図 **7.2** Margarita Salt 社による塩化物除去費用

$$C_\mathrm{M}(R) = 100(R)^{2.3} \tag{7.4}$$

ここで $R(\%)$ は除去水準を表す．$C_\mathrm{M}(R)$ は除去水準を R%としたときの費用である．$R = 0$（いっさい除去しない状況）とは，いわば公共的な介入がない場合を意味する．

7.3.2 Cedro 川の水質と塩化物除去

CRACQ は，Margarita Salt 社による塩化物除去が Long Shot Brewery 社の取水中の濃度にどれだけの変化をもたらすかを調べる．まず最初に Cedro 川の流況の変化を調べる．流況に関する記録をもとに，Margarita Salt 社付近での流量が毎秒 1000 立方フィートであれば Margarita Salt 社と Long Shot Brewery 社の間で流量はそれほど増えないということを確認するかどうかを決める．CRACQ は水質も検査し，この条件で塩化物の濃度が Margarita Salt 社付近で 25mg/ℓ 以上あるかどうかを調べる．Margarita Salt 社の排出量は十分に無視できるほどであるが，高度に濃縮されている (100,000mg/ℓ)．

塩化物は時間とともに自然に消えていく．CRACQ は Long Shot Brewery 社付近での濃度を調べるために質量バランス分析を実施する．下流での塩化物の負荷は，上流での負荷に Margarita Salt 社からの排出分が加わっている (図 7.3)．Margarita Salt 社下流での塩化物が見つかるとすれば塩化物の濃度を計算する．Margarita Salt 社が排出量を減らさない場合の Long Shot Brewery 社付近での塩化物の濃度は次式のようにして求められる．

```
        Margarita Salt 社からの塩化物
        =1cfs×100,000mg/ℓ
                 │
                 ▼
上流の塩化物                      下流の塩化物
=1000cfs×25mg/ℓ  ──▶ ( · ) ──▶  =[(1000)(25)+(1)(100,000)]cfs·mg/ℓ
                  Margarita Salt 社排出地点
```

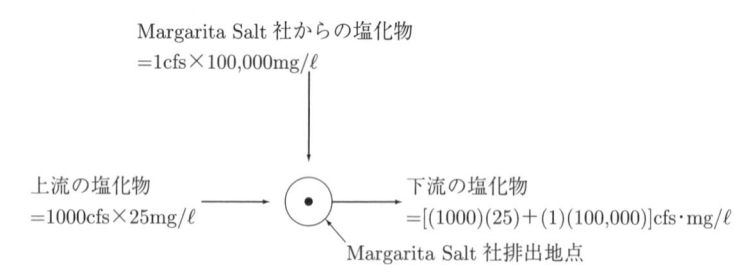

図 **7.3** Margarita Salt 社が除去しない場合の塩化物バランス

$$\frac{[(1000)(25)+(1)(100,000)]\,\text{cfs}\cdot\text{mg}/\ell}{1001\,\text{cfs}} = 125\,\text{mg}/\ell$$

CRACQ は，Margarita Salt 社の排出量と河川水中の塩化物濃度の関係式を示すことができる．塩化物の除去率を $R\%$ としたときの各段階での塩化物量は，図 7.4 に示すようにして計算される．塩化物の負荷量と下流での濃度 $[Cl]$ の関

係は次式のように示される．

$$[Cl] = \frac{[(1000)(25) + 100,000 - 1000R]\,\text{cfs} \cdot \text{mg}/\ell}{1001\,\text{cfs}}$$

上式の数値を整数に丸めて簡単にすると次のようになる．

$$[Cl] = 125 - R \tag{7.5}$$

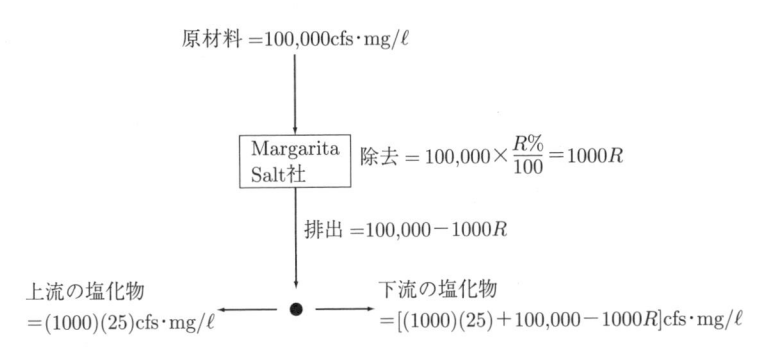

図 **7.4** Margarita Salt 社が R%除去した場合の塩化物バランス

7.3.3 Long Shot Brewery 社の水質改善費用

CRACQ は次に，Long Shot Brewery 社に対して調査を行う．Long Shot Brewery 社は取水中の塩化物濃度に応じて，水処理にどれだけの費用がかかるものかを尋ねる（表 7.4 参照）．Long Shot Brewery 社の技術者はこれを調べ，表 7.5 のような結果をまとめる．これより濃度と費用の関係式をつくり，グラフにすることができる．結果は次のとおりである．

$$C[Cl] = 100[Cl]^2 \tag{7.6}$$

ここで $C([Cl])$ は，濃度が $[Cl]$ のとき Long Shot Brewery 社で水処理にかかる費用である．さらに式 (7.5) と式 (7.6) から式 (7.7) が導かれる．

$$C_\text{L}(R) = 100(125 - R)^2 \tag{7.7}$$

表 7.4　塩化物除去と下流の塩化物濃度の関連

Margarita Salt 社付近での除去率	Margarita 社の塩化物排出量 (cfs · mg/ℓ)	Long Shot Brewery の塩化物濃度 (mg/ℓ)
0	100,000	125
25	75,000	100
50	50,000	75
75	25,000	50
100	0	25

表 7.5　Long Shot Brewery 社の水質浄化費用

取水時の塩化物濃度 (mg/ℓ)	Long Shot Brewery 社の水質浄化費用 (1000ドル)
25	63
50	250
75	563
100	1000
125	1560

ここで $C_L(R)$ は，Margarita Salt 社による塩化物の除去率が R のときの Long Shot Brewery 社の水処理費用である．CRACQ は $[Cl]$ と R の関係を図 7.5 のようなグラフにして示す．

7.3.4　支出回避の便益

社会で資源を効率よく配分しようと考える人は，CRACQ が，塩化物除去費用を便益から引いたものが最大化されるように R を決めればよいと主張するであろう．この場合，ビール工場による水処理費用の減少分が便益に相当すると考えられる．

経済便益を計算するには，Margarita Salt 社が R% だけ塩化物を除去したときに，Long Shot Brewery 社が水処理費用（という損失）をどれだけ減じることができるかを考えることとなる．もし $R = 0$% であれば損失はまったく避けることができず，便益はない．$R = 100$% であれば，回避される損失は Margarita Salt 社が塩化物除去をまったく行わない場合の Long Shot Brewery 社の水処理費用 (1,560,000ドル) と完全に除去を行った場合の水処理費用 (62,500ドル) の差で求められる．この考え方でいけば，Long Shot Brewery 社の便益は次式の

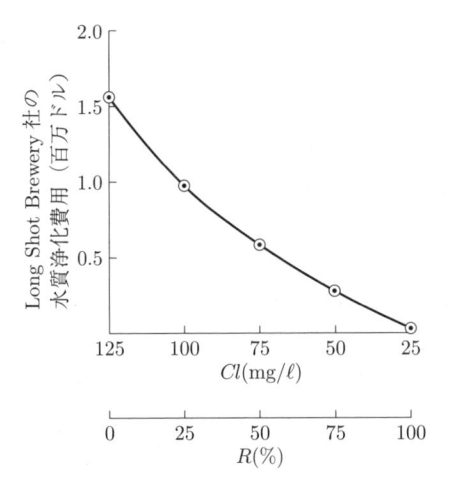

図 **7.5** Long Shot Brewery 社の水質浄化費用

$B_\mathrm{L}(R)$ で表される.

$$B_\mathrm{L}(R) = 1{,}560{,}000 - C_\mathrm{L}(R) \tag{7.8}$$

式 (7.7) と式 (7.8) から式 (7.9) が導かれる.

$$B_\mathrm{L}(R) = 1{,}560{,}000 - 100(125 - R)^2 \tag{7.9}$$

　表 7.6 に除去率 R による便益値の変化を示す.以上を通じて,CRACQ は本件に関するすべての情報を得たこととなり,前述のように便益を最大化するような R を決定すればよい.表 7.7 には R を変えたときの Long Shot Brewery 社の便益,Margarita Salt 社の費用,両者から求められる純便益の変化を示す.

　表 7.7 から便益が最大となるのは R が 30%のときであることがわかる.これは費用と便益の変化を示すグラフ(図 7.6)からも確認することができる.除去率 30%と言えば取水中 95mg/ℓ の除去に相当する.

　図 7.7 は,R を変えたときの便益と費用の変化分を表している.便益の変化分と費用の変化分が同じになるところで純便益が最大化されている.R が 30%未満のときは純便益を増やすことができる.費用の変化分が便益の変化分より小さいからである.除去率を高めていくと純便益は減少することとなる.

第7章 排出規制の効率性

表 **7.6** Long Shot Brewery 社における便益の算定

Margarita Salt 社による塩化物除去比率	Margarita Salt 社が除去を行わない場合の Long Shot Brewery 社の費用負担	Margarita Salt 社が $R\%$ 除去した場合の Long Shot Brewery 社の費用負担	Long Shot Brewery 社の費用負担回避の便益
0	1560	1560	0
25	1560	1000	560
50	1560	563	997
75	1560	250	1310
100	1560	63	1500

表 **7.7** Long Shot Brewery 社と Margarita Salt 社の費用負担

Margarita Salt 社による塩化物除去比率	Long Shot Brewery 社の便益	Margarita Salt 社の総費用	総便益 − 総費用
0	0	0	0
10	240	20	220
20	460	98	362
30	657	250	407
40	838	484	354
50	997	808	189
60	1140	1250	−90
70	1200	1750	−990
80	1360	2380	−1020
90	1440	3120	−1680
100	1500	3980	−2480

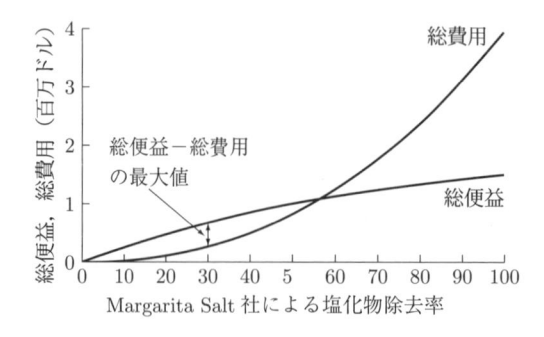

図 **7.6** 総便益と総費用

7.3 排出規制の最適水準   169

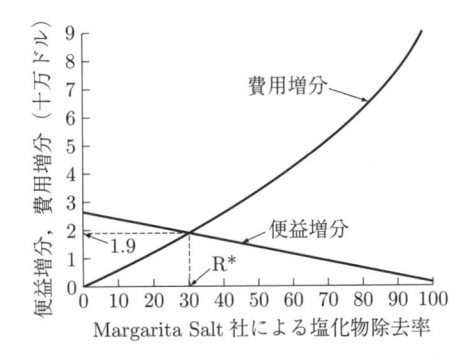

図 7.7 便益増分と費用増分

表 7.8 塩化物除去と水質浄化の費用

Margarita Salt 社の塩化物除去比率	Margarita Salt 社の塩化物除去費用	Long Shot Brewery 社の水質浄化費用	塩化物除去と水質浄化の費用
0	0	1560	1560
10	20	1320	1340
20	98	1100	1200
30	250	903	1150
40	484	723	1210
50	808	563	1370

7.3.5 Margarita Salt 社の総費用最小化

本事例では汚濁処理の便益が Margarita Salt 社の生産的効率性の観点から最適な塩化物除去処理水準によって表現された．以上の話から，仮に一つの企業が Long Shot Brewery 社と Margarita Salt 社を所有している場合には，それぞれがどのように行動するかは容易に想像がつく．

総量を最小化するように塩化物の除去率を決定したい場合は表 7.8 に従えばよい．式 (7.4) より，R の値に対応した Margarita Salt 社の除去費用が求められる．同様に，Long Shot Brewery 社の水処理費用も式 (7.7) より求められる．表 7.8 の最右列から，塩化物除去費用と水処理費用が最小化されるのは R が 30%のときである．これは純便益を最大化させる R と同じである．

7.3.6 Cedro川の例に見る現実との差違

　Cedro川の事例では，費用便益分析が環境質マネジメントに使用されていると言える．しかしこの手順で，実際に排水基準を決定しているとは言えない．本例では1種類の汚濁物質（塩化物）しかないが，実際は複数種類の汚濁物質があると言ってよい．またCedro川の事例では汚染源が1箇所しかない．これもまた複数箇所あるほうが現実的である．

　現実の問題というのは，下流の水質汚濁がMargarita Salt社の排出のみによる，というほど単純なものではない．塩化物が安定的に存在する，排出量が一定であるなどの単純化も行っていた．多くの汚濁物質は塩化物ほど単純な挙動を示さない．時間の経過とともに物理的，化学的，あるいは生物学的な変化が生じる．こういった複雑な要因があいまって予測をむずかしくする．さまざまな排出が行われている実際においては，以上に述べてきたような調査業務はとても面倒なものとなる．

　本事例ではまた，汚濁除去の便益を推定する手順についても単純化していた．実際には，下流で行われる水処理の費用というもの以上の複雑さがある．人体被害の軽減など定量化は容易ではない．汚濁除去の効果の多くについては貨幣価値で評価することがむずかしい．しかし，そのような推定を行わないかぎり最適水準を決めることができない．

　Cedro川の事例についてはたくさんの単純化を行っているが，それでもいくつかの目的をはたしている．一つには環境質に関する議論の論点を示している．また，どのような環境マネジメントプログラムであれ，費用や便益の算定に際して何某かの単純化が行われることを示唆している．

　Cedro川の事例により，生産的効率性という基準の一つの限界が理解される．完璧な費用便益分析が行われたとしても，取り扱われていない要因も勘案して計算結果を考察しなければならない．政策決定者はさらに，費用と便益が公平に配分されているかも注意する必要がある．権利に関する議論に通じている．Cedro川の例をもとに，権利と公平性に関する問題を考えてみることとする．

- Margarita Salt社の排水はビール会社がきれいな水を使う権利を侵害しているか？
- Margarita Salt社が損失を生み出すことが法的に認められるべきか？

- 損失が生じた場合，Margarita Salt 社が Long Shot Brewery 社に賠償することで解決するか？
- Margarita Salt 社に塩化物除去あるいは下流での損失の対価を払うよう命じることで解決するか？また，それは当社が望むところか？
- Margarita Salt 社に工場閉鎖を強いて大量解雇が生じてもよいか？

生産的効率性という視点だけでは解決できないこれらの重要な問題がある．

7.4 排出規制にかかわる公共介入の必要性

環境汚染に対して公共はどこまで干渉するべきか？この問題への解答を得るために，Cedro 川の事例で CRACQ がまったく関知しないとした場合の Margarita Salt 社の行動を想像してみよう．Margarita Salt 社は目一杯の塩化物を排出するであろう．製塩会社としては，負担なしで Cedro 川が塩化物を処理してくれると考える．仮に独自で塩化物を処理しようとすれば，どんな少量であれ会社として支出が生じる一方，得るものは何もない．下流で何らかの費用が生じても，Margarita Salt 社にその負担を強いるものはない．

製塩会社が道徳心以外の観点から塩化物を少しでも減少させようとするだろうか．実際問題として，Margarita Salt 社の倫理性に頼ることはできない．Baumol and Oates(1979) は，企業が自発的に環境負荷を除去している活動事例を集め，これを証拠としてそのように主張する．道徳に訴える勧告は自発的行動を促す上で効果的であるが，緊急かつ深刻な事態に限定されることが確認された．たとえば，強い煤煙が発生しているような状況である．緊急な事態では，逆に自発的行動に解決を求めるしかない．Baumol and Oates の結論からは，一般には自発的に排出が抑制されることはほとんどないということになる．

Margarita Salt 社の事例についても，道徳に訴えるより金銭的解決のほうが効果を期待できるであろう．表 7.7 に示された便益と費用は，公共による仲裁なしで支払いが実行されうるものである．除去率を 0%から 10%に変更したときの塩化物の除去費用と水処理費用の節約額について見てみよう．表によれば，Margarita Salt 社の除去費用は 2 万ドルである．10%にしたとき，Long Shot Brewery 社は 24 万ドル節約できる．これらより Margarita Salt 社が除去率を 10%に上げ，費用の増額分またはそれ以上を Long Shot Brewery 社から受け取

るとする話し合いは合意に至る可能性がある．このようにして考えると，Long Shot Brewery 社は除去率を 30%に上げるまで Margarita Salt 社にお金を払う動機をもっていることになる．なお 30%を超えるのであれば，自ら水処理を行ったほうが効率的である．

ノーベル経済学賞受賞者 Ronald Coase の定理 (Coase theorem) は，前述のような交渉が効果的な状況に至りうることを示唆した．汚染規制の文脈で言えば，交渉自体に費用がかからず，かつ汚す権利（あるいは汚れていない環境を使う権利）が明確に定義されているかぎり，資源配分は生産的に効率的にすることが可能である．しかしながら Cedro 川の事例では，Coase の定理が成立する要件を満たしていない．

一つの条件は，合意に至るプロセスに費用がかからないことである．Long Shot Brewery 社と Margarita Salt 社の間ではさまざまな調整費用が必要となるはずである．たとえば，どのような交換条件が双方に有利となるか情報を得なければならない．交渉にも合意を結ぶにも費用はかかる．交渉過程は複雑かつ長引きやすいものである．互いに相手がどれだけの費用をかけているかが読めない，あるいは駆け引きの戦術に出ることもある．

第2の問題は，企業間の合意は法的な曖昧さをともなうということである．Margarita Salt 社は塩化物を排出する権利を法的に認められているか？ あるいは水質を管理する法律がなければ排出が生じるか？ Long Shot Brewery 社はと言えば，Margarita Salt 社が排出する塩化物が含まれない水を使う法的権利があるか？ Margarita Salt 社が塩化物を排出する権利を法的に認められていないならば，Long Shot Brewery 社は塩化物除去にお金を払おうとはしないだろう．このようにして，法的権利の内容が曖昧であるかぎり，2社間でどのような交渉が行われるかはわからない．

Coase(1960) は，調整費用の存在と，法的権利の不備が双方に有利な交換を実現困難にする障害となりうることをうまく示して見せた．企業間での私的な同意を期待する以前に，公共が，環境が提供するサービスに対する法的権利の内容を明確にしなければならない．ただし，権利の内容を明確にしても高い調整費用が条件の成立を妨げる．地域全体に健康被害をもたらしうる硫黄酸化物を発電所が発生させる状況での，合意に至ることにかかわる費用を考えてみよう．多くの人びとが影響を被るとき，発電所がもたらす便益よりはるかに大き

な費用が交渉にかかってしまうことが予想できる．

7.5 公共介入の形態

　これまでの議論で公共による介入がない場合，企業が独自に除去するのが合理的と判断できる状態を超えると，汚濁除去はむずかしくなることが示された．政府が環境マネジメントにおいてとるべき三つの戦略は (1) 排出規制等の法令，(2) 徴税や使用料徴収における経済的インセンティブの付与，(3) 汚染する権利の市場化である．Cedro 川の事例でこれらを説明する．

　(1) について言えば，CRACQ が Margarita Salt 社に生産的・効率的なレベルまで排出を規制する法令を公布することがその一つである．図 7.6 を用いて説明したように，純便益を最大化するような塩化物濃度は $95\text{mg}/\ell$ で，これは除去率を 30% とすることで実現できる．CRACQ は Margarita Salt 社から生じる塩化物負荷について，70%以上をそのまま排出しないように要件を定めればよい．もしも要件を満たさない場合には罰金を徴収することが考えられる．

　(2) については，排出量に応じた課金を設定することが考えられる．CRACQ は，Margarita Salt 社による塩化物の排出量について基準を設けていない．排出量 1 ポンド当たり Z ドルを課金するとする．Margarita Salt 社は支出と課金のバランスを見て判断するであろう．Z が除去費用の変化分より小さいようであれば，Margarita Salt 社は除去することの経済的インセンティブをもたないことになる．逆に Z が大きくなれば，塩化物の排出を減らそうとするだろう．Margarita Salt 社の判断基準がわかれば，CRACQ は Z の値を決めることで Margarita Salt 社の排出量を操作することが可能となる．

　経済的インセンティブにかかわる戦略として，交換可能な汚染権を挙げることができる．CRACQ はまず，塩化物に関する水質基準を定める．質量バランス分析により，水中の塩化物の総量が基準に適合していることを確認する．ここで水質基準を一日当たり Y ポンドとする．次に CRACQ は，水質基準を満たす範囲内で Cedro 川への塩化物の排出許可を与える．CRACQ は最初にすべての権利を Margarita Salt 社に与えると想定する．この初期状態から権利の売買が行われる．そうすると Margarita Salt 社は権利の一部を Long Shot Brewery 社に売却するかもしれない．表 7.7 を見ればわかるように，ビール会社は塩化物が削減されれば水処理にかかわる費用を低減させることができる．このよう

にして，ビール会社は製塩会社から権利を購入するインセンティブをもつ．

　Margarita Salt 社が流域に立地しようとする他の会社に汚染権を売却する可能性もある．このような売買システムは，実際に排出地点と濃度の関係が明確である場合に利用できる．自然環境がもつ自浄能力を踏まえ，環境質を満たす行動を喚起するという基本的な考え方は変えずして，現実問題に応じて修正を施すことが可能である．

参考文献

Baumol, W. J., and W. E. Oates. 1979. *Economics, Environmental Policy and the Quality of Life.* Englewood Cliffs, NJ: Prentice-Hall.

Coase, R. H. 1960. The Problem of Social Cost. *Journal of Law and Economics* 3: 1-44.

Mishan, E. J. 1975. *Cost-Benefit Analysis: An Informal Introduction.* London: George Allen & Unwin Ltd.

第8章 指令と統制による環境マネジメント

排出基準 (discharge standards) やその他の法令を説明する際に「指令 (command)」「統制 (control)」という言葉が用いられる．環境質にかかわる目標に到達するために，経済活動などに制限を加えることを指す．環境法令（指令）は排出者に環境目標にかなうような行動をとることを求める．統制を行う官庁は，企業等が要件を満たしているかを監視し，満たしていれば報酬を与え，反していれば制裁を課す．

本章では，最初にさまざまな指令や統制に基づく政策プログラムを紹介する．以降の中心的な話題は，そのようなプログラムの設計についてである．排出者にどれぐらいの削減量を求めればよいか？ 仮想例を題材に本問題に対する分析的枠組みを示すとともに，Delaware 川河口部の実例を通じて分析の流れを説明する．

8.1 環境要件の種類

法令プログラムはさまざまであるが，共通する要素がある．表 8.1 に示す法律 (statute)，行政命令 (administrative order) は，指令と統制の視点から見た一部の要素である．環境省庁の業務は選択可能な政策指針や科学情報に基づいている．

8.1.1 環境基準

環境基準はわれわれがいる大気圏や水圏の質に関する目標である．一般的に基準は定量的であり，濃度（すなわち単位容量当たりの汚染物質量）を用いて示される．表 8.2 の環境基準には，環境保護庁が大気改善法に基づいて定めた国家基準 (NAAQS) も含まれている．表中の基準は健康被害を考慮したものとなっている．基準を満たすのにかかる費用はともかくとして，人的影響を考慮

表 8.1　環境保全のための一般的な手段

包括的基準
排出基準
科学技術に基づいた排出基準
生産基準
科学技術適用基準
技術基準
生産規制
情報収集と情報開示

表 8.2　合衆国における大気汚染規制基準

汚染物質		許容限度
一酸化炭素	8 時間平均	: $10\,\mathrm{mg/m^3}$
	1 時間平均	: $40\,\mathrm{mg/m^3}$
鉛	3 ヶ月平均	: $1.5\,\mu\mathrm{g/m^3}$
二酸化炭素	年間平均	: $100\,\mu\mathrm{g/m^3}$
オゾン	1 時間平均	: $235\,\mu\mathrm{g/m^3}$
汚染微粒子	1 年平均	: $80\,\mu\mathrm{g/m^3}$
	1 日平均	: $365\,\mu\mathrm{g/m^3}$

出典：合衆国環境保護庁

すべきとして議会が環境保護庁に要求したものである．硫黄酸化物に関する基準の場合，年間平均値を 1 立方メートル当たり二酸化硫黄 80 マイクログラムとしている．これは 365 マイクログラムとする 24 時間当たりの排出基準より緩い．合衆国では全国で共通の基準を用いているが，中国のように地域によって基準が異なる場合もある．

　環境基準は環境の利用あるいは悪影響の防止を意図して設けられるものである．法律立案者は環境利用を制限する可能性などを考慮して基準を設定する．環境保護庁などの法律立案プロセスでは基準設定に際し，委員会への出席などを通じて市民や運動団体に意見を求める．新たに科学的事実が判明したときなどは基準の再設定を行うこともある．

　環境関連省庁は基準を守らない排出者に対して罰則を設ける場合もある．1960 年代，ニュージャージー州 Raritan 湾で公衆衛生局が大腸菌の汚染源を特定し，排出責任を問おうとしたのに先駆け，大腸菌の基準が設けられた．公衆衛生局は伝染病の蔓延につながると判断し，決定的な行動をとった．

8.1.2 排出規制基準

環境基準は個々の企業などの汚染物質の排出に対して規制を与える．排出基準は水質の場合は排水基準 (effluent standard)，大気質の場合は放出基準 (emission standard) と呼ばれる．排出基準に反した場合，省庁は企業に対して強制対応，具体的には罰金，業務停止命令，排除命令を出すことがある．

排出基準を設定している省庁は，環境基準との兼ね合いから次のような問題に直面する．排出基準が満たされるようになったとき，どれだけ環境基準を緩和してよいか．その答えが明らかでないときは数理的関係（モデル）を考察し，推定する必要がある．たとえば，水中の塩化物について数理的な関係は明らかとなっている．

数理モデルがあって，排出による水質（あるいは大気質）への影響がどれだけあるかが予測できるとしても，排出基準を求めるためにモデルを使うことに問題がないわけではない．モデル予測には改善の余地がある．排出者からモデルが間違っているという批判がよく出てくる．排出者と省庁は法廷内外で議論を戦わせることになるが，結果的にモデルの有効性はかなり時間をかけて明るみになる．

数理モデルへの抵抗感はほかにもある．排出者は不公平と言い出すかもしれない．汚染が複数の汚染源に依っている可能性もある．排出者によって排除命令の度合いが異なる場合もある．そのような場合に合理的な排出基準を設けることができるのか．モデルに基づく結論に対し，公平性がしばしば問題となる．

排出基準は環境基準の代わりになるものではない．排出基準と環境基準を使うことの意味は，環境質が社会の成長によってどのように変化するかを考えればわかる．環境基準の代わりに排出基準が設けられている場合，経済成長や人口増大にともない，何が生じるか．既存の排出源に新たな排出者が加わった場合，環境基準は緩和しなければならない．既存の排出源は安全側に立ってしばしば厳しめに排出基準が設定される．このとき新たな排出者は基準に反する可能性が高くなる．

社会の成長に対応させるために，新たな排出者は既存の排出者と別に扱うことも考えられる．新たな排出者には厳しい基準を課すのである．これ以上環境悪化が進むことはないと言える場合には，既存の排出者が削減しなければなら

ない分を新たな排出者が排出を抑制すればよい．

8.1.3 技術に立脚した排出基準

ある汚染源で排出量を減らすとどれだけ環境質が改善できるかを考えなくても排出基準を決めることは可能である．環境基準に頼るよりも排出基準を技術的にしっかりしたものにすればよい．技術に立脚して排出基準を決めることで，削減に応じてどれだけ金がかかるかを考えなければならない．政府はしばしば汚染を減じるための最良の技術を求めなければならない．しかし，そのような技術は非常にコストがかかる．

技術に立脚した排出基準は，たとえば合衆国の水質に関する規制法で使われている．1972年の連邦水質汚濁制御法（FWPC法）改訂案では，環境基準に対応した排水基準が作られた．この改訂案では，すべての明白な汚染源で排水基準は環境保護庁の要件を技術的に満たすこととしている．

技術に基づいて排水を制限するものとして，実行可能な最善の技術(BPT:best practicable control technology) という考え方を紹介する．環境保護庁の排水ガイドラインによって定められている．排出者が申し出ることで，BPT を定めたガイドラインによって排水制限を定める．許可を得るまで BPT が実際に水質基準を満たすかどうか検証をつづける．実行可能であれば定量的なモデリング手法を用いた検証を行う．BPT の要件が不十分な場合には，許可の条件をより厳しいものにする．

多くの業界で BPT を定めた排水制限のガイドラインが発行されている．業界内でもさらに生産プロセス，排水の諸特性，施設の経年などによってガイドラインは細分化されている．たとえばパルプ・製紙産業の排水ガイドラインでは，設備や硫化過程の違いによって細分化されている．どの分野でも汚染物質の濃度を用いて BPT の排水制限量を定めている．

表 8.3 に金属加工業の BPT 要件の一例を示す．金属加工では電気メッキ，エッチング，基盤印刷などが行われる．表 8.3 に示すように，諸金属の排出に関する制限がある．BPT では油，グリース，懸濁物質，pH，有害な有機化合物についても排出基準を定めている．申請者が，特定の工場が BPT を満たしていないことを示した場合には，環境保護庁は BPT を改訂することを認める．

表 8.4 に合衆国での排水許可基準を示す．どの排水許可基準でも，濃度と時間

表 8.3　金属加工業における BPT の排出制限量

汚染物質	日最大排出量 (mg/ℓ)	月平均日排出量 (mg/ℓ)
カドミウム	0.69	0.26
クロム	2.77	1.71
銅	3.38	2.07
鉛	0.69	0.43
ニッケル	3.98	2.38
銀	0.43	0.24
亜鉛	2.61	1.48
シアン化物	1.20	0.65

出典：連邦法令集，Title40，Part433，Section433.13，1995.7.1 より

表 8.4　排出許容基準の種類

許容基準	%
濃度	100
流入時含有量	36
排出時含有量	50
時間当たり含有量	
1分	4
1時間	9
1日	59
1週間	14
1ヶ月	27
1年	7

出典：Russell, Harrington, and Vaughan, p.19, 1986.

当たり汚濁負荷量の両方を取り上げている．時間当たり許容量は，ものによって対象時間が違っている．半分以上は1日当たりとしている．また表8.4では，多くの許容基準が流入時と流出時の含有量により基準を定めていることがわかる．

数量的な制限は利用可能な技術に基づいて定められているが，排出者がどのようにして排出削減を試みるかは自由としている．実行基準 (performance standard) とは，排出者がこの自由を選択する場合に使うものである．実行基準を選ぶと費用対効果が最良な方法を選べるので排出者にメリットがある．排水処理は基本的に金がかかる．汚染回避 (pollution prevention) の方法はリサイクルや再利用のように比較的安く排出削減を達成できる．たとえば電気メッキ工場では，加工後にクロミウムを除去する方法よりも安くてクロミウムの排出が少ない生産方法を探せるかもしれない．

BPTを使うやり方は，官庁や関係機関に多大な労力が必要になるがメリットも大きい．BPTの要件を満たすためにどれだけ排出量を削減するべきかという予想は必ずしも必要ない．予測に用いる科学的知見が十分でなくてもBPTを定めるガイドラインがあればよい．

技術に立脚した排出基準には次のような問題点がある．基準を厳格にすると生産的効率性が低下する．技術に立脚した基準は，排出場所や排出削減費用を特定せず，あらゆる汚染源を対象に一律の制限を課すからである．たとえば表8.3に示す金属加工業におけるBPT制限では，小規模工場が高額の費用をかけて大規模工場と同等の水準まで排出物を削減しなければならない．この場合，産業全体の費用は工場の位置や削減レベルに応じて規制する場合よりも高くなる．

8.1.4 技術的要請に基づく排出基準

1970年代の自動車排出ガスに関する規制をケースとして取り上げよう．当時の排出基準は環境質に言及していなかった．排出基準は技術的にどれだけ可能か，どうやって自動車産業で生じる費用を吸収させるかを議会が検討した．技術開発を求めるのではなく，現状の技術が要請する基準(technology-forcing standard)と言える．議会は，相応の費用をかけて排出基準を強化することには価値があると判断し，多くの人が努力を試みた．自動車産業と監督官庁の板挟みにあって議会は批判の矢面に立たされた．

1970年の大気改善法で課せられた排出削減を例に政策実施上の課題を取り上げる．大気改善法では，炭化水素を現状比90%まで，一酸化炭素を1975年型の基準まで，窒素酸化物を1976年型で現状比90%まで削減するよう命じた．当時では実行できない目標であった．議会は自動車会社に排出規制の研究を加速するよう促した．1970年の法令では，環境保護庁が1年ぐらい延期してもよいようにしていた．これを一大事とする主要メーカーは本法令を回避したいと考えて「11時間をかけての協定」が結ばれ，また政府とメーカーの技術的専門家の間で，どれぐらいの水準であれば実現可能か，際限のない議論がつづけられた．

炭化水素等の90%削減は，1980年代前半まで達成できなかった．議会は，これからの新車に本法令を適用させることとして，すでに使われている車には適用しなかった．

1970年の大気改善法に定める排出基準は，合衆国の自動車産業に排出改善技

術の進展を促した．排出削減を行うとそれ以降さらに厳しい基準が制定されるかもしれないのに，メーカーはなぜ排出量を要求基準以上に削減しようとするのか．自動車の排出基準は，基本的に排出努力にかかわる費用よりも技術力に基づいて決まる．自動車産業は最初から排出規制の研究を熱心に行うとは限らないと言われる．議会のロビー活動や法廷において，排出基準を緩和させる，決定を延期させる機会はたくさんある．

1970年の大気改善法において現状の技術が要請した基準は，米国の自動車業界の調査研究を正しくない方向に向けさせたという批判がある．1970年代前半，自動車メーカーは自動車排出量を抑えられるかもしれないがリスクの高い研究を行っていた．米国のメーカーは，高い確率で排出基準に適合させられるであろう触媒コンバータ技術を開発することにしていた．Mills and While(1978)は，触媒コンバータ技術は他のリスクの大きい技術より劣っていたと指摘する．海外の自動車メーカーも代替的な技術を開発しようとして，実際に合衆国の排出基準に適合し，かつ低コストなものを作り上げた．Garwin (1978) によれば，アメリカの圧力団体は海外メーカーの技術力を過小評価していたと言う．このことが海外メーカーにとっては，大気改善法が1976年までに要求した排出基準を満たそうと努力するモチベーションになったのである．

8.1.5 要件に関する他の形態

指令・統制のスキームとして環境基準，排出基準のほかに，特定の技術やマネジメント行動に関する要件というものもある．指令と統制には製造中止や情報公開を規定するものもある．

技術を規定する基準 (technology standard) は，技術に立脚した基準に通ずる面もあるが，排出管理のプロセスや装置を規定するなど，負担の重いものである．技術基準の好ましい点はモニタリングが簡単なことである．官公庁側は，装置やプロセスがきちんと使われることさえ規定すればよい．技術基準の好ましくない点は，(1) 排出者の意思決定に自由度がないこと，(2) 費用がかからない方法があるかもしれないことである．さらに言えば，排出者が代替技術を探そうというインセンティブがもてない．

排出処理技術や実行レベルについて要求を課す代わりに，排出処理の行動を規定するような基準を設けることも考えられる．たとえば環境保護庁は，優れ

たマネジメント実施 (best management practice) に関する基準を定めて，面源負荷に起因する水質汚濁の削減を試みている．農薬が使われている農場は面源負荷の一例である．大雨や灌漑用水により流れ出し，地下水などに広まる．実施基準は面源負荷に対して規制をかける形となっている．

製造中止も一つの規制である．安全性を満たしていない農薬の事例を取り上げる．環境保護庁には農薬の使用許可に関する責任がある．免許の更新時あるいは検査時に製造中止を命じる場合がある．国際的なフロン製造の禁止措置もこの一例である．

1970年以来，情報公開が強く求められるようになった．市民が知る権利に関する法律 (the Community Right-to-Know Act) も情報公開の動きの一つである．この法の下で，危険物質を扱う企業は管理している物質のリストの公開を求められたり，地方自治体は業務報告を公表させられている．地域の産業にどんな危険物質があるかを市民が知るようになった．環境保護庁はまた，国家レベルでデータベース Toxic Release Inventory (TRI) をつくり，企業で使ったり保管されている危険物質の種類，量，所在地に関する情報を公開している．以来，市民が企業に対して危険物質の使い方や削減に関して要求を出すようになった．

8.2　廃棄負荷配分問題

環境質を管理するうえで，指令と統制を体系的にデザインする際に必ず起きる問題がある．大気質に関するゴールをめざすために，どのようにして異なる汚染源に共通する基準を課すか．これは廃棄負荷配分問題として，環境が汚染をどれだけ吸収するかも含めた大きな問題である．以下に具体例を用いて説明する．大気質についても同様の問題がある．

流域に三つの汚染源を有する仮想的な河川を想定する．汚染源それぞれの排出基準は BOD（Biochemical Oxygen Demand，生物化学的酸素要求量）で，流水の環境基準は DO（Dissolved Oxygen，溶存酸素）で評価する．BOD 値が高いときは，微生物が汚濁を分解する際に消費される酸素量がそれだけ必要ということである．BOD が高くなれば酸素はそれだけ消費され，下流の DO は低下する．DO が $6mg/\ell$ を下回ると魚は生きていけなくなる．DO の濃度は重要である．0になると，微生物の分解過程で悪臭が発生するようになる．

BODの増加にともなってDOがどれだけ低下するかを予想するために標準的なモデルを使う．排水基準から環境基準を求めるうえでパラメータを使う．ここでは簡単のため，二つのパラメータで説明がつくものとする．実際に水質を評価するときは，濁度やバクテリア数なども考慮する．

水流のDOを$6\mathrm{mg}/\ell$とする．また上流の排水がなければ，本来は$7\mathrm{mg}/\ell$あるものとする．この差$1\mathrm{mg}/\ell$は流水にとって吸収可能な量と言える．

図8.1に示すように，三つの汚染源をそれぞれ1, 2, 3と名づける．1と2は向かい合い，3は下流にある．3の下流に地点αがある．地点αは，釣り場にもなっており，DOは$6\mathrm{mg}/\ell$である．実際には複数地点で環境基準が計測されるべきだが，ここでは簡単のため地点αでのみとする．各汚染源で汚濁した原液そのもののBOD値が計測されるものとする．1日1ポンド当たり単位で計測する．汚染源1の原液は100単位なので1日100,000ポンド当たりとなる．

費用$_1 = 1000X_1^{1.9}$
負荷$_1 = 100$
発生源1
削減$_1 = 100(X_1/100)$
処理$_1 = 100[1-(X_1/100)]$

費用$_3 = 1000X_3^{1.5}$
負荷$_3 = 500$
発生源3
削減$_3 = 500(X_3/100)$
処理$_3 = 500[1-(X_3/100)]$

処理$_2 = 1000[1-(X_2/100)]$
発生源2
削減$_2 = 1000(X_2/100)$
負荷$_2 = 1000$
費用$_2 = 1000X_2^{1.2}$

DO標準値を示す地点α

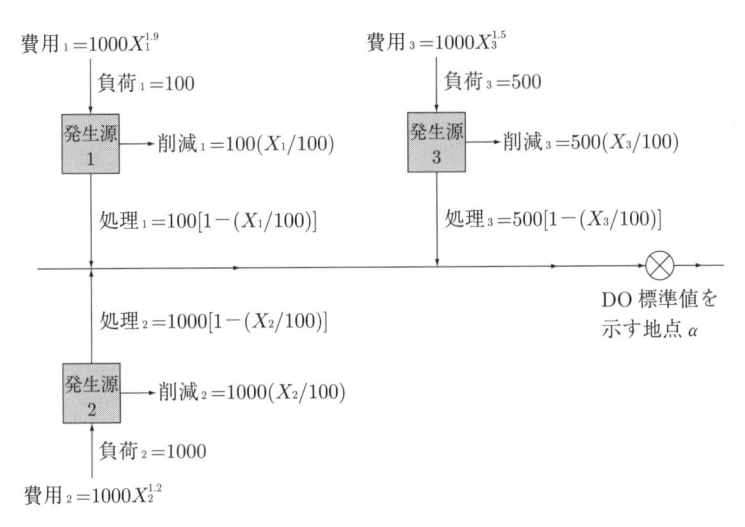

図 8.1 三つの汚染物質例

注：排出量，減少量，除去量は1日1ポンド当たりのBODで表す．

地点αでDOを$1\mathrm{mg}/\ell$低下させるために，三つの汚染源で排出量を減らすこととする．さまざまな方法が考えられるが，ここでは排水を処理する形とする．

BOD値を低下させるために，汚染源1, 2, 3の処理レベルを定める．たとえ

ば汚染源 1 で $X_1/100$ 単位を削減することで河川には $100[1-(X_1/100)]$ 単位が流れ込む．ここで X_1 とは汚染源 1 の DO の大きさである．汚染源 1, 2, 3 とも等しくなるようにする．

8.2.1 排水処理費用

図 8.1 では排水処理費用も示している．たとえば，汚染源 1 で X_1% の BOD 負荷を減らすのには $1000X_1^{1.9}$ の費用がかかる．費用は建設費と除去設備の運転費を合計したものの現在価値である．

下流域で DO を X_1% にする費用 $C_T(X_1, X_2, X_3)$ は次のように表される．

$$C_T(X_1, X_2, X_3) = 1000X_1^{1.9} + 10000X_2^{1.2} + 5000X_3^{1.5} \tag{8.1}$$

各項はいわゆる処理費用とは異なる．実際の費用は，削減率が 100 に近づくにつれ増大していくものである．このような増加傾向は汚染源 1 と 3 で顕著になっている．汚染源 2 でも増大していく．汚染源 1 では排出量が小さいものの，削減に高額の費用が必要となっている．分析結果が明白になるように，以上のような想定を置くこととする．

8.2.2 排水処理効果

さらに 6mg/ℓ という環境基準を満たすような排水基準を決めるために，もう一つ情報が必要である．BOD は下流の DO を下げる．この効果を定量的に表現する．本分析では水流について定常状態を想定する．このような状況で排水量と下流の DO の間に線形関係を想定する．BOD による地点 α の DO の増加量 ΔDO は次のように計算される．

$$\Delta\text{DO} = \phi_{1\alpha}\left[100\left(1-\frac{X_1}{100}\right)\right] + \phi_{2\alpha}\left[1000\left(1-\frac{X_2}{100}\right)\right] + \phi_{3\alpha}\left[500\left(1-\frac{X_3}{100}\right)\right] \tag{8.2}$$

$\phi_{i\alpha}$ を交換係数と呼ぶこととする．これは汚染源 i の BOD の増加による地点 α での DO の減少量を推定した値である．単位は 1 日 1 ポンド当たり BOD に対する DO mg/ℓ で表される．この例では $\phi_{1\alpha} = \phi_{2\alpha} = 0.002$，$\phi_{3\alpha} = 0.003$ とする．汚染源 1 と 2 で等しいのは同じ位置にあるからである．$\phi_{3\alpha}$ の値は，汚染源 3 が地点 α に近いことから汚染源 1, 2 より大きい．DO と汚染源からの

距離の関係を考察すると，流水中で DO は自然に増大する．

排水処理がされないときの地点 α での DO を確かめる．これは式 (8.2) で $X_1 = X_2 = X_3 = 0$ として求められる．具体的には以下のとおりである．

$$\Delta \mathrm{DO} = (0.002)(100) + (0.002)(1000) + (0.003)(500) = 3.7$$

汚染源それぞれから排出されるとき，排出物がない場合の $7\mathrm{mg}/\ell$ から流水中で $3.7\mathrm{mg}/\ell$ だけ低下して，地点 α で $3.3\mathrm{mg}/\ell$ になる．この値は水質基準 $6\mathrm{mg}/\ell$ を下回っている．

各汚染源で排水中の DO が $1\mathrm{mg}/\ell$ に制限されて減った場合，水質基準 $6\mathrm{mg}/\ell$ は満たされる．X_1, X_2, X_3 を以下の式に基づいて求めると，DO の減少量は限られることになる．

$$\phi_{1\alpha} \left[100 \left(1 - \frac{X_1}{100} \right) \right] + \phi_{2\alpha} \left[1000 \left(1 - \frac{X_2}{100} \right) \right] + \phi_{3\alpha} \left[500 \left(1 - \frac{X_3}{100} \right) \right] = 1.0 \tag{8.3}$$

式 (8.2) の結果を $1\mathrm{mg}/\ell$ として式 (8.3) から $\Delta\mathrm{DO}$ が導かれる．交換係数に適当な値を与えて引いた後，式 (8.3) は次のように書き換えられる．

$$0.2X_1 + 2X_2 + 1.5X_3 = 270 \tag{8.4}$$

式 (8.4) を満たす X_1, X_2, X_3 の組合せから，$6\mathrm{mg}/\ell$ という環境基準を満たす排水基準を決定する．条件を満たす組合せは多数あり，排水基準も一意に定まらない．

8.2.3 排水基準決定の効率性と公平性

排水基準を決めるための一つの簡単な方法は，各汚染源ともに等しい比率で汚染を削減することである．この方法によれば，式 (8.4) に $X_1 = X_2 = X_3 = X$ を代入して X を求めればよい．答えは $X = 73\%$ となる．各排水源で 73%の削減を行えば $6\mathrm{mg}/\ell$ という基準を満たす．等しい比率で汚染を削減する場合の総費用は，以下のように式 (8.1) から求められる．

$$C_\mathrm{T}(73, 73, 73) = 1000(73)^{1.9} + 10000(73)^{1.2} + 5000(73)^{1.5} = 8{,}310{,}000 \text{ドル}$$

削減比率を等しくする方式は，各汚染源を同様に扱うという意味からは公平

表 8.5 同一除去比率方針による基準

汚染源	削減比率	BOD 負荷削減量除去 （1000 ポンド/日）	浄化費用 （1000 ドル）	BOD 負荷削減の平均費用 （ドル/1000 ポンド/日）
1	73	73	3470	47.5
2	73	730	1720	2.4
3	73	365	3120	8.5
総費用			8310	

と言える．排出者が負担する費用は等しくなく，また流域の位置によって異なる．結果として公平性は十分には達成できていない．

汚染源1と2で費用が等しくないことに目を向けてみよう．同じ位置にありながらDOへの影響は違っている．排水源としては等しい．しかし，BODを減らすのにかかる費用が異なる．表8.5は平均単位費用を示している．総額はBOD削減量に応じて分割される．平均単位費用は汚染源2より汚染源1のほうが大きい．これが公平と言えるかどうかである．

排出地点の違いを考慮せずに削減率を等しくする方策であっても不公平は生じる．位置の違いが $\phi_{1\alpha} = \phi_{2\alpha} = 0.002$, $\phi_{3\alpha} = 0.003$ というかたちで交換係数に表れている．汚染源3の単位BODは，地点 α での他の汚染源からのDOの減少量への影響に対して1.5倍ある．汚染源3で多く負担するのは公平とは言えないであろう．

削減率を等しくする方策に対してもっとも起こりうる批判は，社会の資源を最大限に効率的に使えていないというものである．多くの代替案が 6mg/ℓ という排出基準を831万ドル以下で達成する．たとえば汚染源3で73％削減し，汚染源1と2ではまったく削減しないこととする．環境基準を満たすために汚染源1の73％の負荷とともに汚染源2を73％削減しなければならない．汚染源2での削減率は下記のとおりである．

$$\left[\frac{(0.73)(1000) + (0.73)(100)}{1000}\right] \times 100 = 80.3\%$$

式 (8.1) により総費用は次のように求められる．

$$C_\mathrm{T}(0, 80.3, 73) = 10000(80.3)^{1.2} + 5000(73)^{1.5} = 5,050,000 \text{ ドル}$$

表 8.6　総費用を最小限にする基準

汚染源	削減比率	汚染物質除去比率減少度	BOD負荷削減量 (1000ポンド/日)	地点αでのDOの減少 (mg/ℓ)	浄化費用 (1000ドル)
1	4.12	95.88	95.9	0.192	15
2	100.00	0	0	0	2510
3	46.12	53.88	269	0.808	1566
総費用					4091

削減率を等しくする方策に比べ326万ドル節約される．さらなる節約も可能であろう．

費用有効度 (cost effectiveness) を根拠に排水基準を決める方法も考えられる．最小費用でDOの水準を満たすようにして削減率を求めるものである．生産効率的な経済では，費用有効度の条件が求められる．地点 α のDOが $6\mathrm{mg}/\ell$ であるために，式 (8.4) を満たすようにして費用を最小化する X_1, X_2, X_3 を求める．数式的には式 (8.4) の条件の下で式 (8.1) を最小化する X_1, X_2, X_3 を求める問題を解けばよい．結果は表8.6に示すとおりである．

費用有効度の観点から効率的な排水基準は，削減率を等しくして求める排水基準に比べておよそ50%の費用節約が可能となる（表8.5，表8.6参照）．費用節約の面ではよいが，汚染源2では実質的に完全な除去を要求し，汚染源1では5%程度の削減しか求めていない．これが公平だと認識する人は少ないかもしれない．

費用配分上の不公平は，納税や補助金によって埋め合わせられる場合がある．汚染源2では完全な除去を求める状況を考えてみよう．費用上効率的な本方法にともなって汚染源1と2には課税し，汚染源3には補助金を与えることで公平性が期待できることになる．社会の資源の使用を最小限に抑え，費用を公平に分配できる．この方法は一面で合理的だが，必ずしも広く受け入れられるものではない．一つには費用配分の公平性そのものに合意が得られるかどうかむずかしいからである．また税金や補助金が政治的に実行可能ではない場合がある．

表 8.7 $X_1 = X_2$ としたときの総費用を最小限にする基準

汚染源	削減比率	減少度	BOD 負荷削減量 (1000 ポンド/日)	地点 α での DO の減少 (mg/ℓ)	浄化費用 (1000 ドル)
1	61.3	38.7	38.7	0.077	2490
2	61.3	38.7	387.0	0.774	1400
3	89.9	10.1	50.5	0.152	4260
総費用					8150

ゾーン内での等しい削減率

これまでの方法では排水基準に問題があった．等しく削減する方法では生産的に効率的ではない．費用効果的な方法では削減費用に不公平さが生じることがある．汚染源ごとに違う扱いをするからである．不公平さを減じるためには次の問いに答えなくてはならない．汚染者をどう扱えばよいか．汚染源が同一ゾーンに同様な形で存在するならば，それぞれに同じ比率で削減を求めるのが公平であろう．

ゾーン内で等しい率で削減する排水基準を求めると一つの難問が生じる．どのようにしてゾーンを分ければよいか？ 一つのゾーンに二つの汚染源，他のゾーンに一つの汚染源があるとしたときに，1 と 2 では等しい効果が生じるが，汚染源 3 は必ずしも他と同じ率とはならない．

ゾーン内で同じ率の削減を行うと，汚染源 1 と 2 の負荷を軽減させるもっとも費用の少ない経済的な資源利用が実現できる．このアプローチによる排水基準は $X_1 = X_2$ とすることを前提とし，地点 α では DO が 6mg/ℓ を下回るようにして総費用を最小化する X_1, X_2, X_3 を求めることで決まる．X_1, X_2, X_3 は表 8.7 に示すようにして求められる．

ゾーン内で同じ率の削減を行う場合，費用面で不均等が生じる場合もある．平均削減費用は汚染源 1 が汚染源 2 に比してはるかに高い．

各ゾーンは地理的に分割されていなくてもよい．より公平な結果を導くために同一タイプの汚染者を含むように定義する．たとえば汚染源 1 と 3 は都市部であり，汚染源 2 は石油精製工場を有しているとする．汚染源 1 と 3 は同じ基準であるべきだろう．汚染源 3 は汚染源 1 よりも地点 α の DO 量に大きな影響

を与える．

　三つの汚染源がある状況で，生産効率的な排水基準は存在しないこと，費用面で公平な排水基準は存在しないことを示した．公平性あるいは効率性の面で妥協をしなければならない．

8.3　Delaware川河口でのBOD負荷配分

　前節の例は仮想のものであった．ここでは1960年代にDelaware川河口で排水基準が決定された事例を取り上げる．後に連邦水質汚染防止管理局の一部となった，Delaware川河口部総合調査委員会によるものである．前節で検討したことをDelaware川河口の問題として改めて確認してみよう．

　Delaware川河口部総合調査委員会ではBODとDOに目を向けた．44のBOD発生源がある．汚染源から生物化学的酸素要求量の約95%が排出されている．検討委員会ではどれだけの削減費が必要となるかを推計した．費用は図8.2の直線部で明らかにされている．

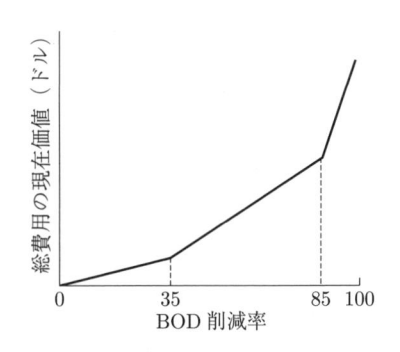

図 **8.2**　線分で構成するBODによる削減費用

　費用に加え，検討委員会は交換係数を定めた．86マイルにわたる河口部を30の地域に分けた．各地域は長さにして1万〜2万フィートに分かれる（図8.3参照）．

　各地域とも二つの方程式で質量保存の法則が記述される．DOに関するものとBODに関するものである．定常状態を仮定する．60の方程式を同時に解い

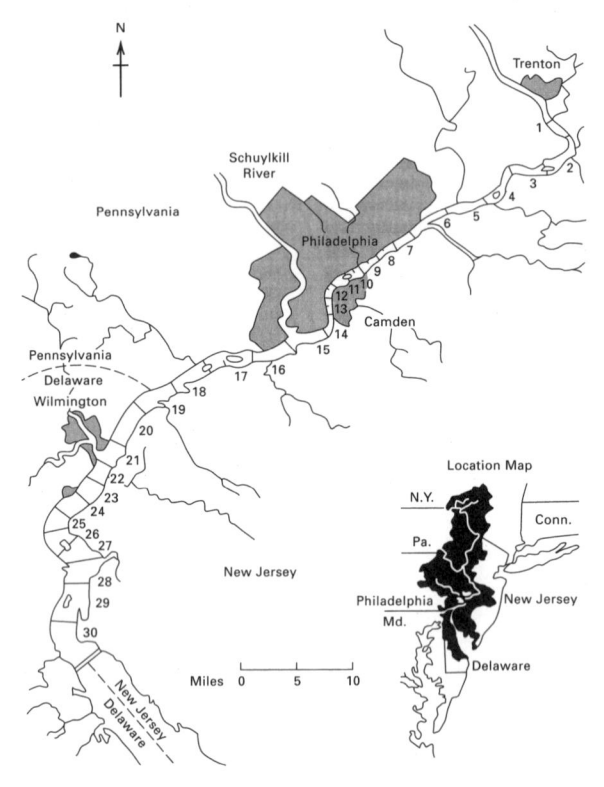

図 8.3　Delaware 河口で DECS 分析が行われた地域
出典：Robert V.Thomann and John A. Mueller, 1987.

8.3 Delaware 川河口での BOD 負荷配分

表 8.8 Delaware 河口部での分析に使われたもう一つの DO 基準

目標設定番号	Trenton(1)	Philadelphia (14)	Chester (18)	Wilmington(21)	Liston Point(30)
1	6.5	4.5	5.5	6.5	7.5
2	5.5	4.0	4.0	5.0	6.5
3	5.5	3.0	3.0	3.0	6.5
4	4.0	2.5	2.5	2.5	5.5
5	7.0	1.0	1.0	4.0	7.1

注：地名の後の数字は図 8.3 中の地点の番号を表す．

て交換係数を求め，河口部の各所で BOD がどれだけ低下するか，30 地点で DO がどれだけ増加するかを推定する．BOD が下流と上流の DO にどれだけ影響するかも考慮する．河口部では海水と淡水が入り混じる．海水により上流に汚濁が運ばれることもある．

Delaware 川河口部の事例は，環境基準がすでに定められていた三つの汚染源がある例と違い，計画者は環境基準を決めることを目標としている．目標とする DO 濃度に向けてどれぐらいの費用がかかるかが課題である．

検討委員会では五つの環境基準を取り上げた．表 8.8 は各所での DO の目標値である．30 地点について，ほかには塩化物，濁度，pH 等を調べている．水質を示す指標は多くあるが，ここでは DO の状況にもっとも関心が寄せられた．

排水基準は各地点で満たされていた．検討委員会では各所の BOD をコントロールする戦略として，同じ率の削減，費用を最小化する削減，ゾーン内で同じ率の削減という三つを比較検討した．

汚染源 i における排水制限を BOD 除去率 X_i で表現する．DO で規定される排水基準 $X_1, X_2, \ldots, X_{44}$ は，現地特定の水質制約を満たさなければならない．河口部内の地点 β の水質制約は次式で表現する．

$$\phi_{1\beta} W_1 \left(\frac{X_1}{100}\right) + \phi_{2\beta} W_2 \left(\frac{X_2}{100}\right) + \cdots + \phi_{44\beta} W_{44} \left(\frac{X_{44}}{100}\right) \geq K_\beta \qquad (8.5)$$

ここで W_i は汚染源 i での BOD 負荷，$\phi_{i\beta}$ は汚染源 i での BOD 負荷減少にともなう地点 β での DO の増加量，K_β は地点 β で水準に見合うために増やすべき DO 量を意味する．

式 (8.5) の左辺は式 (8.2) に呼応している．汚染源 i において W_i に $X_i/100$

を乗じた値は，X_i% 削減による BOD の減少量を表している．さらに，これに交換係数 $\phi_{i\beta}$ を乗じることで地点 β の DO の増加量が導かれる．左辺は全汚染源から地点 β に流れてきた流水中の DO を示していることになる．不等式は，地点 β において DO を少なくとも目的水準まで改善しなければならないことを意味している．

同じ率で削減する方式が選ばれた．最初に削減率を設定する．そして 30 地点で同時に水質制約を満たすかどうかを確認する．満たさない地点があれば，削減率を少しずつ緩和して水質制約を満たすかどうかを確認する作業を繰り返す．このようにして最終的に削減率を決定する．

費用を最小化する削減率 $X_1, X_2, \ldots, X_{44}$ を求めるには，各地点での BOD 削減にかかる費用を明らかにする必要がある（図 8.2 参照）．結果として総費用は削減率の線形式として表現され，求めることができた．水質制約は式 (8.5) のような形で示される．

ゾーン内で水質基準を等しくする方式については，高度な費用最小化問題を解かなければならない．ゾーンの分け方には確立された基準はないが，ゾーン分けを行った後は全 44 地点に対し，たくさんの条件を満たすべく費用最小化問題を解くこととなる．ゾーン内で水質基準を等しくするという条件が増えるほど問題は複雑化するが，検討委員会ではこれを解いた．

Delaware 川河口部総合調査の結果を表 8.9 に示す．費用には建設費，運営費，維持管理費が含まれ，1975 年から 1980 年に向けて予想された負荷量が反映された．費用を最小化させる方式は，ゾーン内で水質基準を等しくする方式より一般に経済的である．ゾーン内で水質基準を等しくする方式はゾーンの区切り方によって総費用が異なるが，総合調査では結果的に表 8.9 の最終行の費用データが用いられた．

このようにして Delaware 川河口部における水質基準を検討した結果は，各州をまたがって，河川管理に責任と権限をもっている流域委員会によって規定されることとなった．四つのゾーンに分けて，ゾーン内で水質基準を等しくした．結果として，各ゾーンで規定された BOD 値は 86.0〜89.25 である．

さまざまな視点から水質基準を規定することのむずかしさを示してみよう．ここで同一ゾーン内にある二つの石油精製工場の排出基準を決める問題を考えてみよう．片方の工場は十分に金をかけて排出処理を行っているが，他方はまっ

表 8.9 Delaware 河口における目標値達成のための総費用

目標設定	手法		
	同率除去	最低費用	設定地域での同率除去
1	460	460	460
2	315	215	250
3	155	85	120
4	130	65	80

たく行っていないこととする．このときに同じ率で削減するというルールでは公平とは言えないだろう．このため流域委員会は，ケースに応じて「想定負荷」を設定した．個々の汚染源が放出しうるBODの限界値を定める．最初に定めた値は低すぎるとされ，交渉を通じて引き上げられた．Baumol and Oates(1979) は，これは例外と指摘する．河口部の精製工場に最終的に与えられた割当は1日当たり692ポンドから14400ポンドまでも差が開いている．

この数値の大きな開きは排水水準を設定することのむずかしさを示唆している．

さらに交換係数の正確性にも問題がある．交換係数は，総合調査であるBODの量が減少したらどれだけDOが増えるかを推定するために用いられた．しかし河口部の水流の挙動は，この推定において仮定したものほど単純ではない．汚染源の関係者も交換係数の値について十分には信頼していなかった．

交換係数の正確性は，排出基準を環境基準に整合させようとする際にしばしば出くわす問題である．予定された排出処理が実行されるときに環境基準がどれだけ向上するかが正確に判定できなければならない．しかしすでに述べたように，この判定はむずかしい．

以上，Delaware川河口部総合調査の事例を通じ，公平性と生産的効率性のトレードオフに分析者がどのようにかかわるか，またそれにともなってどのような実際上の問題が顕在化するかが示された．

参考文献

Baumol, W. J., and W. E. Oates. 1979. *Economics, Environmental Policy and the Quality of Life.* Englewood Cliffs, NJ: Prentice-Hall.

Garwin, R. L. 1978. "Comments on Government Policies Toward Automotive Emissions Control," In *Approaches to Controlling Air Pollution*, ed. A. F. Friedlaender. Cambridge, MA: MIT Press.

Mills, E. S., and L. J. White. 1978. "Government Policies toward Automotive Emissions Control." In *Approaches to Controlling Air Pollution*, ed. A. F. Friedlaender. Cambridge, MA: MIT Press.

Thomann, R. V., and J. A. Mueller. 1987. *Principles of Surface Water Quality Modeling and Control.* New York: Harper & Row.

第3部　予測と評価

　環境影響を予測し評価する手順は，環境法令をつくるうえでもプロジェクトの影響評価を行う上でも重要である．第3部ではこれらの予測ならびに評価に使われている技法についてまとめる．「予測」は環境変化を予想するものであるが，その変化が良いか悪いかの判断は伴わない．判断するのは「評価」である．予定された行為によってもたらされる諸影響に価値づけを行い，また複数の代替案から意思決定者が最良の案を選択するために価値を総合的に評価する．

　第9章では環境意思決定において中心的な役割を担う予測を取り上げる．環境質に関して法令がどれだけ効果をもつか？プロジェクトが環境にどのような影響を与えるか？さまざまな方法を分類する．いくつかの技法は定性的であり，専門家の判断に依るところが大きい．定量的で科学的原則に忠実に従う技法もある．統計データの分析に基づいて数理モデルを導く予測技法もある．

　政策あるいはプロジェクトを分析する際に大気質，騒音などを予測することには大いに意味がある．しかしそれらの情報は意思決定に向けてどのようにまとめればよいであろうか？第10章では分析の方法を考えることでこの問いに答える．本章では多基準分析を用いた分析例を紹介する．二つまたはそれ以上の基準をもとに，数ある代替案のなかから最良の案を選択する．多基準分析は法令やプロジェクトの評価でよく使われるものである．また本章では，リスクアセスメントも紹介する．環境法令を定めるうえで，あるいはプロジェクトを評価するうえで使われることが多くなってきた．

　第11章は第3部のまとめである．公共計画における市民，NGOの役割を分

析する．多くの国で市民が環境に関連する公共的な意思決定の場に直接的に参加するようになった．市民参加は公共あるいは民間による開発プロジェクトのなかで重要な位置を占めるようになってきている．本章では市民参加プログラムをどのように設計し，実行すればよいかを考える．また環境に影響を与える意思決定を行う公共主体と民間団体の間のコンフリクトを解決するためのプロセスについて紹介する．

第9章 プロジェクトの環境影響予測と対策

　法令が環境に与える影響を予測するための方法はたくさんあり，環境影響評価（EIA:Environmental Impact Assessment）でもそれらが使われている．1970年代，環境影響評価プログラムが出現した頃，研究者らは各自の分野で用いられていた予測技法を統合あるいは分類しようとした．しかし環境影響評価が成熟してきて，研究者らはあらゆるプロジェクトに共通してうまく使える方法は一つもないと認識するようになった．一つのプロジェクトを対象として環境影響評価を実施する場合でも，複数の予測技法を用いるのが通常である．ここ2，30年の間に出された教科書やマニュアルではさまざまな予測技法が取り上げられている．環境影響評価の対象が多様化し，また対象ごとに手順が多様化していることの証と言える．

9.1 影響の特定に向けて

　環境影響評価の予測技法に関する初期の文献では，個々のプロジェクトや活動に対応して影響の種類を特定する技法が強調的に取り扱われた．これらの技法も環境影響評価を実施するうえで十分に役立っている．

　チェックリストは単純だが影響を特定するのに役に立つ．合衆国の諸官庁で環境影響報告書を作成する際にはチェックリストが必ず用いられている．1973年に環境保護庁第10支部で開発された環境影響報告書のガイドラインはその一つである．こういったガイドラインは，高速道路，浚渫，残土処理，土地改良，空港，水資源開発，原子力発電所，農薬処理など分野ごとに分けられている．それぞれの分野で適合した環境影響報告書が作成されるよう，環境保護庁が監修して分析の項目と方法を説明している．

　チェックリストはプロジェクトに対応してさまざまな影響の項目を並べている．英国環境局が英国とウェールズの不動産事業者に指導している例を紹介す

表 9.1 開発案件の建設および運用段階における騒音と振動評価のための確認事項

(a) 当該施設は著しく周辺の騒音レベルを増大させる可能性があるか？
(b) レベル増の場合，日中または夜間に住民から苦情が出るほどのものか？
(c) 騒音は，学校・病院・高齢者宅・娯楽施設に，日中または夜間に悪影響を及ぼすレベルか？
(d) 天然保護地の野生動物，科学的特別指定地，地方天然記念物，地方特定生物生息地に悪影響を及ぼすレベルか？
(e) 周囲に既存する騒音環境をさらに悪化させるようなレベルか？
(f) その場合，他の施設が追って増えると，さらに深刻な環境となるか？
(g) 発破，パイル打ち等による振動は人的に不快感，迷惑を及ぼす可能性があるか？
(h) 振動は，古代建造物やその他の旧い建物に構造的ダメージを及ぼすか？
(i) その他の建造物，特に民家，学校等への構造的ダメージの原因となり得るか？

る．チェックリストには，そこにしかない花・生き物・地質，気候・天候といった項目もある．各事項には，英国とウェールズの計画当局の承認手続きの一環として行われる環境影響評価に向けて開発者が考慮すべき事項を並べている．

表 9.1 では，項目ごとに出てくるであろう問いが並んでいる．これは Clark ら (1981) が作成した大規模事業に関する 23 項についてまとめたチェックリストのうち，騒音・振動の部分を抜き出したものである．建設段階と運用段階の両方にわたっている．

インパクトマトリクスも影響を特定するための基礎情報となる．図 9.1 は産業開発プロジェクトの影響を特定するために作成したマトリクスである．行方向は建設段階の特徴を整理している．列方向は現場と周辺環境の特徴を整理している．Clark ら (1981) は，水平方向と垂直方向の各要素を掛け合わせることで影響関係が明らかになり，影響があると言えるところに印を付けるためにこれを作成したと述べている．Clark らは運用段階についてもマトリクスを作成している．表 9.1 の答えを求めるのにこれら二つのマトリクスが役に立つ．

チェックリスト，マトリクスに加え，フローチャートがよく用いられる．フローチャートはプロジェクトの直接的効果から取り除かれた効果に着目する際に使われる．フローチャートを使うことで，図 9.2 に示すような間接的な影響を明確化する．図 9.2 は地盤改良による物理的，生態学的な影響を描いている．図によれば，間接的効果は少しずつ時間差をともなって発生する．たとえば，圧

現状の諸特性	プロジェクト案件の諸特性															
	人口変動	区画	材料輸送	従業員の交通	対象地	ちり・微粒子	雇用	支出	水需要	振動	騒音	におい	排気	水処理	固有廃棄物処理	危険物
天候																
土地利用		X														
水質				X	X									X		
景観				X										X	X	
生態系																
人口密度																
観光																
雇用							X									
失業							X									
地域経済								X								
交通			X	X												
上水道									X							
下水道																
金融	X															
教育	X										X					
公共医療施設	X															
住宅	X										X	X				
救急サービス	X															X
コミュニティ構造	X															
文化	X															

図 **9.1** 産業開発プロジェクトの建設段階における影響評価マトリックス
転載許可: Clark *et al.*, p.14, 1981.

縮をつづけると浸透水が減っていく．結果として大雨のときには洪水が起きやすくなるといった他の効果が生じる．

文献調査からも環境影響を特定するのに役立つ情報が得られる．Berns (1997)による土地開発プロジェクトの影響に関する調査の事例では，プロジェクトによる環境変化についてケーススタディを集めている．調べようとする種類の影響について，一般に使われている予測の手順についての記述を整理している．

1970年代以降，コンピュータの専門家らが環境影響に関する情報を集積するためにソフトウェアを開発し，これがコンピュータを使わない人にも活用されるようになった．Fedra, Winkelbauer and Pantulu(1991)らは，いわゆるエキ

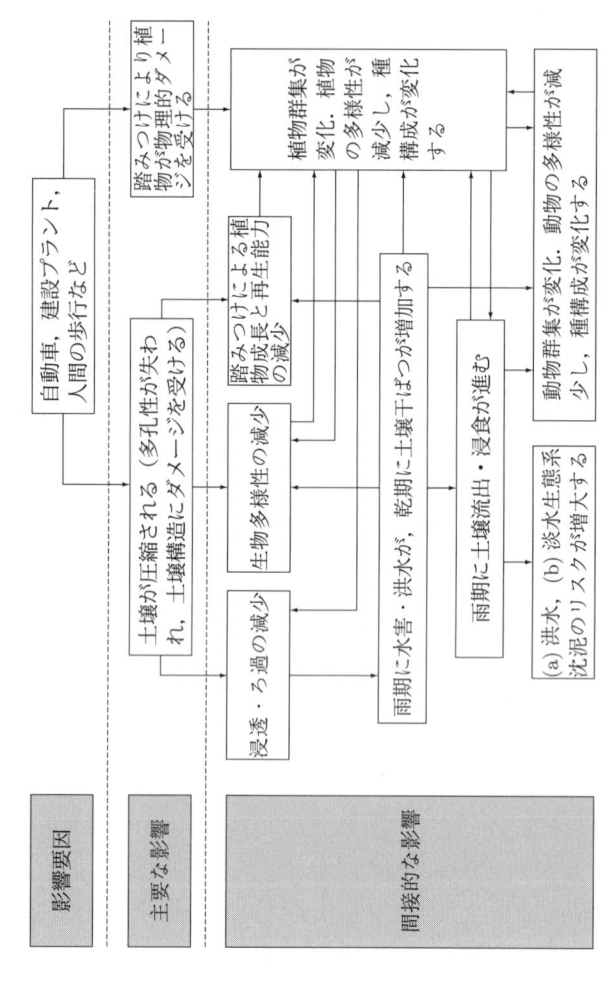

200　第9章　プロジェクトの環境影響予測と対策

影響要因：自動車、建設プラント、人間の歩行など

主要な影響：
- 踏みつけにより植物が物理的ダメージを受ける
- 土壌が圧縮される（多孔性が失われ、土壌構造にダメージを受ける）
- 踏みつけによる植物成長と再生能力の減少
- 生物多様性の減少
- 浸透・ろ過の減少

間接的な影響：
- 植物群集が変化、植生の多様性が減少し、種構成が変化する
- 雨期に水害・洪水が、乾期に土壌干ばつが増加する
- 雨期に土壌流出・浸食が進む
- (a) 洪水、(b) 淡水生態系沈泥のリスクが増大する
- 動物群集が変化、動物の多様性が減少し、種構成が変化する

図9.2　踏みつけと土壌圧縮に伴う生態学的影響の相関性

転載許可：Morris and Therivel, "Methods of Environmental Impact Assessment", p.215, 1995.

スパートシステム，地理情報システムを用いた環境スクリーニングプログラムを開発した．予定されているプロジェクトについて利用者に問いが投げかけられ，これに答えるようにして使う．メコン川下流域のプロジェクトなどに適用された．

これまでに多くのコンピュータツールが開発されてきたが，初期的な段階にとどまり，あまり定型的な利用に至っていないのが実情である．カナダのESSA Technology社によって開発されたSCREENER^{TM}は，プロジェクトと周辺環境に関する情報をもとに予想される影響を分析する．利用者は影響が大きいか否か，詳細な分析を行うべきか，といったことに関してレポートを得る．カナダの官公庁では40件の利用があり，現在では第2世代(Calyx^{TM})が開発され，アジア開発銀行などで灌漑，上下水道，発電，交通などのプロジェクトの環境影響に関する情報を得るために使用されている．

影響の特定を急ぐならばスコーピングを行えばよい．スコーピング(scoping)とは，調査担当者が官庁と関心をもつ市民を招いて，環境影響評価で対象とすべき影響の種類を選択する手順である．基本的なやり方としては関心をもつ人びとを集め，意見を述べてもらい，取り上げるべき影響の種類を絞り込む．公聴会などで議論しながら影響の種類を決めるというやり方もある．

9.2 予測結果の判断方法

予測は，環境法令を設計，実行し，また環境影響評価を行う上で重要である．複数の計画代替案について行われるが，非行動代替案(最近日本ではゼロオプションと呼ばれる)を含むこともよくある．非行動代替案とは，意思決定者がいずれの代替案も選択しない場合の状況を想定するものである．非行動代替案を考えることで他の代替案に対し，環境上の条件としての参照基準が用意されることになる．

ほぼどのような環境影響予測でも専門家の意見が参考にされる．ここで専門家とは，予測に役立つ特別な知識をもつ者である．たとえば不動産鑑定士は，高速道路計画によって土地利用がどのように変化するかを推測する能力をもつ．

環境変化を予測する際に専門家の意見がどのように役立てられるか，ここでは沼地を埋めて住宅を建設するプロジェクトを例に取り上げる．沼地の生態系がプロジェクトによってどのように変化するかについては生物学者がもっとも

よくわかっているだろう.生物学者は科学的知見をもとに現場を調査し,生物学的視点から特徴を明らかにするであろう.もし時間が許すならば,同様な条件での住宅開発の事例を探してきて影響を予測するであろう.すなわち,集められた情報に基づく見解と沼地の生態系の機能に関する生物学者の理解によって予測が行われる.

社会的な影響の予測についても専門家の判断がよく用いられる.McCoy (1975)による,ケンタッキー州LexingtonのGeorgetown付近で計画された高速道路を対象とした予測の事例を取り上げる.市道路局と市長室はこの事例の詳細調査をMcCoyに委託した.Georgetownの統計データとして国家センサスを使い,現場調査によって住民とその交通行動に関する情報を得た.アンケートを行い,住民の時間の使い方や近隣関係,また道路計画や立ち退きについてどれぐらい知っているかを訊いた.さらに周辺都市への社会的影響を分析した.McCoyはこの道路計画がGeorgetownの住民にどのような影響を与えるか,これらすべての情報を参考にして考察した.

各方面の専門家がグループをつくって環境影響を予測することもある.グループ内で各専門家は互いに独自の考えをまとめ,より有効な予測を立てる.しかし集団的手法では,ミーティングの進め方にむずかしさがある.たとえば2, 3の参加者の発言が著しく多くなったり,高圧的な態度になる場合がある.

デルファイ法 (Delphi method) は,集団で予測を行う場合にその効果を高める一つの方法である.専門家から意見を得るために,郵送によるアンケート調査を部分的に織り込むことで,集団で予測を行うことの欠点を回避する.デルファイ法では,個々の意見は匿名のアンケートへの回答として集められる.回答は集計して統計的な指標に直し,関係者で共有する.次のアンケートでは他者の意見を踏まえたうえで,必要があれば前回の回答を修正した回答を提出する.このような手順を数回にわたり繰り返す.統計的指標として全回答の平均値,四分位による回答分布が用いられる.このようにすることで,同調圧力を抑制することができる.

Cavalli–Sforza and Ortolano (1984) はデルファイ法を用いてカリフォルニア州San Joseの交通計画による土地利用の変化を予想した.交通計画,技術者,経済学者,市担当者,市民代表ら12の専門家を集めた.交通施設を整備することで変化するであろうゾーン別の将来人口,住居,雇用,交通利用に関する

数値指標を用意し，各指標の予想値を回答者に答えてもらった．第1回目の回答結果を整理し，全回答者に郵送した．標準的な回答値から大きく逸れている人にはそのように回答した根拠を尋ねることとし，それを匿名で公表した．結果として以上の手順を3回繰り返した．多量かつむずかしい質問であるために回答者の意欲を保つことに苦労したが，最終的に妥当な結果を得ることができた．デルファイ法については，予測結果の正確性についてフォローアップ調査が行われることも多い．

9.3　実体モデルを用いた実験

　都市などの3次元空間を縮尺して作成した実体モデルが将来予測のために用いられることがある．建築家によるビルの設計で古くから用いられてきた手法である．

　個々の建物だけでなくプロジェクトにより変貌を遂げるであろう都市空間の景観を表現する．図9.3にカリフォルニア大学バークレイ校環境シミュレーションラボラトリーによるサンフランシスコ市ダウンタウンを対象とした実体モデルの例を示す．特殊な撮影装置を用いて，対象地区内の各方面を歩行者が歩くときに景色がどのように広がるかをフィルムで確認することができる．また，高層ビルがもたらす視覚的な影響を予想することができる．視覚的な影響という場合には景観だけでなく日照条件も含まれる．

　実体モデルは水域での変化の予測にも使われている．理論的な解析がむずかしい，塩水と淡水が混じるような河口の流れなどを再現して分析するのに役に立つ．実験を行うことで，航路や港湾施設などが水位の変化，水流の速度，塩分，物質の拡散にどのような影響を与えるかを予想することができる．あるいは河川上流に貯留池を設けた場合の影響なども確認することができる．

　河口モデルでは，電気的または機械的な装置を使って潮流や河川の水流に変動を加え，水深，流速，温度，塩水密度などを計測する．染料を流して流水の分布を視認することもある．図9.4は合衆国で最大級を誇る河口域Chesapeake湾を対象に陸軍工兵隊が作成したモデルである．このモデルは1/1000縮尺で9エーカーの広さをもつ．シミュレーションでは1年間の動きを3.65日で再現する．

　河口モデルを作るにはもちろん科学的な知見が要求される．しかし，リアリ

図 9.3 カリフォルニア大学バークレイ校環境シミュレーションラボラトリーによるサンフランシスコ市ダウンタウンの実体モデル

写真提供：Kevin Gilson, Environmental Simulation Laboratory, University of Californmia, Berkeley.

ティを満たすにはそれだけでは十分ではない．流体的性質など質的な特徴を計測し，モデルの検証を行わなければならない．実体モデルの検証は，粗度などモデルの状況を示す諸指標を計測しつつ，挙動を確かめながら行う非常に時間のかかる作業である．水位や流速などへの影響を正確に予想できるようにモデルを作り変えていく．モデル製作者はその一方で，モデルは現実を完全には表現しきれないものと捉えている．

　大気中の浮遊物質の拡散状況を調べるための実体モデルもある．図9.5は環境保護庁の風洞実験室で大気汚染物質の拡散状況を検証している場面である．物理的法則に基づいて次元解析を行い，合理的と言えるような捨象を行って汚染物質の拡散パターンを再現する．扇風機，空調機，トレーサーを用いる．また，電子機器を用いて拡散速度や排出物質の密度などを測定する．

　煙突の高さやビルの寸法などを変えて，汚染物質の大気中の挙動がどのように変化するかを確かめる．図9.5では，建物がない場合と建った場合でそれぞれ煙がどのような挙動を示すかを調べている．幅の広い建物だと明らかに下降流が生じる．こういった実験の結果から，煙がどこに溜まっていくかを明らか

9.3 実体モデルを用いた実験 205

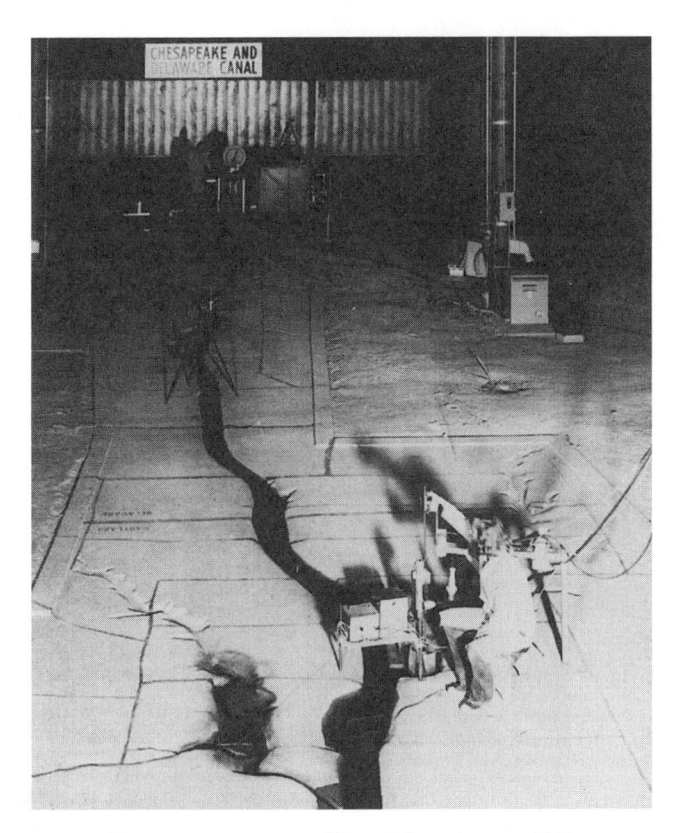

図 **9.4** Chesapeake 湾 の実体モデルの一部分
写真提供：陸軍工兵隊ボルチモア支部

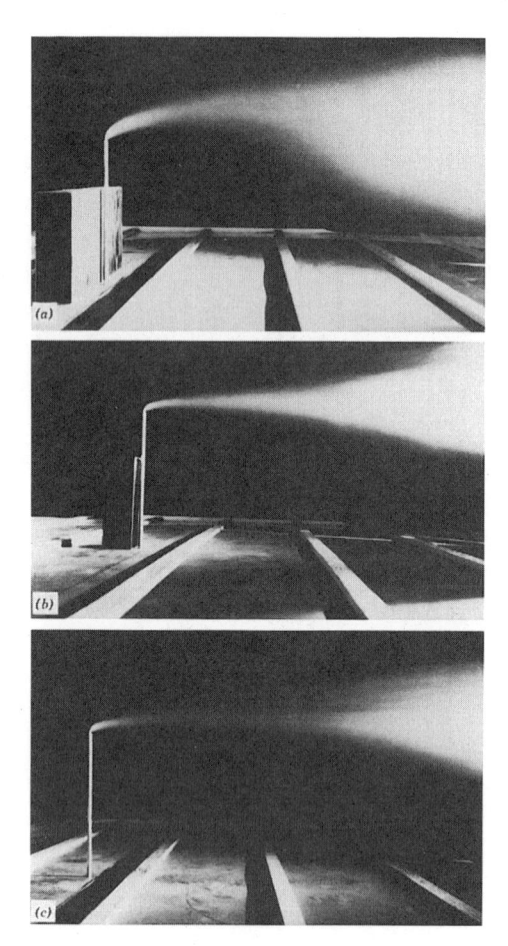

図 9.5 環境保護庁による大気汚染拡散モデル
(a) 建物の幅は高さの 21 倍
(b) 建物の幅は高さの 1/3
(c) 建物なし，煙突のみ

転載許可：Snyder and Lawson, Jr., Determination of a Necessary Height for a Stack Close to a Building — A Wind Tunnel Study, *Atmospheric Environment*, Vol.10., 写真提供：環境保護庁流体モデリング施設

にすることができる．

　実体モデルを用いることを室内実験，原位置試験と呼ぶ．室内実験，原位置試験では，外乱を排除したり縮小するなど条件を設定したうえで現象を観察することができる．実体モデルに対する科学者の認識はさまざまだが，Suter and Barnthouse (1993) は「主体的に操作できない，あるいは操作することが容易でない事象やシステムを物理的に再現すること」と定義している．

　室内あるいはシステムの一部に絞り込んでの実験は予測にもよく用いられ，予定されたプロジェクトの全体像を再現する場合もある．たとえば，河口部の水質汚濁の予測に向けてトレーサーによる拡散現象の再現が行われる．

　アナログ的研究とも呼ばれる実体モデルに対して，Suter and Barnthouse (1993) は，完全スケールの物理システムに一定の汚染や応力を付加する試み，という言い方をする．ある貯水池を対象に行った影響評価に関して，近くの同様な貯水池が富栄養化されていれば，予定された貯水池も富栄養化すると予想する根拠になる．富栄養化とは本来，数百年のうちに植物成分，堆積物が湖底や湿地帯に堆積して湖沼が変化する自然現象であるが，Suter and Barnthouse (1993) はこの自然現象を加速して再現し，芝生や農場で用いられる化学農薬による影響を分析している．

9.4　数理モデル予測

　科学者や技術者は数十年にわたり，環境変化の予測に数理モデルを用いてきた．水面付近の塩化物の挙動などいくつかの環境質指標に関して実績が積み上げられており，官公庁でも使用されている．水質規制における生物的，化学的な酸素要求量や溶存酸素などの指標変化の予測にも用いられる．環境影響評価でも使われているが，実際にはモデル分析にしても時間や予算が限られている．以下では，数理モデルについて基本的な解説のみ行う．

　数理モデルは一つまたは複数の代数式，あるいは微分方程式によって構成される．それらは科学法則や統計解析の結果，あるいは両方に基づいている．環境研究でよく使われる数理モデルとして移動と生滅のモデル (fate and transport models) がある．環境変化の後に生じる汚染物質の空間中での移動と分布を予想する．ほかにも汚染物質の蓄積が動植物にもたらす影響などの分析に使うことができる．人間に対する影響を考慮するモデルでは，人間がどれだけ汚染物

質に晒されているか，どれだけ吸収しているかを明らかにし，結果として健康や寿命にどれだけの悪影響を及ぼすものかを考察することができる．

以下では三つのモデル使用例を紹介する．最初の例では，流水中のバクテリアの密度について科学的原則である質量保存の法則が適用される．2番目の例では，高速道路の交通量が一酸化炭素の大気密度にどのように影響を与えるかを予想するのに統計解析を用いる．3番目の例では，土中から水中や気中への化学物質の移動についてモデル化している．

9.4.1 科学的原則に基づくバクテリアの集積の予想

モデルを用いて水質あるいは大気質の変化を予測する際に質量保存の法則が用いられる．質量バランス分析を行う場合，「コントロールボリューム」の考え方が重要である．実験では，質量バランスを簡単に捉えるために適当にコントロールボリュームを選択する．モデル製作者は物質の境界条件上の移動を考慮し，生産と減少のプロセスをソース（入口）とシンク（出口）の数量的変化として記述する．

コントロールボリュームにおける質量のバランスは次のように記述される．

保存量の変化 ＝ 流入 − 流出 ＋ ソースにおける発生 − シンクにおける消失

簡単なケースであれば単純に流入と流出のみで記述される．図9.6のように，汚染物質が水流に流れ込むことで汚染が発生する場合も，そのプロセスを一つの方程式で表現することとなる．ここで諸変量は以下の意味をもつ．

$$Q_w = 排水率$$
$$Q_u = 上流側での流量$$
$$N_w = 汚染物質濃度$$
$$N_u = 上流側での汚染物質濃度$$

廃水処理と流水は時間当たりの容量的変化を示すものである．たとえば「毎秒立方フィート」といった単位で表現する．また汚染濃度は単位容積当たりの質量であり，水1リットル当たりの物質ミリグラム数（mg/ℓ）といった単位で表現する．分析は定常状態を仮定して行われる．定常とは流量も濃度も時間変

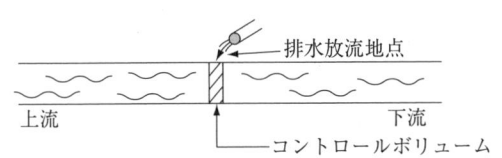

(a) 廃水放流

```
          ↓ 排水放流地点
━━━━━━━━━▓━━━━━━━━━━
上流        ▓        下流
          └─ コントロールボリューム
```

(a) 廃水放流

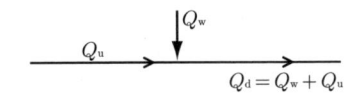

$$Q_u \xrightarrow{\quad} \underset{\downarrow Q_w}{} \xrightarrow{\quad} Q_d = Q_w + Q_u$$

(b) 容積流量

$$Q_u N_u \xrightarrow{\quad} \underset{\downarrow Q_w N_w}{} \xrightarrow{\quad} Q_d N_d = Q_u N_u + Q_w N_w$$

(c) 質量流量

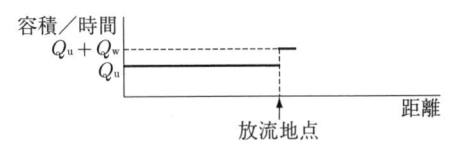

容積／時間: $Q_u + Q_w$、Q_u、放流地点、距離

(d) 流量対距離

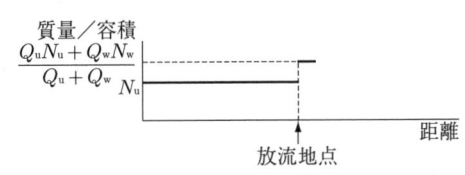

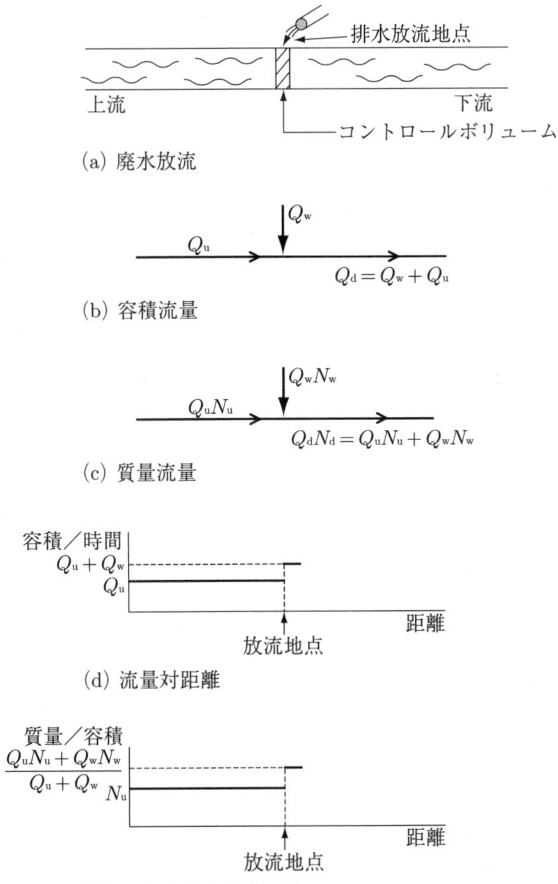

質量／容積: $\dfrac{Q_u N_u + Q_w N_w}{Q_u + Q_w}$、$N_u$、放流地点、距離

(e) 汚染物質濃度対距離

図 9.6 放流ポイント真下の下流の含有率判定のための質量バランス分析

化しないということである．

　もっとも単純な質量バランス分析では，上流と断面での流量の変化を押さえることにより下流での汚染濃度を即座に求めることができる．複雑に混ざりあう場合でも，濃度は一定として簡単に計算する場合がある．図 9.6 のような場合には，流入する流量と流出する流量について帳尻が合わなければならない．

$$Q_d = Q_u + Q_w \tag{9.1}$$

ここで Q_d は下流での流出量である．

　質量保存に関する第 2 式は次のとおりである．汚染物質の流量は体積流量に物質濃度を掛けることで算出される．質量保存の方程式はコントロールボリュームの流入と流出に対して作成される．

$$Q_d N_d = Q_u N_u + Q_w N_w \tag{9.2}$$

ここで N_d は下流側での汚染物質の濃度である．式 (9.2) を N_d について解き，式 (9.1) から Q_d を求め，最終的に下流側での物質量 N_d は式 (9.3) から求めることができる．

$$N_d = \frac{Q_u N_u + Q_w N_w}{Q_u + Q_w} \tag{9.3}$$

　汚染物質の自然な増減や，沈殿していたものが浮上してくるようなことがある場合にはより複雑な分析が必要になる．大腸菌バクテリアの減少は，排泄物による汚染を示す指標として代表的である．以下では，大腸菌バクテリアの減少を対象とした分析事例を取り上げる．大腸菌バクテリアは通常，それ自体は無害だが腸チフスやコレラのような病気を引き起こす微生物が存在する可能性を示すものとなる．

　図 9.7 はバクテリア密度（単位容積水中の微生物数）を予想するモデルとして開発されたものである．簡単のために流入量と流出量は一定とし，定常状態下でコントロールボリューム内のバクテリア数に変化はないものと仮定する．モデル作成上バクテリアが水流内でどのように変化するかについて記述する必要がある．実地研究により，バクテリア数の変化については数理的に記述できるようなパターンが見いだされている．

　このような変化をどれだけ正確に記述するかが問われる．一つの簡単な定式

9.4 数理モデル予測

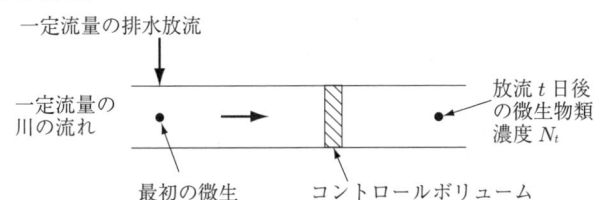

物理的状況

(図: 一定流量の排水放流, 一定流量の川の流れ, 最初の微生物類濃度 N_0, コントロールボリューム, 放流 t 日後の微生物類濃度 N_t)

放流後の時間と距離の関係

一定の流速(u), 放流後の時間(t), 放流地点から下流方向への距離(x)の関係は

$$t = \frac{x}{u}$$

コントロールボリュームでの質量バランス

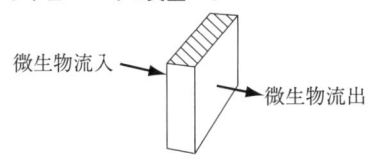

(図: 微生物流入 → 微生物流出)

流出した微生物の数＝流入した微生物の数－死んだ微生物

微生物死滅プロセスの説明

一次反応：微生物の死滅率は存在数に比例． k は致死係数

結果として導かれる予測モデル

$$N_t = N_0 e^{-kt}$$

図 **9.7** 流水中の微生物類濃度のモデリング

化として，流速に関して一次反応 (first-order reaction) に従いバクテリア数が減少すると仮定する．一次反応とはバクテリアの死滅率がバクテリア数に比例していることを意味する．

図 9.7 にモデル構築の手順を要約して示す．排出（地）点で区間長 x の流水を捉えて典型的な単位容量とする．流速一定 (u) として単位容量が時間 t の間に移動するものとする．

$$t = x/u \tag{9.4}$$

質量保存の法則は，バクテリアがコントロールボリュームに出入りするプロセスを記述する式に見いだされる．水中のバクテリア量の変化が一次反応に従うと仮定すると，以下に示す微分方程式の解が導かれる．

$$N(t) = N_0 e^{-kt} \tag{9.5}$$

ここで t は時刻，$N(t)$ は時刻 t におけるバクテリア密度，N_0 は $t = 0$ のときのバクテリア密度，k はバクテリアの死滅率を示す係数である．

デカルト座標上に式 (9.5) の解を示す図 9.8(a) によれば，密度は時間とともに指数的に低下する．もし N_t/N_0 の対数を垂直軸にとるならば，図 9.8(b) に示すように結果は直線になる．図 9.8(b) の勾配はバクテリアの死滅率を示す係数 k に等しい．

方程式 (9.5) は新しい水源や排水によってバクテリア密度が変化するプロセスを予想するのに使うことができる．ただし予想に使う前に死滅率を示す係数 k が特定されていなければならない．バクテリアの減少に関する実証研究によって k の値が推定される．流水や排水がおよそ一定であるとした場合に，排水源下流でのサンプルをたくさん集めてくればよい．実験により時間 t におけるバクテリア量 N_t のデータが得られる．横軸を時間として $\log(N_t/N_0)$ の観測値をグラフに載せると一直線になる．死滅率はこの線の傾きとして推定される．図 9.9 は Chattanooga 市下流の Tennessee 川におけるバクテリア濃度を示したものである．数日間のデータから得た直線の勾配からパラメータ k を推定したものである．5 日目ぐらいから非線形なカーブを描いているので，以降はバクテリアの減少率は一次式を満たさないものとした．全体として死滅率は傾きの異なる 2 本の線分によって示されるとみなす．このケースでは，5 日目を境に異

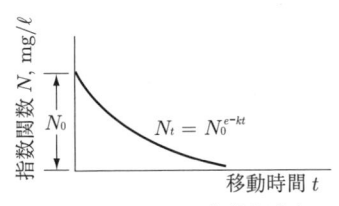

(a) 放流地点における指数的減衰

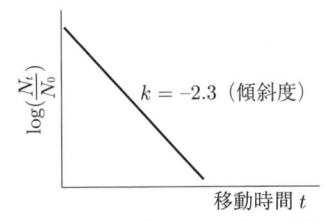

$N_t = N_0 e^{-kt}$

指数関数 N, mg/ℓ ／ 移動時間 t

(b) セミログ・プロットにおいて導いた直線式

$\log\left(\frac{N_t}{N_0}\right)$ ／ 移動時間 t，$k = -2.3$（傾斜度）

図 **9.8** 一次減衰に基づく放流地点下流の濃度

なる値の係数を用いるのが適当と判断された.

式 (9.5) は環境予測によく用いられるかたちである.たとえば,都市水道の塩素消毒の強度をどれぐらいにするかを決めるためにバクテリア数を調べる必要がある.k の値は,図 9.9 に関連する手順,あるいは同様な河川でバクテリア死滅率を算定した研究事例に基づいて推定される.現実のバクテリア濃度は現場観測によって確認される.式 (9.3) により導かれる塩素消毒によって期待される減少率を用い,塩素消毒後のバクテリア濃度 N_0 を計算する.そして k と N_0 を求めれば,流水中の各地点でのバクテリア濃度を求めることができる.

このモデルでは,バクテリアが流れていくうちにその濃度はどの断面でも一様になると仮定している.バクテリアは水深方向にも両岸方向にも一様に混ざるが,流れ方向には混ざらないこととしている(このような流れを「移流」という).前述の仮定を満たさない河川を対象としている場合でも,式 (9.5) は汚染濃度を予測するのに用いられる.河口部では状況が異なる.潮の動きと速度の非一様性がある場合には,移流と生物の減少を考慮しつつ流れ方向を考慮しなければならなくなる.このように,水域によっては水平方向,垂直方向の速度勾配と密度の変化を考慮したモデル式を作らなければならない.

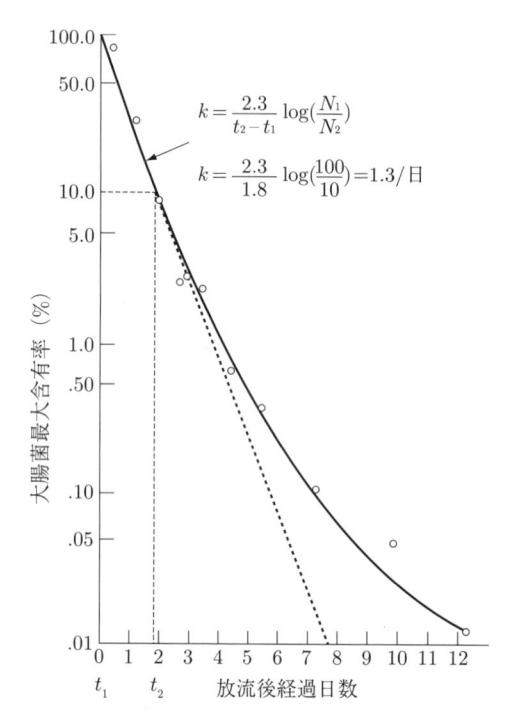

図 **9.9** 微生物類の死滅率推定：Chattanooga 下流の Tennessee 川
転載許可：Thomann, 1972.

グラフ中の式：
$$k = \frac{2.3}{t_2 - t_1} \log\left(\frac{N_1}{N_2}\right)$$

$$k = \frac{2.3}{1.8} \log\left(\frac{100}{10}\right) = 1.3/日$$

9.4.2 統計モデルによる一酸化炭素の予測

　汚染物質の移動プロセスについて科学的知見が不十分な場合でも統計的予測モデルが用いられることがある．統計モデルを作る際には，重要と考えられる変数の間の関係を探るのに直観，既往研究，あるいはもろもろの理論が用いられる．諸変数について実測値が得られれば，関係式中で諸変数にかかわる一定値（モデルパラメータ）を推定することになる．統計的アプローチの例として，Tiao and Hillmer (1978) によるカリフォルニア州サンディエゴ付近の高速道路 25 フィート区間での観測値を用いた一酸化炭素の予測モデルを取り上げる．彼らのモデルでは，既往研究で特定されている大気中の一酸化炭素とこれに影響を与える諸変数を用いてモデル式を構成している．諸変数とは，具体的には交通流，特に速度と交通容量，気象条件，地理条件に関するものである．

分析の結果，一酸化炭素濃度に影響を与える要因として交通密度と風速に着目し，以下のようなモデル式を構築した．

$$C_t = a + MD_t \exp[-b(W_t - W_0)^2] \tag{9.6}$$

ここで C_t は観測地での時間 t における一酸化炭素の濃度 [PPM]，D_t は観測地での時間 t における交通密度 [台/時間]．W_t は時間 t における高速道路と直交する方向の風速 [マイル/時間] である．

定数 a, W_0, 係数 b, M は過去の計測結果に基づく．定数 a は交通量に関係なく存在している一酸化炭素の濃度を示している．自動車1台当たりの排出量が M で表され，これに交通密度を掛け合わせる．指数項は大気の攪乱による影響を考慮している．

方程式を構築した後は，式中のパラメータ a, W_0, b, M に対し，統計的推定を行うこととなる．1974年6月から2年半をかけて，季節および週のなかで日を選び，毎時間にわたり観測地を選定して変数 C_t, D_t, W_t を観測した．季節変動や週変動の影響を特定できるようデータを分類している．

夏（6月～10月）の日曜のデータだけを用いて，他とは別のパラメータ値を推定した．この種のパラメータ推定には，データとモデル値の誤差を最小化させるようなパラメータ値が望ましいという考え方の下，最小二乗法を用いるのが一般的である．

Tiao and Hillmer (1978) は1975年夏の日曜のデータを用いて，$a = 1.79$, $W_0 = 0.013$, $b = 0.019$, $M = 2.54$ という結果を得た．これらの値は式 (9.6) で一酸化炭素密度の予測を行う際に所与の値として用いる．図9.10はこのモデルがどれぐらい実際に当てはまっているかを示している．実測値と記した線が，1975年夏の日曜の毎時平均一酸化炭素濃度を計測した結果である．これに対し，図中の○印は式 (9.6) に従って推定した濃度である．結論として，推定結果は実測値に近いものとなっている．

以上のように，モデルパラメータを推定した後は，将来の交通密度の変化に応じて一酸化炭素濃度がどのように変化するかを推測することに式 (9.6) を使うことができる．ただし，夏の日曜の，特定の地点にしか適用できない．他の地点，他の時点で用いるためには，改めて諸パラメータを推定しなければならない．このような他の地点，他の時点への移転の困難性は統計的モデルの欠点

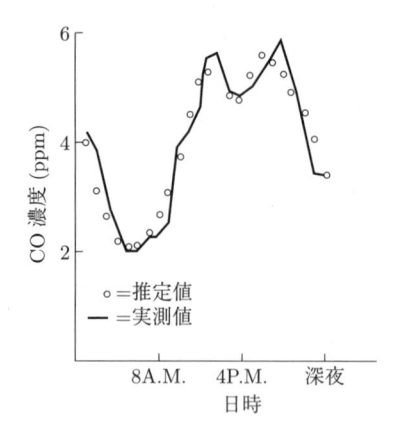

図 9.10 サンディエゴ・フリーウェイのモニター場所における一酸化炭素の推定値対実測値（1975 年夏季日曜日）

転載許可：Tiao and Hillmer, *Environmental Science and Technology*, Vol.12. pp.820-28, 1978.

である．一方，メカニズムが理論的に十分にわかっていなくても推定に適用できるという点に統計的モデルの強みがある．

9.4.3 汚染物質の移送モデル

二つのモデルが考えられる．一つは水だけの単層モデル，もう一つは大気も含む 2 層モデルである．数十年にわたり環境モデルの専門家は，2 層間の物質の移動を説明するのに苦労してきた．殺虫剤に使われている DDT に関する研究は，最初のうちは土中の DDT の浸透のみを観察してきたが，MacKay and Patterson (1993) が言うように，DDT が地中に浸透するときには大気中の濃度や離れた場所での大気への浸透も影響しているということを，科学者らは後で知ることになる．

他の物体へ物質が移動する場合にパーティション係数を使う．二つの層を i と j と名付けると，パーティション係数 k_{ij} は次のように定義される．

$$K_{ij} = \frac{C_i}{C_j}$$

ここで，C_i は層 i での化学物質の濃度，C_j は層 j での化学物質の濃度である．それぞれ既往研究から求められた長期的に平衡した状態での値である．最初は 2

9.4 数理モデル予測　217

層間で不均衡な状態から始まり，$(\tilde{C}_j K_{ij} - \tilde{C}_i)$ の値に比例して移動が進む．" ~ " の記号は C_i, C_j によって示される平衡状態の値ではないという意味である．

ベンゼンは水中から大気に移動する．空中と水中のパーティション係数 K_{aw} は 0.2 である．図 9.11(a) では，ベンゼン濃度は水中で $1.0\mathrm{mg}/\ell$，空中で $0.1\mathrm{mg}/\ell$ である．濃度比は係数 0.2 より小さい．水から空気にベンゼンが移動するプロセスは，ベンゼンの総移動量を観察することで明らかにできる．図 9.11(b) では，濃度がパーティション係数に等しくなる平衡状態を表している．図 9.11(b) に示す濃度は長期的，定常状態における値である．

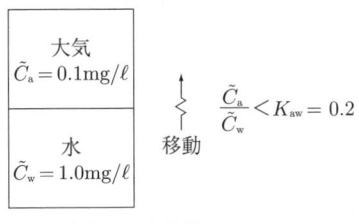

```
        ┌─────────────┐
        │    大気      │
        │ C̃ₐ=0.1mg/ℓ  │          C̃ₐ
        ├─────────────┤   ↕     ──── < K_aw = 0.2
        │     水       │  移動    C̃_w
        │ C̃_w=1.0mg/ℓ │
        └─────────────┘
         (a) 不均衡－不定状態

        ┌─────────────┐
        │    大気      │
        │ Cₐ=0.16mg/ℓ │          Cₐ
        ├─────────────┤         ──── = K_aw = 0.2
        │     水       │          C_w
        │ C_w=0.8mg/ℓ │
        └─────────────┘
         (b) 平衡－一定状態
```

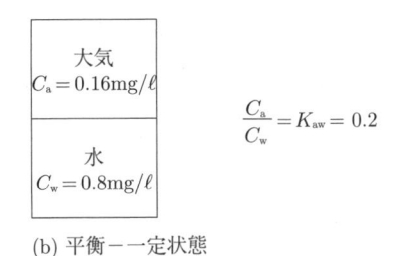

図 9.11 水中から大気中へのベンゼンの移動
　　　転載許可：Mackay and Patterson, Mathematical Models of Transport and Fate, *Ecological Risk Assessment*, pp.129-52., 1993.

図 9.12 は，パーティション係数と質量バランス分析の結果を 2 層モデルに適用した例である．平衡して物質は水中と空中の双方に溶け込む．トリクロロエチレンの例では六つの物質層，すなわち空気，土，水，懸濁物質，底質物質，魚類に溶け込んでいる．図は定常状態での水中，土中，空気中の分布を示している．パーティション係数により水，土，空気から他への移動を示している．流

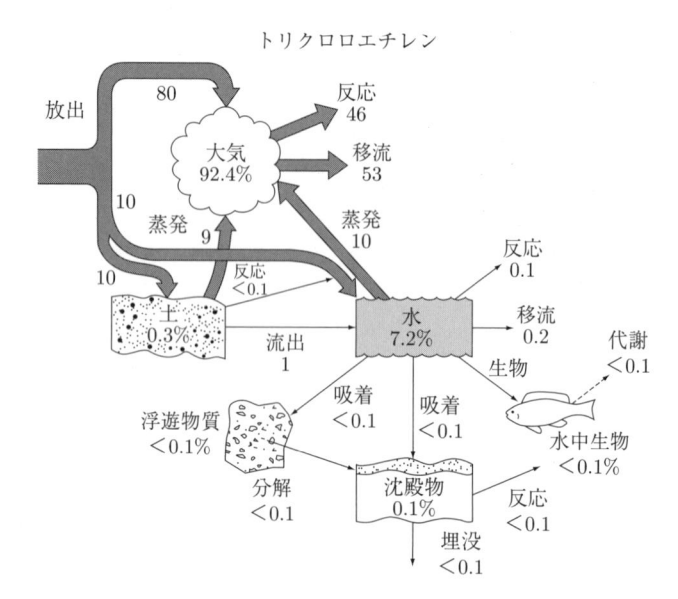

図 9.12 トリクロロエチレンの大気中，土壌中，水中への直接放出時の一定作用
転載許可：Mackay, *Canadian Water Resources Journal*, Vol.12, p.19, 1987.

出や滲出などは考慮に入れていない．平衡状態での分布を図に示している．

9.4.4 ソフト情報に基づくモデル予測

これまでにバクテリアや化学物質の濃度を予測するモデルを紹介してきた．濃度は測定可能である．したがって比較的正確に予想することができる．定量分析に基づき諸変数の値を特定することが可能である場合に予測モデルを構築することができる．しかし，しばしば容易でないことがある．政策立案などで取りざたされる生活の質 (quality of life) のように，直感的には何となく定量的に定義できそうなものもある．個々の主観的判断を数理モデルに反映できるといいだろう．

このようなことを考慮した数理モデルの例として KSIM を取り上げる．これはソフト情報 (soft information) を用いて，データに乏しい変数間の関係について判断や意見を取り込んで定量的な予想をめざすものである．KSIM は Kane, Vertinsky and Thomson (1973) によって開発された．直感や意見を精査し，政

策形成に役立てる手法である．

　輸入した石油を深海に貯蔵する設備の環境影響を検討するためのワークショップで KSIM モデルが使われた．ワークショップにはさまざまな分野から参加者が集まった．彼らはワークショップで取り組むべき問題について，まず基本的前提と「もしそうだったら」という問いを設定し，その問いに答えるべく議論し合った．たとえば，もし石油輸入が途切れたらどうするか？といった問いである．参加者は彼らが感じたことを主要変数として捉え，それらを KSIM 手法に則って問題を定型的な形にして整理する．各変数は最小値 0 から最大値 1 の間で定量化を図る．初期条件として各変数に値を与えて議論をスタートさせる．エネルギー消費，国内エネルギー供給，新エネルギーへの国内投資，既存エネルギーへの信頼性，国民による政府への信頼といった五つの変数について議論した，いずれも 0 から 1 の間で値をとる変数と見なした．

　次の手順として相関行列 (cross impact matrix) を作成する．五つの変数を行列の行方向と列方向に並べる．ワークショップでは二つの変数を順に取り出し，一対ごとに関係があるかどうかを判定し，関係があればその強さを -3 から 3 までの範囲で点数で示す．たとえば，参加者が新エネルギーへの国内投資と国内エネルギー消費に十分な正の相関があると判断すれば $+2$ を与える．言い換えれば，新エネルギーへの投資はエネルギー使用の増大をもたらすだろう．そのようにして相関行列の値をすべて求めることとする．

　相関行列内の値をすべて埋めたら，次いで KSIM を用いる．KSIM は変数間の相互関係を示す微分方程式で構成される．ここではモデルの詳細は省く．モデルのパラメータは初期条件と相関行列によって推定される．

　微分方程式を解くことで，時間変化する諸変数の挙動が示される．海中貯蔵設備のケースを図 9.13 に示す．ワークショップ参加者は計算結果を見ながら結論を説得力あるものに，あるいは各自の直感に沿うようになるまで入力値を改める．

　この段階で政策介入 (policy interventions) の検討に移り，KSIM モデルを作り直す．政策介入の影響に関する情報を得て，図 9.13 のようにいろいろな曲線を描いてみる．Mitchell ら (1975) が述べているように，KSIM は予測結果を導くよりも視点を変える，問題を明るみにする，関心を明らかにする，といったプロセスにその意味がある．

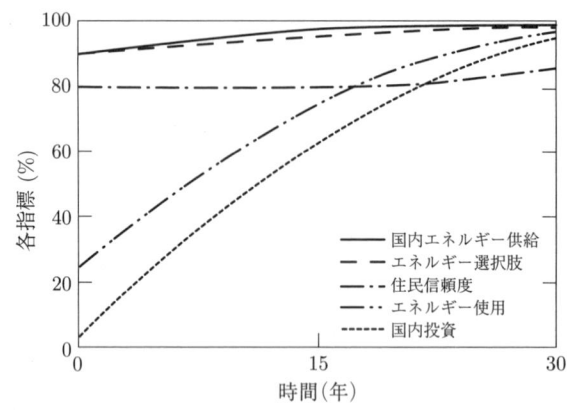

課題：海中貯蔵設備におけるさまざまな関わり合いを明らかにせよ
示唆：国内投資は着実に最大限近くまで増加
　　　エネルギー使用は着実に最大限近くまで増加
　　　住民の信頼度は安定
　　　国内エネルギー供給は最大限まで増加
　　　エネルギー選択肢は最大限まで増加

図 9.13 KSIM 深水港ワークショップでのサンプル結果

転載許可：Mitchell *et al.*, *Handbook of Forecasting Techniques*, IWR Contract Report 75-7, 1975.

　KSIMは一般的には予測モデルとは言いにくいかもしれない．KSIMの意義は，モデル利用者が変数間の相互関係に関してもつ直感や諸仮定を踏まえつつ，論理的な帰結を得るプロセスにある．KSIMで作られる方程式系は問題を説明しているようには見えない．諸変数は計測不能であり，予測の正確性を検証することはできない．

　ソフト情報を用いた数理モデルについては特に経験値と科学理論に基づく予測モデルを使う人びとから異論が唱えられている．具体的には，個々の問題ごとに変数間の関係が科学的に定義されなければならない，あるいは予測と実際が比較できることもモデルの価値を評価するうえで不可欠である，といった批判である．

　ソフト情報を用いたモデルの支持者は，観測値による定量的比較だけがモデルの有効性を検証する方法ではないと主張する．予測モデルの意義は他の利用可能な方法との比較により評価されるべきと捉えている．海中貯蔵設備のケースに対し，将来のシナリオを描くものとしてKSIMに代わる方法があるかどう

かである．主観的見解によりシナリオを描くことも可能であるが説得力に欠ける．ソフト情報によるモデルでは，変数間の関係について情報が十分揃っているとは言えない場合でも，その可能性を汲んでモデル構築を行う．逆に既往のモデル手法では，不完全すぎて受け入れられない重要な情報を見過ごしてしまう可能性がある．

ソフト情報を用いたモデルは，物理法則や統計解析に基づくモデルとは大きく異なるものである．検証可能性や式 (9.5), 式 (9.6) などにより定量性が問われる性質のものではない．KSIM のようなモデルは，政府の行動がもたらす影響を定量的議論にもち込むために関係者が視点を鋭くするための手法とも言える．

9.4.5 キャリブレーションとバリデーション

本章を終える前にモデルのバリデーション (validation) とキャリブレーション (calibration) の違いに触れておきたい．実際のデータを用いてパラメータを推定することをキャリブレーションという．図 9.9 で示したバクテリアの減少を表す係数を計算するのはキャリブレーションの一例である．一酸化炭素濃度を予想するために式 (9.6) の四つのパラメータを決定したプロセスもキャリブレーションである．一度モデルをキャリブレートすれば，将来の同様な問題における変数値を予想することができる．しかしモデルがバリデートされていなければ，モデルを用いた予測に対しその有効性が問われることとなる．

科学および工学においてモデルがバリデートされているとは，予測したものが実際に結果として得られたデータに近いかどうかが検証されているということである．モデルを検証するには，キャリブレーションで用いたものとは異なる観測結果を得なければならない．論理的におかしくならないように，モデル開発とモデル検証とでは異なるデータが使われなければならない．

有効な予測モデルは，実際に起きる事実とほどほどに近い予測結果を導くことができなければならない．しかし観測結果と予測結果を比較することは容易ではない．一つには，データを多く得るために費用をかけることはむずかしい．しばしば少ない実測データしか集められない．特に長い目で見た場合に，予測の正確性を達成することは困難となる．通常 10 年，20 年もかけて一つのモデルのためにデータを収集しつづけようとはしない．また新技術が開発されるなどして状況が変化し，現実と予測を比較することが無意味になることも多い．

予測値と実測値を比較することに加え，モデルの意義をどのように認めるかという問題がある．意味があるように振る舞うことが，モデルとして有効と捉える専門家もいる．たとえば大気汚染モデルは，政策や法令に関するさまざまな仮定の下で大気質がどのように変化するかを確認することにも用いられる．この場合，モデルの有効性の尺度はこれらの予測に説得力があり，モデル制作者の直観に当てはまっているか否かという問題になる．

意思決定を支援するに足ることもモデルの有効性の一つの基準である．そのモデルがどのように使われるかにもよるが，たとえば予測モデルが実際の結果より2倍高い（あるいは低い）結果を示すものであっても適切と認められる場合もある．

環境変化を予測するモデルを評価するうえでモデルの有効性の基準はほかにもあるだろう．Suter and Barnthouse (1993) は，モデルの有効性を示す標準的な基準として，予測の正確性を用いることは知的には満たされるものがあるが，実際のアセスメントにおいては意味がないと主張している．たとえばバリデーションについて言えば，変数の捉え方などのプロセスにもっと目を向けるべきだろうと言う．言い換えれば，モデルが科学的基準を満たすことが重要なのではなく，調べようとする影響を予測するうえで最良の方法となっているのかどうかが重要だと指摘している．

本章では特に定量的予測について取り上げてきたが，政策決定において質的な予測も重要である．これは予測手順の有効性にかかわる深い問題を有する．Culhane, Friesma and Beecher (1987) によれば，環境保護庁による29の環境影響報告書において行われた1100以上の予測のうち，定量的予測はその1/4に満たないとのことである．多くの予測内容は「高い」，「普通」，「わずか」といった記述にとどまっている．

環境変化の予測に向けて，数理モデルにはさらに総合性の視点からの考察が必要である．モデルはしばしばブラックボックスを含んでしまう．仮定や予測の前提の根拠が明確でない場合がある．そのような場合，モデルの結果を政策判断に使う当事者は，モデルが有効かどうか，定量的予測に意味があるかどうかが判断できないこととなる．

参考文献

Berns, T. D. 1977. "The Assessment of Land Use Impacts." In *Handbook for Environmental Planning*, ed. J. McEvoy III, and T. Dietz, 109-61. *The Social Consequences of Environmental Change*. New York: Wiley.

Cavalli-Sforza V., and L. Ortolano. 1984. Delphi Forecasts of Land Use-Transportation Interactions. *Journal of Transportation Engineering* 110(3): 220-37.

Clark, B. C., K. Chapman, R. Bisset, P. Wathern, and M. Barrett. 1981. *A Manual for the Assessment of Major Development Proposals*. London: Her Majesty's Stationery Office.

Culhane, P. J., H. P. Friesema, and J. A. Beecher. 1987. *Forecasts and Environmental Decisonmaking: The Content and Predictive Accuracy of Environmental Impact Statements*. Boulder, CO: Westview Press.

EPA(U. S. Environmental Protection Agency). 1973. *Environmental Impact Statement Guidelines,* rev. ed. Seattle: EPA, Region 10 Office.

Fedra, K., L. Winkelbauer, and V. R. Pantulu. 1991. *Expert Systems for Environmental Screening: An Application in the Lower Mekong Basin*. Report No. RR-91-19, International Institute for Applied Systems Analysis, Laxenburg, Austria.

MacKay, D. 1987. The Holistic Assessment of Toxic Chemicals in Canadian Waters. *Canadian Water Resources Journal* 12: 14-20.

MacKay, D., and S. Patterson. 1993. "Mathematical Models of Transport and Fate." In *Ecological Risk Assessment,* ed. G. W. Suter II, 129-52. Chelsea, MI: Lewis Publishers.

NcCoy, C. B. 1975. The Impact of an Impact Study, Contribution of Sociology to Decision-Making in Government. *Environment and Behavior* 7(3): 358-72.

Mitchell, A., B. H. Dodge, P. G. Kruzic, D. C. Miller, P. Schwartz, and B.

E. Suta. 1975. *Handbook of Forecasting Techniques.* IWR Report 75-7, U. S. Army Engineers Institute for Water Resources, Ft. Belvoir, VA.

Morris, P., and R. Therivel. 1995. *Methods of Envionmental Impact Assessment.* London: UCL Press, Ltd.

Suter, G. W., II, and L. Barnthouse. 1993. "Assessment Concepts." In *Ecological Risk Assessment,* ed. G. Suter II, 21-47. Chelsea, MI: Lewis Publishers.

Thomann, R. V. 1972. *Systems Analysis and Water Quality Maanagement.* New York: Environmental Research and Applications, Inc. Reprint.New York: McGraw-Hill.

Tiao, G. C., and S. C. Hillmer. 1978. Statistical Models for Ambient Concentrations of Carbon Monoxide, Lead and Sulfate Based on LACS Date. *Environmental Science and Technology* 12(7): 820-28.

第10章　環境評価手法

　環境計画では，代替案の評価あるいは優先順位付けが行われる．環境への影響を評価する際には，政治面，技術面，あるいは経済面からさまざまなファクターが考慮される．本章では，環境を中心に据えて，公共計画，意思決定にかかわる「評価」について考える．

　評価という言葉は曖昧である．Lichfield, Kettle and Whitbread (1975) によれば，いくつかの計画あるいはプロジェクトを何らかの視点で分析し，優位・劣位を比較し，論理的枠組みの下で分析の結果から得たものを行動に反映させようとする行為である．評価は意思決定とは違う．複数代替案の間の違いに着目し，その結果を情報として提示することで意思決定を支援する．本章では評価の手法に焦点を当てる．諸代替案に対してポジティブな面とネガティブな面を明らかにするような分析の手順である．

　評価は価値基準に基づく．あるいは複数の公共的な提案のなかから最良のものを選択するために用いられる一種類以上の価値の組合せに基づく．民主主義国家では，公共計画によって影響を受けるすべての個人それぞれの価値が受け入れられるのが通常である．この視点に立てば，評価は属性が異なる社会集団ごとの異なりを理解するプロセスでもあり，もろもろの代替案に対する意見，感想を理解するプロセスでもある．個人あるいは集団が公共計画の諸代替案をどのように価値付けるかを決める技法にはいろいろなものがある．これについては次章で触れる．

　何百もの評価手法があるが，いずれが優れているかという点から合意が得られたものはほとんどない．本章では，公共主体による評価の枠組みのなかで議論されるものと，実践的に使われるものの双方を取り上げる．評価の手順ではしばしば不確実性が無視される．そこで次に環境リスクアセスメントについて考える．環境リスクアセスメントは，計画やプロジェクトの代替案を選択する

際に不確実性を考慮に入れる試みである．本章では，法令面での評価と開発プロジェクトに対する評価のそれぞれに，環境リスクアセスメントがどのように寄与するかを解説する．

10.1 多基準分析

複数の代替案に対し，優先順位を付ける場合，その選択基準が一つで，またすべてのインパクトを同じ尺度で値をつけることができるならばこれほど簡単なことはない．たとえば，いくつかのプロジェクト代替案を純便益の最大化という視点だけで選択する場合である．この場合，「総便益と総費用の差」はドルなどの貨幣尺度で示され，プロジェクトのメリットを示す指標となり，プロジェクトを選択するための基礎情報となる．このような単一基準による評価の問題は第7章で取り上げている．

複数の環境ファクターが代替案の順位付けの根拠となる場合，これらファクター自体は意思決定の基準にはならない．いくつもの基準が考えられ，評価の尺度もドルであったり従事者数であったりとさまざまな可能性が考えられる．それらの尺度は単純に比較できず，単純に一元化した指標に置き換えることもむずかしい．

10.1.1 貯水池配置案を例として

仮想的に水資源プロジェクトに二つの代替案があるとして，二つの基準で評価するものとする．代替案Aでは貯水池をつくり，下流域での洪水を減らすことで大きな経済便益がもたらされる（図10.1参照）．しかし，この貯水池は重要な野生生物種の棲息地を水没させてしまう．代替案Bでは貯水池をより上流に設置することとして，野生生物種の棲息地の損失は小規模に抑えられる．しかし，下流域での洪水による潜在的損失を減らすことができない．なお実際には，より多くの代替案が検討できるであろうし，影響についてもさまざまなものが考えられよう．

表10.1は貯水池代替案選択問題を整理したものである．二つの目的が代替案の優先順位付けで考慮されている．一つは純便益の最大化である．これはドルという単位で計っている．もう一つは減少する野生生物種の棲息地の面積の最小化である．両代替案が同様の目的をもっているにしても，これだけでは順位

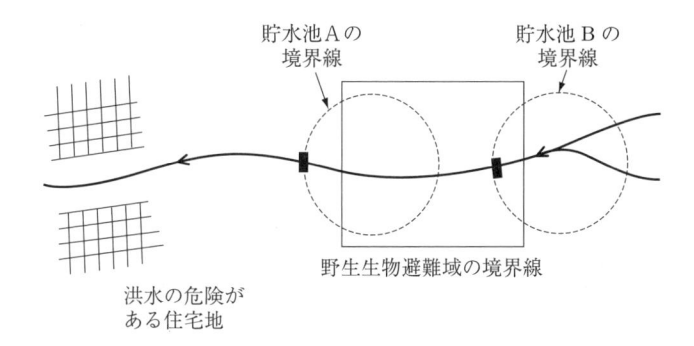

図 10.1　二つの代替的な貯水池プロジェクト

表 10.1　代替的貯水池案の影響

	代替案 A （下流サイト）	代替案 B （上流サイト）
純現在価値（百万ドル）	97	85
野生生物避難域の面積（エーカー）	5000	1000

付けができない．また，代替案を評価するための基準はドルとエーカーという異なる単位で示されている．これでは最終決定にもち込む上で決定的な情報を生み出す手立てがない．

10.1.2　評価ファクターと重み

公共計画の代替案を評価ファクターの視点から順位付けするのが便利である．ゴール，目的，関心，制約などが意思決定者あるいは公共主体にとって順位付けを行う上での評価ファクターとなる．貯水池の例では，純現在価値と野生生物避難域が評価ファクターであった．いずれのファクターを重視するかで順位付けは大きく異なる．しばしばファクターの選択が議論となる．公共計画では目を向けるべきものが三つある．制度・機構，コミュニティの相互作用，科学技術的判断である．計画者は評価ファクターをこれらに照らし合わせつつ選択するべきである．

公共計画の影響を受ける人びとが評価プロセスに参加できない場合がある．これを「当事者でない公衆」と呼ぶこととする．彼らの目的と関心は，国家あ

るいは地方レベルにおいて法律や政策，プログラムのなかで制度的には明示化される．彼らの判断は公職者を選ぶ形で，あるいは Sierra Club のような団体が政策的な提言を行う中で折り込まれる．貯水池配置計画の場合，明らかに存在する野生生物の棲息地を破壊することを州法などが禁じている．また，候補地に遠い人びとも貯水池の計画決定に意見を出すことを認めている．このような法律であれば，棲息地破壊への反対を述べるという意味で，貯水池の選択問題に関与する力を行使していることになる．計画者は運動団体らと接触したり法令や法文を確認することで，制度的な計画ファクターを把握することになる．

　計画者は直接的に地方自治体とかかわり合うことで地方の視点から問題を俯瞰し，また個々人の関心事をつかみ取る．このために計画者は，問題とそれに対して取りうる行動を理解し，その影響を見据えて整理したものを情報として提供するであろう．地方自治体は計画者に対し，彼らの理解するところ，彼らが順位付けを行う上で重要と考えるファクターをまとめて返すこととなるだろう．

　計画者はしばしば評価ファクターを代替案の明確化，影響評価などにもち込めるよう技術的な翻訳を試みなければならない．たとえばマス釣りを楽しみたいとする市民の欲求は，流水の温度，溶存酸素など数値で示されるものに置き換えて記述しなければならない．

　異なるファクターを考慮するうえで「重み」を考えることが重要である．たとえばマス釣りを行うために流れを維持することは，10エーカーの土地を確保することの2倍ほど重要である，というように重みについて明示的に言及することもできるが，一般的な合意形成のプロセスのなかで重みに触れることはあまり多くない．そういうときでも「重み」を考えることが議論の解決に繋がる場合もある．貯水池を作る際に棲息地を保護するのに4000エーカーが必要なプロジェクトを例としよう．表10.1に示すように，その費用（失う便益）は1200万ドルとする．これより意思決定者が，暗に棲息地に1エーカー当たり3000ドルの価値を認めていることになる．

　誰の評価ファクターとどの重みが関係するか．評価ファクターと重みはどのように順位付けに用いられるべきか．以下二つの節ではさまざまな評価技法を取り上げ，評価ファクターと重みについて考える．

10.2 費用便益分析の拡張

費用便益分析は開発プロジェクトを評価するのに長年用いられてきた．1980年代には環境政策も対象として多く実施されるようになった．合衆国では大統領令12291（くわしくは第3章を見よ）により，費用便益分析が国家法令に基づく評価技法として位置づけられた．

費用便益分析は公共計画において重要な存在であるが，その結果は必ずしも意思決定に強く反映されていない．どちらかといえば，当該政策が社会的に広く受け入れられるかどうかを判断するうえで多く用いられてきた．多くの経済学者が費用便益分析の有効性を支持してきたが，依然として実用上の課題が残されている．以下では費用便益分析の問題点をまとめるとともに，多基準分析への発展の可能性について触れる．

10.2.1 伝統的費用便益分析の限界

公共計画に対する経済分析では，計画の結果に対して表明される個々の支払意思額を指標として用いる．計画の実施にかかわる費用は便益を得るために逸する損失を意味している．経済学者はこれを機会費用として捉えている．その資源を使わなければ得られたであろう利得を費用とみなしている．投入と産出が結びついている競争市場の話であれば，市場価格が指標として用いられるはずである．しかし公共計画の対象は一般的に競争市場になっていない．図10.1に示した貯水池の例で言えば，洪水を防御するサービスは競争市場で販売される性質のものではない．適切な市場価格が見当たらないかぎり，費用と便益それぞれを推定して費用便益分析において用いることとなる．費用と便益を推定するにはさまざまな手法がある．分析者はそのなかからどれを選んでもよいが，政府の担当者は費用を低く評価するもの，あるいは便益を高く評価するものを選ぶ可能性もある．

費用便益分析を代替案の順位付けに用いるならば，すべての効果について便益と費用を明確にする必要がある．ここでは重みは必要がない．すべてドルなどの貨幣価値で示されているため，単純に足し合わせればよい．なお純便益の最大化に限定して順位付けを行うとすると，どちらかといえば政府主導的な捉え方となる．費用と便益の推定は基本的に行政によって行われるからである．

費用と便益の計算には市民は直接関与しない．このために，市民は費用と便益に対して十分な理解がない場合もある．

　費用便益分析の結果は，環境に影響する意思決定に要する情報としては限定的である．費用便益分析がシステムとして不十分，貨幣価値を十分に表現できていないのには重大な理由がある．図10.1に示す貯水池の例で言えば，費用便益分析は生息地の水没面積を最小化することで得られる利益を明らかにする．しかし費用便益分析は二つの代替案を比較するに必要な情報は提供していない．生息地の面積が貨幣価値で計られる場合には優先付けが可能となる．有効な方法論とは何かということが問題となる．また，そもそも生物学的に重要な場を面積で測り，これを貨幣価値に換算するということに哲学的に疑問を抱く人も多い．

　費用便益分析のさらなる問題点は，便益や費用の分配の公平性を考慮しないことである．集計的な経済効果を評価するのみで，どのグループにどのような得失があったかは明らかにしない．図10.1で言えば，代替案Bは代替案Aよりも多くの低所得者を洪水から守ることができる．伝統的な費用便益分析では，それゆえに代替案Bが望ましいという結論を導くことはない．もし低所得者への配慮があれば，代替案Bが望ましい案として支持されるであろう．純便益を評価するうえでは所得の分配は考慮されない．以上に述べてきた問題点はむしろ手法の発展を促し，適用範囲を広げてきたとも解釈できる．

10.2.2　多目的問題への費用便益分析

　費用便益分析を拡張する初期の試みとしてMarglin (1962)，Maass (1966)がある．彼らは，政府が多数の目的を謳っているにもかかわらず，費用便益分析が純便益の最大化という単一目的問題となっていることの不適切性を論じた．そして個々の目的に対応して，便益の階層を体系的に評価するべきであると主張した．

　Marglin, Maassは国家収入の最大化と，地方あるいは市民団体の収入の最大化という二つの目的が並存する問題を考えた．国家収入という便益は伝統的な費用便益分析で計算できる．一方，二つ目の目的は，再配分された収入という便益として，個々の地方や集団に流れたものを改めて計上する必要がある．一つひとつの目的に対する貢献を重み付けして足し合わせる．各種代替案はこれ

を用いて順位付けされる．2番目の目的に最小限の貢献があることを前提として，一つの目的への貢献度を最大化するようにするアプローチも考えられる．

　目的別の重みを付けて足し合わせる技法を用いて得た順位付けをもとに個々の評価ファクターを考えてみる．Marglin, Maassは国家収入と収入再配分の二つを目的として取り上げたが，ほかにも考えられる．公共的な意思決定を適切に行うには正確な目的を取り上げるべきである．

　重みを決定するに際して，重み付けされた目的は引きつづき議論の対象となる．多くの文献でその重みは「理論的で正当性がある」という言い方をする (Steiner, 1969)．経験的には，国家収入について暗黙の重みを実感することはよくある．過去の選択は，どちらかといえば政府寄りであったと言える．

　政策を立案するときには政策決定者が目的間の関係を十分吟味すべきであると主張する社会科学者もいる．官庁のアナリストに言わせれば，これは重みを吟味することにほかならない．収入の再配分と環境の質という多目的問題となる事例には依然としてあまり使われていない．

10.2.3　拡張費用便益分析の実施：Nam Choan ダム

　環境を考慮した費用便益分析を行おうとすると，各影響の貨幣換算の可能性および貨幣換算しない影響の取り扱いという課題に行き着く．本問題に関して，タイ西部を流れる河川 Quae Yai 川上流部で計画された水力発電所の例を取り上げる（図10.2）．中心的な課題はNam Choan ダムについてである．このダムは Thung Yai Naresuan and Huay Kha Khaeng の鳥獣保護区域内にある．鳥獣保護区域は1240平方マイルあり，タイで最大級の広さを有している．貯水池によってこの保護区域が分断される計画案に対し，1980年代後半，反対意見があがった．

　環境影響に関する論争を受け，環境影響を評価する委員会が暫定的に設立された．委員会では，貨幣換算できない環境影響とともに保護区域が減少することの損失と，それに相反して得られる純現在価値を分析することとなった．

　費用と便益を貨幣換算する手順を踏み，表10.2のような結果となった．貨幣換算した発電の便益は，プロジェクトを実施しない場合に他のプロジェクトから得る発電による便益を前提として計算した．貨幣換算した便益は，最小の支出が行われる代替案にかかわる費用に相当するということである．その他の便

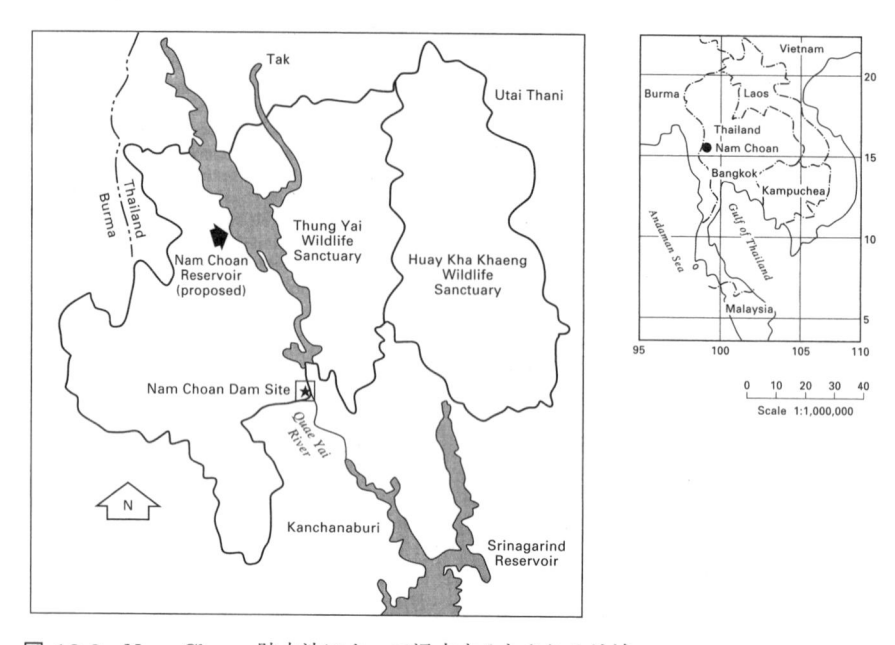

図 10.2 Nam Choan 貯水池によって浸水するとされる地域

転載許可：Phantumnanit and Nandhabiwat, "The Nam Choan Contrversy: An EIA in Practice", *Environmental Impact Assessment Review*, Vol.9, No.2, pp.137-38., 1989.

益は第6章で紹介した手法によって貨幣換算を行い，導いている．たとえば，貯水池のために森林がなくなることで材木が出荷できなくなる．その場合には材木の市場価格を用いた計算を行う．表10.2に示すように，貨幣換算した便益は現在価値に割り引くこととして年間約1億4000万ドルとなり，費用便益比は1.85と計算された．

評価委員会はさらに，貨幣換算できない便益と費用（表10.3参照）をまとめ計上した．これらの費用，便益を2種類に分けた．第1の分類はデータに欠損があったとしても定量的に影響を評価できるものである．ダム建設が生み出した雇用の増大（約5000人にのぼるとされる），保護区域に野生生物を見ようと訪れる観光客の減少などである．

第2の分類は定量不可能要素とでも呼ぶべきものである．表10.3にそのいくつかを示している．最終的な結果として，増大する地震リスク，保護区域の劣化などである．地震が起きればダム崩壊の危機がある．タイとミャンマーの国

表 10.2 Nam Choan プロジェクトの便益と費用

年間便益（百万ドル／年）	
・発電	48
・貯水池，ダム用地から伐採する木材	107
・貯水池での漁獲高	<1
年間費用（百万ドル／年）	
・維持管理	18
・環境ダメージの補償とモニタリング	19
・林産物収穫持続の機会損失	3
建設費用（百万ドル／年）	253

出典：Phantumvanit and Nandhabiwat, pp.143-44, 1989.

表 10.3 Nam Choan プロジェクトの貨幣換算不可能な便益と費用

定量可能要素（不完全・不確実を伴う）	
便益	費用
・貯水池での余暇・観光 ・地域住民の医療施設へのアクセス改善 ・建設労働者の雇用増 ・灌漑，その他用途の水源増	・自然を尊重する観光客の減少 ・水媒介疾病の増加

定量不可能要素	
便益	費用
・埋蔵鉱物と遺跡へのアクセスと機会の増加 ・非汚染エネルギー源としての水力	・浸水による埋蔵鉱物と遺跡の損失の可能性 ・野生生物保護区域の劣化 ・地震リスク増

転載許可（一部要約）：Phantumvanit and Nandhabiwat, "The Nam Choan Contrversy: An EIA in Practice", *Environmental Impact Assessment Review*, Vol.9, No.2, pp.144-45, 1989.

境には地学的に危ないところがあり，地震によるダム崩壊の危険を指摘する人もいる．地震動によるダム崩壊の危険性を示すデータはあるが，現時点では地震活動は不確実であり議論の対象としていない．

　野生生物保護区域の効果も不確かであり，異論の余地もある．ダムは動物の移動や川辺の動物が棲息する森林の破壊をもたらすものだが，保護区域にどのような生物種がいるかすべてを把握できていない．動植物にどれだけの影響をもたらすかも不明である．また，アクセス道路を建設することの影響も曖昧で

ある．道路を建設することで密猟，違法なキャンプ，農業が行われ，警備しなければならなくなるかもしれない．

最終的にタイの内閣は，1988 年にこのプロジェクトを無期延期とすることとした．その経緯については Phantumvanit and Nandhabiwat (1989) にまとめられている．具体的には，政府が Nam Choan ダムプロジェクトの純現在価値を評価したところ 1 億 4000 万ドルとなった．結果として，そこまで費用をかけて行うに値しないものと判断され，プロジェクトは否定された．

10.3 ファクター別重み付け表

表を作成して情報を整理する分析方法はたくさんある．表の列方向には一般的に評価ファクターを並べる．行方向には代替案を並べる．数値のみで特徴を説明する場合もあるし，環境影響を簡単に記述した文言を含める場合もある．

Canter (1979) は排水処理プロジェクトに対して，環境影響報告書の 28 項目に言及している．20 の報告書のうち大半は数値スコアで示され，どのような環境要素を考慮するものかを知ることができる．

10.3.1 順位に基づく表の作成

数値スコアは代替案の優先順位を決定するうえで役に立つ．たとえば，住宅地付近の道路について五つの代替案があり，これらが騒音によって順位付けされることとする．もっとも騒音が低い場合を a1，次いで低いものを a2 と順々に決める．a1, a2, ⋯ とせずに，「はっきりと影響がある」，「まったく影響がない」⋯，あるいは $+1, 0, -1$ などと記してもよい．

代替案の順位付けの例を表 10.4 に示す．これはカリフォルニア州 North Monterey 郡で排水処理施設を整備する計画案（ここで各代替案を R, S, T, U, V と名付けることとする）について使われたもので，費用とエネルギー消費の観点から各評価ファクターについて評価結果を示している．大体の評価ファクターにおいて「悪影響あり」，「好影響あり」，「要検討（不明または今後に問うべき課題を残している）」，「問題なし」という評価結果が与えられている．

表 10.4 のような記載は順序尺度に基づいていると言う．代替案間の相対比較あるいは順序だけが情報として与えられるもので，代替案間の差違について定量的な言及がない．ある代替案が大気質の観点で優れていても，他の視点では

表 10.4 カリフォルニア州 North Monterey 郡の排水処理施設計画代替案の評価概要 [a]

潜在的影響	R	S	T	U	V	No Action
物理的/生物学的影響						
考古学的資源	P	P	P	P	P	N
水質	A	A	A	A	A	A
土壌と作物	N	P	P	P	P	N
農業	N	P	P	P	P	N
地震リスク	A	A	A	A	A	A
地下水質	N	B	B	B	P	A
表面水質	B	B	B	B	B	A
Monterey 湾の水質	B	B	B	B	B	A
水供給と再利用	N	B	B	B	B	N
公衆衛生–水質汚染	B	B	B	B	P	N
公衆衛生–土地汚染	N	A	A	A	A	N
排水処理におけるエネルギー消費（ランク）[c]	2	6	4	4	3	1
美観	B	B	B	B	B	A
土地利用の変更	N	A	P	A	A	N
Salinas 川の生物相	A	P	A	A	A	N
Salinas 川ラグーンの生物相	B	B	B	B	B	N
海洋の生物相	B	B	B	B	B	N
建設による一般的影響	A	A	A	A	A	N
経済影響						
建設費用（ランク）	3	5	4	6	2	1
運用費用（ランク）	2	6	3	5	3	1
現地費用（ランク）	3	5	4	6	2	1
全体費用（ランク）	3	5	4	6	2	1
社会的影響						
発展誘発, 適応	A	A	A	A	A	N
地域受容	A	P	P	P	P	A

[a] 転載許可：Canter, "Final Environmental Impact Statement and Environmental Impact Report, Notch Monterey County Facilities Plan", Vol.1, US Environmental Production Agency and Monterey Peninsula Water Pollution Control Agency, San Francisco, 1979.
[b] 凡例：B:メリットあり, A:悪影響あり, P:問題あり（不明または質疑中）, N:なし．
[c] 比較ランク：もっとも受容可能を 1 とし, もっとも受容不可能を 6 とする．

好ましくないというときに，それぞれが量的にどれだけ優れているのかは示していないことになる．

10.3.2 ファクター別重み付けの総計

ファクター別に重み付けしたものを，最終的には合計して代替案を比較することが一般的である．いずれのファクターも1から10までなど得点に範囲を与えている．重みを割り当てることで，各ファクターの相対的な重要度が示されることとなる．カリフォルニア州 Palo Alto 市の土地利用計画の事例を紹介しよう．

1970年代前半，Palo Alto 市は計画コンサルタント Livingston and Blayney 社に市郊外の高台について土地開発手法の検討を委託した．Livingston and Blayney 社 (1971) では九つの評価ファクターに着目し，土地利用計画の代替案を比較検討した．順位付けに際し，政治的ファクターだけは特別としても，いずれの評価ファクターも考慮に値すると判断した．

コンサルタントは個々の評価ファクターの重要性を相対化するにあたって専門的判断を下す．九つのファクターに対し，それぞれ括弧内に示す重みを与えた．10年間の費用 (5)，20年間の費用 (5)，社会への影響 (8)，交通上のニーズ (3)，生態系への影響 (5)，火災の危険性 (2)，視覚的影響 (5)，地学的影響 (3)，水理学的影響 (2)．代替案ごとにそれぞれのファクターについて 1（悪い）～5（良い）の評点を与えた．個々の案について評点に重みを掛けて足し合わせ，評価値が求められ，代替案の比較評価に用いられる．

重み付けされた評点を足し合わせるという評価の手順は，他の多くの評価手法に対して容易さという点で明らかに優れている．個々の影響が（事前の段階で）明白かつそれらをどのように評価値にできるかがはっきりしていれば本手法が使える．評点と重みが決められれば，残るは計画案ごとに計算するだけである．

単純に重み付けして集計する本手法の弱点を補うために評点の信頼性を与えることが考えられる．ファクターの選択には恣意性が生じる可能性がある．しばしばそのような評価結果が計画の対象となる人びととの判断と食い違っているのではないかと批判を受けることもある．このような批判に応えるために，一般市民を評価に参加させる事例も見受けられる．

重みを決定するプロセスを改善することがこれまでにも試みられてきた．Hobbs (1980) は，重要度1～10を与えるというかたちでの重み付けは，よく使

われるものの選好を正しく反映していないと指摘する．理論的には指摘を肯定できるが，この問題を克服する方法を見つけるのはむずかしい．

単純に重み付けして集計する方法は，意思決定者に正しい情報を与えないという指摘もある．評点と思いはしばしば合わないと言わざるをえない．たくさんの数値を足し合わせて一つの指標にすることで重要な情報は削がれてしまう．評価ファクター間のトレードオフや専門家の知見に基づく評価が埋没する．複数代替案の間で評価すべき数々の影響を記述するために，情報量がいかにあるべきかが問題であるということである．

10.3.3 目標達成行列

以上に述べた表の作成あるいは重み付けの背後にあるロジックを拡張するものとして Hill (1967, 1968) の目標達成行列がある．彼のアプローチは，代替案の効果を，費用と便益の特定の根底にある「目標」と「目的」に照らし合わせて評価するものである．Hill によれば，便益はコミュニティが達成したい目的をどれだけ前進させるかを示すものとして，また費用は目的を後退させるものとして解釈する．

目標達成アプローチでは費用と便益を明示的に値として示す．このために，個々の計画案に対してさまざまな主体がどのような影響を受けるかが特定されなければならない．それらの主体にとってどれだけの価値があるかが重みの割り当てに通ずる．各主体が同じ目標に対してどれだけ異なる視点をもっているかを重みに反映させるというのが Hill のアプローチの特徴である．目標達成法では，一つひとつの目標ごとに相対的な重要度を重みとして算定する．コミュニティウェイトと名付けられ，それはファクター別に重み付けして集計した結果と等しいものと言える．

Hill は代替案の順位付けの決定について二つの方法を提案した．一つは，計画代替案の評価値を示す指標を求めずに評点と重みを提示するものである．その一例として，表 10.5 に交通の途絶とアクセシビリティ（2 地点間の交通のしやすさ）の点から二つの交通計画の代替案を比較している例を示す．この計画により下町と高台の両コミュニティが影響を受ける．代替案 A では高台の人びとのアクセシビリティが向上する．代替案 B では反対の結果となる．また代替案 A は高台のコミュニティが分断されるが，下町にはそのような影響はない．代

表 10.5 Hillの目標達成アプローチ

	目標1-アクセス性			目標2-コミュニティの崩壊		
目標におけるグループのウェイト	2			1		
	グループウェイト（ゴール1）	代替案A	代替案B	グループウェイト（ゴール2）	代替案A	代替案B
住宅地区グループ	3	+1	−1	3	−1	0
商業地区グループ	1	−1	+1	2	0	−1
目標達成の程度		+2	−2		−3	−2

出典：Hill, 1968.

替案Bは対照的に高台のコミュニティには影響を与えないが，下町のコミュニティに影響が生じる．これらの影響をスコアで見れば $+1=$ 正の影響，$0=$ 影響なし，$-1=$ 負の影響 となる．目標達成行列は表10.5に示すものとなる．

Hillの2番目のアプローチは，目標は各計画によってどれだけ良好に達成しうるかをスコアと重みによって表現するものである．指標はファクター別重み付けの集計と同じ方法で計算する．第1段階の計算として，各計画，各目標について目標達成の程度を求める．目標ごとに代替案による影響を表す順序スコアに集団の重みを掛けたものを足し合わせる．代替案Aによってアクセシビリティの目標はどれだけ達成できるかと言えば，高台のグループにとって代替案Aの評価値はアクセシビリティ1に重み3を賭けて+3である．下町はアクセシビリティ−1に重み1を掛けて−1となる．両グループを足して+2となる．代替案Aが目標をどれだけ達成するものかを示している．あらゆる組合せについて同様に計算し，結果として表10.5の最下段に示す結果が得られる．

第2段階の計算は目標達成に関する重み付け指標の算出である．すでに計算した目標達成値と表10.5の最上段に示したコミュニティのウェイトを掛け合わせた値を求める．代替案Aについては，表10.5の最終列の数値にコミュニティの重みを掛け合わせたものを足して求める．

$$(2)(+2) + (1)(-3) = +1$$

代替案Bについても同様に計算すると，−6という結果が得られる．

すなわち目標達成アプローチでは，コミュニティあるいは集団の重みを必要

とする．Hill はこの重みの具体的な求め方を説明しておらず，以下に示すさまざまな可能性のみ言及している．

1. 特定の活動，所在地，主体ごとの重要性と目的の重みについて意思決定者が問われることがある．
2. 住民投票で各コミュニティによる諸目的の重みを問うことができる．
3. 標本調査を行って諸目的の重みを問うことができる．
4. コミュニティ間の強弱関係，目的の重みに対する考え方，その発現の仕方が明らかにできる．
5. コミュニティの目標を定め，価値付けるのに公聴会のような方法が有効である．
6. これまでに暗にでき上がっていた目標の優先順位を明らかにするために，これまでの公共投資の実施状況を分析することが有効である．

集団ごとに異なる目標がある場合にそれらをどうまとめるかは次章で考えることとする．ファクター別に重み付けしたスコアの集計，目標達成行列はともにしばしば使われるものだが，たくさんある多基準意思決定手法のなかのたった二つの例にすぎない．より洗練された手法もたくさん開発されてきたが，数学的に高度で専門家でなければ使うことができず，実際にもあまり使われていない．

10.4 環境リスクアセスメント

本章ではこれまで，将来に起こる事象を確定的に捉えられるものとして扱ってきた．実際には，予想とはきわめて不確実なものである．数学者，科学者は数世紀にわたって，不確実な事象の生起を分析するために確率論と統計論を発展させてきた．その一方で，官公庁はあまり確率と統計を信用してこなかった．ただし，(1) 低濃度ながら長期的に人体に被害が及ぶ有害物質の影響，(2) 産業施設等の爆発など重大な事故をもたらす潜在的な可能性あるいは技術的システムの重大事故については例外であった．

1970 年代，リスク分析手法は毒物学，信頼性工学など各方面で発展し，環境リスクの影響評価に使われるようになった．環境方面の専門家は，経済発展の一方で事故にともなうリスクや低レベルなシステム操作が多大なコストをもた

らしていることに警告を発してきた．実際に以下のような事故が起こった．

1976年 イタリアのSeveso付近の化学工場の爆発で発生したダイオキシンにより100人以上に皮膚障害が起き，住民数百人が避難，農場では家畜の大量処分，汚染物質の回収処理に多大な労力が必要となった．

1984年 インドのBhopalの化学工場でメチルイソシアン酸塩が漏れだし，少なくとも1700人が死亡，20万人に重大な危機が及んだ．

1986年 ウクライナのChernobyl原子力発電所で原子炉が爆発し，数百人が死亡，数万人が移転を余儀なくされ，大勢の人びとが身体的にも心理的にも重大な健康被害を被った．

1989年 アラスカのPrince William Soundの海岸で大型タンカーExxon Valdez号が座礁し，1100万ガロンの原油が流出，600マイル先まで広がり，たくさんの被害が生じた．

重大な事故が起きたときに注意すべきものは，低濃度だが長期的に被害をもたらす有害物質である．合衆国では，有害化学物質の取り扱いが不適切なために地下水に浸透していることが社会問題となっている．

開発プロジェクトや環境政策の扱いが制度的に確立された国々では，1990年代前半からリスクアセスメントが行われるようになった．有害物質を扱う分野などで先進的に手がけられ，それらが土台となって国全体として環境リスクアセスメントを実施する時代へと変化した．

しかし環境リスクアセスメントという用語はまだ一般的でなく，次の点で合意されたものになっていない．

- 予定されたプロジェクトを認める決定は計画にないハザード（危険な結果）をも許容するのか．
- 環境法令がハザードの何を減じることになると言えるのか．
- ハザードの重大性をどのようにして定量化するのか．
- 予定されたプロジェクトで生じるハザードの発生確率をどうやって特定するのか．

発生確率に関する疑問はしばしば答えが用意できない．確率論的には，たと

えば建設が予定されている化学工場が大爆発する確率は100万分の1という言い方をする．確率を示す数値はしばしば不確かであり，（経験や知識がないために）解釈することもむずかしい．たとえば，コインを投げてオモテが出る確率は0.5であるという言い方は，経験的に2回に1回ぐらいはオモテが出ることを知っていて理解ができる．リスクアセスメントでは，産業事故やシステム故障など稀にしか起こらないであろう事象を対象としており，データもなく推定すること自体が困難である．このような場合に，専門家による判断をもとに確率の値を決め，それを主観的確率と呼んで用いることがある．たとえば気象専門家が，明日の降水確率は90%と言うときには主観的確率が用いられている．

10.4.1　リスクアセスメントの基礎

リスクアセスメントは一般的に次の四つのフェーズに沿って進められる（図10.3参照）．

- ハザード特定：ある特定の化学物質に晒されることで人体の健康や環境にどれだけの危険が及びうるか，予定されたプロジェクトがどのようにして危険な状態に至るかを考察する．そのために分析対象（範囲）を時間的および空間的に定め，内部の物質濃度を特定する．
- 曝露解析：どれだけの人口規模，生態系規模がハザードに晒されるか．どれだけ長く晒されるか．どれぐらいの可能性で？　曝露解析では分析者が物質の移動と生滅に関するモデルを作成し，広い空間内での濃度分布を特定する．さらに個々人が吸収することとなる物質量を推定する．
- 用量反応解析：物質に対する人間や植物，動物の反応が濃度によりどのように変わるかを調べる．健康リスクアセスメントでは疫学調査，動物実験，危険物質に長期間晒された人びとの観察などの結果を基礎情報として用いる．生態系リスクアセスメントでは特定の動植物の化学物質に対する反応を基礎情報として用い，生物種間の相関や生態系の構造，機能を踏まえ総合的に考察する．
- リスク特定：以上の諸解析をもとに総合的に考察し，ハザードに関する情報を整理する．ここで不確実性のレベルについても判断する．さまざまな仮定，不確実性をもたらす要因も含めさまざまな情報をできるだけ数値的

に示す．

環境リスクアセスメントには二つの使われ方がある．一つは低濃度だが長期的に被害をもたらす有害物質のリスクを対象とする場合である．もう一つは産業事故やシステム故障により危険が瞬間的に大規模に及ぶようなリスクを対象とする場合である．以下ではそれぞれの事例を紹介する．

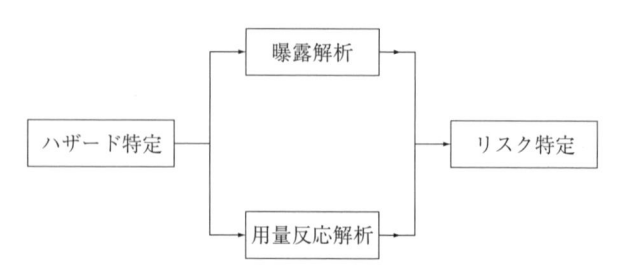

図 10.3 環境リスク評価アセスメントの四つのフェーズ

10.4.2 経年的低レベル曝露

図 10.4 はリスク分析の対象物質が低濃度で長期にわたって曝露する状況を説明している．埋立て処理が不適切なために危険物質が拡散する場合の曝露経路を示している．図に示すように，物質は風によって移動し，その経路は揺らぐ．また一部分は水中に入り込む．

ハザード特定

ハザードを特定するフェーズでは標本を抽出し，人間の健康と環境にリスクをもたらす物質を特定する．単純化のため1種類の物質，ここではベンゼンについて図 10.4 を用いて説明する．ベンゼンに関する知識とベンゼンで汚染した地下水を使用する可能性に関する情報を集め，リスク分析を行う．

ハザードの特定は，長期的な曝露も含め，(1) 汚染物質のリスト，(2) 生態系や人間に影響が及ぶ経路を明らかにするものである．有害物質が人間の健康に及ぼす影響に関するデータが分析に用いられる．生態系にかかわるリスクについては，影響を受けるであろう生物あるいは環境属性を特定するにあたり専門

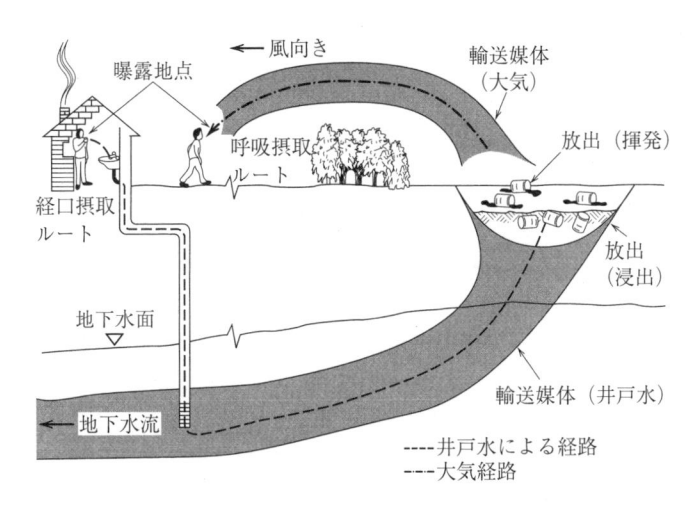

図 10.4 曝露経路の図解
出典：環境保護庁，1986.

家の判断が用いられる．

曝露解析

　曝露解析は，発生源における汚染拡散の情報を，人間など生物によって吸収される量の推定に関する情報に置き換える作業と言える．埋立て地からベンゼンが滲出する場合，移動と生滅のモデルにより，ベンゼンがどれだけ移動し，どこに集中するかを推定する．

　図 10.5 は移動と生滅のモデルにより，化学物質の拡散，集中，曝露と反応を示している．集中に関する情報は，人間の曝露に関する想定とともに用量に関する結果を計算するうえで必要である．人間の曝露に関する想定は，健康リスクを推定するうえで重要な変数となる．

　用量は濃度に摂取率を掛けて計算される．まず曝露シナリオを構築する．図 10.4 の地下水を例に取れば，ある一つの曝露シナリオは，人間による水の摂取に関する次の二つの疑問点に対する解答を導くであろう．1 日におよそどれだけ汚染を吸収することになるか．1900 年代前半から環境保護庁が使っていた想定では，生涯 70 年間で 1 日平均 2 リットルの水を摂取する．環境保護庁のガイドラインによれば，水中濃度 10^{-2} mg/ℓ のベンゼンの摂取量は以下のように

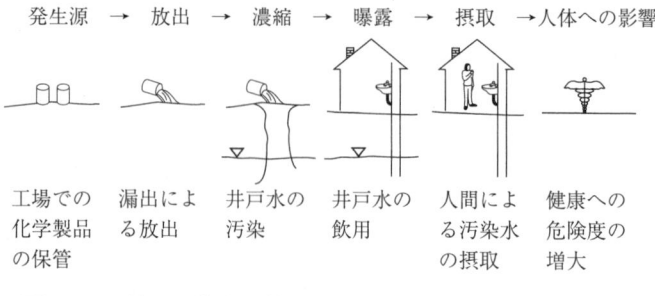

図 10.5 放出，濃縮，曝露，摂取と人体への影響との関連性
転載許可：アジア開発銀行, p.39, 1990.

計算される．

$$10^{-2}\,(\mathrm{mg}/\ell) \times 2\,(\ell/\text{日}) = 2 \times 10^{-2}\,(\mathrm{mg}/\text{日})$$

70年間の一生を通じて511mgのベンゼンを摂取することになる．

曝露解析では曝露経路の特定のみならず濃度と用量を計算する．ベンゼンの例を挙げれば，どれだけ多くの人が汚染した飲料水に直面し，どのような集団が敏感に反応するかが明らかとなる．生態系に対するリスクアセスメントでは，どの生物種，生態系が影響を受けるか想定しなければならない．

用量反応解析

用量反応解析では，汚染物質に晒された人びとが受ける影響に関する情報を活用する．水あるいはその他の環境質の汚濁に人間が曝露する状況については，毒物に関する研究の結果をまとめたデータベースを用いることとなる．環境保護庁ではさまざまな化学物質について，用量反応情報を記載した健康影響評価要約表を定期的に刊行している．この要約表では，いずれの物質についてもがんを引き起こすか否かの閾値である参考用量 (RfD:reference dose) を表示している．RfD は健康リスクの視点から，平均的曝露量より少し低めの値となっている．参考用量は次の2段階の計算を経て求められる．(1) 実証研究により影響が出なかった用量を特定する．(2) 不確実性を探るために，一つのファクターによって10か1000かというように用量を二分する．有害物質に関する動物実験の結果も不確実性を判断するうえで役立つ情報となる．高用量の場合のデータも役立つ．

健康影響評価要約表では参考用量に加え，がんの発生確率を高める有力ファクターに関する情報も示している．環境保護庁は発がん物質に関する生涯の曝露量を用いて発がんリスクを推定しているが，これには二つの想定がある．一つは，発がん物質に曝露することがなければ発がん率は0とし，悪影響は用量に比例する．これらの想定の下で，がんリスクは有効性ファクターと平均寿命を掛け合わせて求める．言い換えると，用量反応関数は原点を通る線形式となっている．図10.4のベンゼンの例でも，用量反応関数は線形式を想定している．環境保護庁によれば，ベンゼンの有効性ファクターは 2.9×10^{-2} (mg/kg/日) と報告されている．1日に濃度 10^{-2} (mg/ℓ) のベンゼンを含む2リットルの水を飲む人にとってのがんのリスクは，まず生涯の平均用量を体重70kgと想定して次のように計算する．

$$10^{-2}\,(\mathrm{mg}/\ell) \times 2\,(\ell/日) \times \frac{1}{70\mathrm{kg}} = 2.86 \times 10^{-4}\,(\mathrm{mg/kg/日})$$

がんリスクの増大は次のように計算される．

$$2.9 \times 10^{-2}(\mathrm{mg/kg/日})^{-1} \times 2.86 \times 10^{-4}(\mathrm{mg/kg/日}) = 8.29 \times 10^{-6}$$

結果として，このような水を飲みつづけることで，平均寿命を70年として100万人に8人の確率でがんが発生するという結論が導かれる．

用量反応に関するデータはかなり不確定的である．環境保護庁は閾値なしの線形モデルを提示しているが，これはかなり慎重気味である．環境保護庁 (1989) は，有効性ファクターの影響は95%区間で有意としている．言い換えると，有効性ファクターに関する計算を100回繰り返すと95回は環境保護庁が示した値より小さい計算結果となる．他の国々では政策指針や想定が異なっている．

リスク特定

リスクの特定は，これまでのフェーズと意思決定者の判断を統合するものである．人びとへのリスクを数値で示すだけでなく，その内容を特定するうえで設けた想定，不確実性を説明する．

リスク特定化を行うことで，意思決定者はリスクの推定値を解釈することができるようになる．次のような点でさまざまな想定や不確かさが説明される．

- 移動と生滅のモデルにより汚染濃度を予想する．
- 用量を計算するために曝露シナリオを作成する．
- 高用量の曝露に関する実証研究をもとに，低用量の物質曝露についても用量反応曲線を作る．
- 動物実験を参考にして人間の用量反応曲線を作成する．

リスク分析者はしばしば不確実性をどのように推定するかを明らかにしようとしない．環境保護庁では，健康リスクを計算するために最悪のケースとなる想定をたくさん作っているが，単一種類のリスクに関する報告をしているだけである．単一種類の報告だけという状況，たくさんの控えめな想定の下に報告が作られているという状況から，リスクと言われているものは実際には適当ではないのではないかという批判も出ている．

発がん性について取り上げてきたが，政府によるリスクアセスメントでは，人間の発がん効果に高い優先順位が与えられている．人間の健康に比べると動物種に対する考察が不足しており，科学者らは生態系のリスクアセスメントの新しい理論を打ち立てようとしている．

10.4.3 産業事故とシステム故障

産業事故や技術的システムの故障については，エンジニアリングアプローチと呼ばれる手法によってリスクアセスメントが行われる．どのようにして有害物質を特定し，どのようにして曝露解析を行うかに主眼を置くような，長期曝露に対するものとはまったく異なる分野のリスクアセスメントである．

沿岸の石油ターミナルや原子力発電所のようなプロジェクトでは，ハザード特定のフェーズにおいて「何がまずいか？」という基本的な問いかけがある．その答えは現場にある危険な物質を考察することで導かれる．人体に有害であったり，爆発性や引火性があるかもしれない．危険な物質が特定できれば，どのようにしてこの物質を環境に解放することが可能かが中心的課題となる．人為的ミスや物的な損失により，予定にない物質の解放が行われてしまうことがある．

予定にないハザードがどのようにして起こりうるかを特定するのは曝露解析で行う作業である．曝露シナリオを構築する技法は，ブレインストーミングから信頼性工学で体系立てられている方法に至るまでさまざまである．ここでは

信頼性工学の二つの手法を紹介する．

イベントツリー分析

　工業プラントにおける有毒ガス発生のリスクを例にしてイベントツリー分析を説明する．この分析ではまず初期イベントを決める．ここでは有毒ガス輸送者のミスとする．もし輸送者のミスにより有毒ガスが発生したらどうなるか？と問う．プラントでは緊急アラームシステムを用いて避難や他のハザードを操作管理する手順に移る．アラームシステムはガスモニタリング装置により動作する．もし輸送者がミスをしたらモニタリング装置が感知し，アラームを鳴らすよう信号を発信するはずである．

　図10.6のイベントツリーは起こりうるあらゆる事柄を明示し，どういう危険な状態になるかを表している．つづいてモニタリングシステムがもし動作しなかったならば，モニタから信号がなければ動作しないのでアラームシステムが作動する確率は0となる．生起確率はいずれも独立で，統計解析に基づいて推定している．ハザードが生起する可能性について確率理論を用い，複数の事象の組合せにより，ある事象が生起するということをツリー上のパスというかたちで表現している．

フォールトツリー分析

　フォールトツリー分析は，故障や事故を特定するシナリオを検討するもう一つの手法である．この手法はある危険な結果を最初に想定し，その結果を導い

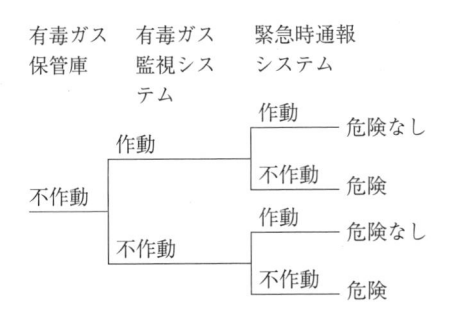

```
有毒ガス      有毒ガス       緊急時通報
保管庫        監視システム    システム

                             作動 ── 危険なし
              作動 ──────┤
                             不作動 ── 危険
不作動 ──┤
                             作動 ── 危険なし
              不作動 ─────┤
                             不作動 ── 危険
```

図 10.6　有毒ガス放出による危険性のイベントツリー

た原因となる事象の組合せに遡っていく．図 10.7 はプラントから有毒ガスが発生するという危険を対象にしたフォールトツリー分析を説明する．望ましくない結果——ここではガス発生によるハザード——をフォールトツリーの頂上に置く．ツリー下方に向けて分析を進め，どうしてその事象は発生したか？という問いに答えていく．有毒ガス発生というハザードと名付けた事象は，異なる二つの事象によって生起した．一つは容器のひびであり，もう一つは緊急対応システムの不備である．もう一つ下のレベルに降りて，緊急対応システムがどうして動作しなかったかを検討する．これはガス感知装置の故障またはアラームそのものの故障による．イベントツリー分析と同じように，個々の事象について確率値を推定する．また，確率理論に基づいてガス発生の総合的な確率を計算する．

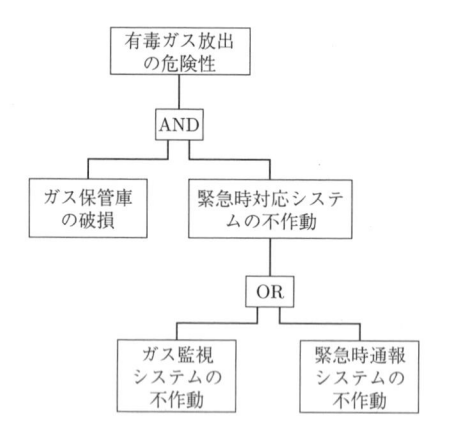

図 10.7 ガス放出危険性のフォールトツリー

リスクアセスメントの追加的手順

　技術的システムの故障に対するリスクアセスメントでは，事象を特定するのに加えて曝露シナリオを作成する．このシナリオは低濃度の汚染物質による長期曝露の例とほぼ同様の手順で作成される．たとえば有毒ガスが工場施設から発生した場合の曝露経路が描かれる．そして生態系や人間に影響が達するプロセスを描写するのに輸送と生滅のモデルと曝露計算が用いられる．

用量反応解析とリスク特定において，事故や故障をどのように扱うかが残る手順として課題となる．基本的には低濃度有害物質の長期曝露と同じである．しかし詳細においては異なっている．産業事故や技術的システムの故障は，ハザードが低確率かつ壊滅的な性質をもっていることが多い．リスクの定量的分析では曝露状況に応じた生起確率を求める必要がある．アセスメントの結果はリスクが受け入れ可能か否か，あるいは受容するにはリスクがあまりにも高すぎてこれを軽減する方策が必要とされるか否かを判断することに活用される．

10.5 代替案評価に向けたリスクアセスメント

リスクアセスメントの専門家は，リスクマネジメントとリスクアセスメントを区別して用いる．リスクアセスメントは科学的で合目的的であるのに対し，リスクマネジメントはリスク軽減の便益や費用についてのトレードオフを判断することなどを指している．一方で，リスクアセスメントを費用便益分析に応用することも可能であるし，統合された枠組みである費用リスク便益分析 (cost-risk-benefit analysis) というものもある．

Cox and Ricci (1989) は費用リスク便益分析のフレームワークを提案し，長期的な健康リスクへの対策案を評価するのに用いている．Cox and Ricci は「通常の実行」と称して次の手順を説明している．

手順1：諸リスクに対する統計的生命価値を算定する．（たとえば危険な作業をする労働者などについて）1980年代に示された説得力ある数値として50万ドルという計算例がある．

手順2：リスクをコントロールするための対策案について費用を算定する．可能性があれば，行動するというような対策案も含まれる．対策を実施することにかかわる総費用を計算してコントロールにかかわる直接費用を用いることもあれば，失った便益（すなわち機会費用）の価値を計算することもある．

手順3：コントロール案で誰が費用を上回る便益（手順1で求める統計的生命価値に基づく）を享受することとなるかを調べる．

手順4：さらなる対策を行うことでかかる費用が対策によって得られる便益を

表 10.6 汚染物質に対する長期的低レベル接触のリスク評価によって影響される判断

- 制御決定限界
  現在制御されていない物質は制御されるべきか？
- 汚染地域での浄化対策
  ある汚染地域において，どのような改善策を実施すべきか？
- 周辺基準
  ある物質に関し，大気中・水中においてどのような濃度で許容範囲を超えるリスクとなるか？
- 汚染物質の廃棄限界
  ある地点において，大気中・水中に廃棄される汚染物質がどのようなレベルになると許容範囲を超えるリスクとなるか？
- 環境問題解決における優先順位の設定
  環境プログラムに配分するリソーセスに対し，関連（または比較）リスク情報はどのように活用できるか？
- プロジェクト案の可否
  開発プロジェクト案は，人的健康や環境に対してどのようなリスクを伴い，またそれらのリスクは他のプロジェクトの影響に対してどのような重大性があるか？

上回るとき，リスクは受容可能と言える．

Cox and Ricci(1989) も指摘するように，以上の評価手順には多くの異論が出されている．たとえば，多くの応用例が便益を明示的に比較していない．反対意見の多くは既往の費用便益分析に対するものと同様である．たとえば衡平性の配慮に欠ける．費用リスク分析の結果として示される値は絶対的なものではなく，あくまで参考値である．受容可能なリスクのレベル自体が社会的選択問題の対象となる．

以下の事例では，環境リスクアセスメントが環境政策や開発プロジェクトに向けてどのように使われているかを紹介する．やはりここでも，低濃度の有害物質による長期的な曝露と産業事故および技術的システムの故障とでは話が違う．

10.5.1 有害物質の経年的曝露

表10.6に示すように，低レベルの有害物質による経年的曝露に対するリスクアセスメントは六つの種類に大別される．費用や技術的実行可能性，環境法令による要件などを勘案しながらリスク分析が行われる．

表10.6の最初の分類は閾値に関する問いに対応する．ある物質は規制をかけ

るべきか？廃棄物処理プログラムを実行する際にこのような問題が顕在化する．環境に携わる省庁は物質が有害であるか否かを決めなければならない．そのためにリスクアセスメントを行う．

他の例として二酸化炭素，温室効果ガスの法令に関する検討例を取り上げる．地球温暖化のリスクは気候変動枠組み条約に関する国際パネルで検討してきた．このパネルは国連で2500人の科学者を一堂に集めて，温室効果ガス排出を規制する国際条約の締結などに対しアドバイスを与えるものである．パネルで規定した不確実性のレベルは，1990年代前半に多くの政府が温室効果ガスの抑制に向けて進めた小さな一歩となった．

第2のカテゴリーは，廃棄物処理施設の配置箇所を変更するような話である．たとえば合衆国スーパーファンド法では，廃棄物施設の配置箇所の見直しを行った．その際に移転先の配置可能性がリスクアセスメントにより検証された．

表10.6に示すように，リスクアセスメントは環境基準にも廃棄規制にも使われている．オランダの環境政策計画は，あらゆる物質について2000年まで最大のリスク受容制限を超えないこととした（図10.8参照）．オランダでは生態系にも人間の健康にも環境リスクを考慮している．焼却施設のダイオキシンについては最大リスクガイドラインも用いられている．このようにリスクアセスメントは大気質の基準づくりにも活用されている．リスクアセスメントも費用便益分析も，オゾンなどの大気質をコントロールするために代替案を評価するのに使われている．

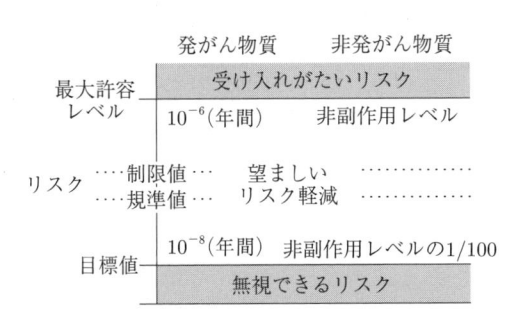

図 10.8 オランダのリスク政策：化学物質に対する曝露の上限・下限

転載許可：*Environmental Impact Assessment Review*, Vol.15, No.5/6, p.428, 1994.

表10.6の次のカテゴリーは比較リスクアセスメントの使用についてである．リスクアセスメントを支えるものとして米国環境保護庁が行ってきたものである(1987)．これはリスクアセスメント終了後に行うもので，相対的なコメントを示すことで省庁などの政策立案者が優先順位を検討する際に役立つ．1987年のレポート以降，相対的なリスクの算定に用いられ，国レベル，州レベル，あるいはもっと狭い範囲で環境上の優先順位を定めるために用いられてきた．比較リスクアセスメントの使用が増えるにつれ，低リスク問題を解決するために資源保護が有効であることが認識されるようになった．比較リスクアセスメントの提唱者らは，問題対応的で漸次的に政策が改善されるのに好適であると主張している．たとえばリスク削減策を貨幣価値で比較する場合に，資源が費用効率的に配分されているかという観点からリスク低減の度合いが適切かを判断する．

合理的なリスク削減策には反対者が出てくる場合もある．反対者側から以下のような疑問が呈されることがある．

- どのようにして多くの不確実性を定量的に推定できるか．
- 必然的ではないリスク（生ガキを食べるようなこと）とそうではないリスク（汚染された空気を吸ってしまうこと）と区別しなくてよいか．
- 貧困層や民族的マイノリティが受けるリスクは，彼らが不公平な立場にいることを理由に少なくしないのか．

これらの問題とともに，合理的なリスク削減とはどのようなものかという議論もある．

表10.6の最後の分類として，政府が開発プロジェクトを認めるかどうかという視点がある．ここでは，リスクアセスメントは環境影響評価の一環として行われる．

10.5.2 産業事故および技術的システムの故障

事故リスク，システム故障を解析することで，予定された開発プロジェクトに対する環境影響評価が質的に向上する．すでに述べたように，低濃度の有害物質による長期曝露のリスクアセスメントは環境影響評価の一環として行われている．農地に除草剤を散布するプログラムに対する環境影響評価において環

10.5 代替案評価に向けたリスクアセスメント

境リスクアセスメントを実施した例と，都市ゴミを焼却する施設を建設するプロジェクトの例を紹介する．

産業事故やシステム故障，あるいは低濃度の有害物質による長期曝露の危険があるプロジェクトについては，環境影響評価においてリスクアセスメントも必ず行われるようになってきた．リスクアセスメントは高額だが，プロジェクトの内容によっては環境影響評価で必須となってきている．

アジア開発銀行が環境影響評価の一環としてリスクアセスメントを行った事例を紹介する．図10.9に示すように，アジア開発銀行が支援するプロジェクトで環境影響評価を必須とするタイプは二つある．一つはカテゴリーCで，明らかに環境へ悪影響があるタイプである．また一つはカテゴリーDで，環境問題の解決に直接的にかかわるものである．図10.9にはリスクアセスメントの必要性の有無を決定するための基準が示されている．1番目の例として，石油精製処理場の例と沖合に石油掘削基地を建設するプロジェクトの例を取り上げる．1番目の例は明らかにリスクがあるが，ハザードが現実化する確率がきわめて低い．2番目の例については，廃棄物処理場が不適切に作られたために低濃度だが有害な物質に曝露する危険性がある場合である．アジア開発銀行は，リスクアセスメントが必要かどうかの判断を下すためのチェックリストを用意した．

リスクアセスメントを行うべきリスクの高いプロジェクトについては，アセスメントの結果が以降の意思決定にどのような影響を及ぼすだろうか？基本的には責任官庁がプロジェクトを実施して良い／良くないという判断に用いるであろう．また判断を行うには十分に分析結果が揃わない可能性もある．リスクアセスメントの結果は，リスクを受容可能なレベルまで減じるための対策を導くために求められる．

開発プロジェクトのリスクを減じるためにさまざまな手順を踏まなければならない．工場建設の場合，リスクを減じる方策としては以下のようなものが考えられる．

- 保管システムが故障したら，有害ガスをバックアップ容器に回収できるようプロジェクトを変更する．
- 品質管理の基準を設ける．
- 危険が発生したときに職員が安全に避難できるようにするなど緊急対応計

アジア開発銀行プロジェクト				
潜在的環境影響に基づく分類				
A. 重要な悪影響がほとんどない	B. 迅速な緩和処置の影響	C. 詳細な環境影響評価を必要とする影響	D. 環境上適切に導かれたプロジェクト

リスクに基づく分類				
		影響頻度	
		低	高
影響の大きさ	低	通常的に受容可能	環境リスクアセスメント実施を推奨する
	高	環境リスクアセスメントを実施すべき	プロジェクトは受容しがたい

図 10.9 アジア開発銀行のリスク評価を実施すべき案件識別のためのスキーム
転載許可：アジア開発銀行, p.11, 1990.

画を策定する．
- 職員を訓練し，物質を安全に取り扱うための手順と危険を減じる方法を策定しておく．
- 危険な産業活動と学校や住宅地など慎重を要するエリアが離れるようゾーニングを改める．

改めてリスクが受容可能なレベルまで下がっているかどうかを判断するために再度アセスメントが行われる．受容可能なレベルについて世界共通の基準はない．図 10.10 にオランダ政府が 1980 年代に作った受容可能性についての基準を示す．これらは低確率だが重大な事象に適用される．具体的には工場施設から有害物質が発生するような事故を対象としている．

1980 年代以降，リスクアセスメントは多くの開発プロジェクトに対して行われるようになった．

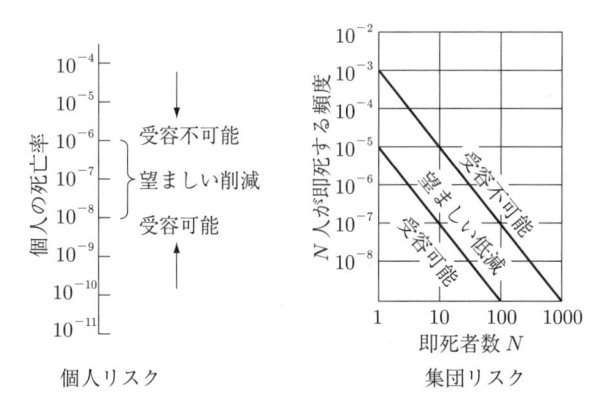

図 **10.10** オランダにおける安全政策のためのリスク基準
　　転載許可：Van Kuijen in Maltezou, Biswas and Sutter(eds), *Hazardous Waste Management*, 1989.

1982 年　欧州経済共同体 (the European Economic Community) は産業における潜在的なハザードを分析することを義務づけた Seveso Directive 法を採択した．

1984 年　インド Bhopal での災害をきっかけに，世界銀行は支援するプロジェクトに対し，大規模事故を防止するためのガイドラインを設けた．

1992 年　50 以上の銀行が，貸付の際に行う信用リスク評価の一環として，環境リスクアセスメントを実施することについて協定に署名した．

　1990 年代半ばにおいては，環境リスクアセスメントとその結果を実現させる方策の間には大きなギャップがあった．それでもなおリスクアセスメントの需要は増大し，それに対応してさまざまな取り組みがなされている．

参考文献

Asian Development Bank. 1990. *Environmental Risk Assessment: Dealing with Uncertainty in Environmental Risk Assessment*. ADB Environmental Paper No. 7. Manila: ADB.

Canter, L. W. 1979. *Environmental Impact Statements on Municipal*

Wastewater Programs. Washington, DC: Information Resources Press.

Cox, L. A. Jr., and P. F. Ricci. 1989. "Legal and Philosophical Aspectes of Risk Analysis." In *The Risk Assessment of Environmental and Human Health Hazards: A Textbook of Case Studies*, ed. D. J. Paustenback, 1017-46. New York: Wiley Interscience.

EPA(U.S. Environmental Protection Agency). 1986. *Superfund Public Health Evaluation Manual.* Office of Emergency and Remedial Response. Washington, DC: EPA.

—. 1987. *Unfinished Business: A Comparative Assessment of Environmental Problems.* Office of Policy Analysis. Washington, DC: EPA.

Hill, M. 1967. A Method for the Evaluation of Transportation Plans. *Highway Research Record* 180: 21-34.

—. 1968. A Goals-Achievement Matrix for Evaluating Alternative Plans. *Journal of the American Institute of Planners* 34: 19-217.

Hobbs, B. F. 1980. A Comparison of Weighting Methods in Power Plant Siting. *Decision Sciences* 11(4): 725-37.

Lichfield, N., P. Kettle, and M. Whitbread. 1975. *Evaluation in the Planning Process.* Oxford: Pergamon.

Livingston and Blayney, Inc. 1971. *The Foothills Environmental Design Study: Open Space vs. Development.* Final Report to the City of Palo Alto prepared by Livingston and Blayney, City and Regional Planners, San Francisco, CA. Unpublished.

Maass, A. 1966. "Benefit-Cost Analysis: Its Relevance to Public Investment Decisions." In A. V. Kneese, and S. C. Smith, 311-327. Baltimore: Johns Hopkins University Press for Resources for the Future, Inc.

Marglin, S. A. 1962. "Objectives of Water Resource Development: A General Statement." In *Design of Water-Resource Systems,* ed. A. Maass et al., 17-87. Cambridge, MA: Harvard University Press.

Phantumvanit, D., and W. Nandhabiwat. 1989. The Nam Choan Controversy: An EIA in Practice. *Environmental Impact Assessment Review* 9(2): 135-47.

Steiner, P. O. 1969. *Public Expenditure Budgeting.* Washington, DC: The Brookings Institution.

van Kuijen. C. J. 1989. "Risk Management in the Netherlands: A Quantitative Approach." In *Hazardous Waste Management,* ed. S. P. Maltezou, A. K. Biswas, and H. Sutter, 200-212. London: Tycooly.

第11章　公衆参加と合意形成

　市民が計画・設計のプロセスに参加する度合は時と場所によって異なる．1960年代後半，多くの国で市民参加の動きは強まった．市民が政府や計画決定前のプロジェクトに対して，自らの考えを表明するための手順が確立されていった．
　プログラムはさまざまな観点で公衆と関係している．公衆参加が必ず成功するというような方式は存在しない．市民参加のプログラムは，プロジェクトごとにその内容，役所，市民の特性に応じて設計されるべきである．
　本章では最初に，公衆参加プログラムの目的を明らかにする．特にプロジェクトや法令にかかわる意思決定に関心をもつ市民あるいはグループを，公衆として特定する方法に目を向ける．また一般的な公衆参加の手法を，長所と短所の観点から整理する．陸軍工兵隊による洪水管理を例として取り上げ，公衆参加を導入して計画策定をどのように質的に向上させたかを解説する．
　章の後半では，官公庁と市民の利害が対立したときに何ができるか，しかも公衆参加プログラムを執行した後でも解決可能かという問いに関して考察する．環境にかかわるコンフリクトを解決するために行われる調停プロセスの役割について検証する．このために，カナダにおける防かび剤の登録要件にかかわる調停プロセスを事例として取り上げる．

11.1　公衆参加プログラムの目的

　市民の誰もが公共計画に参加することが望ましいとする民主主義の理想の下に，公衆参加プログラムには正当性が認められる．もちろん選挙で選ばれた代表者も民主主義に則っているが，市民が自らの考えを発言する機会や，官公庁による計画に関与する機会をもちたいと思う場合もある．選挙区の増大や社会問題の複雑化により，市民が市民団体や人びとの考えを，被選挙人を通じてではなく直接的に聞きたいと考えるようになってきた．

表 11.1　公的関与の複数目標

・コミュニティや環境に影響を与えやすい判断の改善
・市民の声を聞く場を提供
・市民に結果に影響を及ぼす機会を提供
・プロジェクトの公的許容性を評価し，緩和策を追加
・当局プランに対する市民の反対を緩和
・当局とその判断プロセスの正当性の確立
・市民を巻き込む法的条件の合致
・当局スタッフと市民の双方向コミュニケーションの確立
　　-公的懸念と価値の明確化
　　-市民への当局プランの説明
　　-当局への代替案と影響の告知

Ketcham, 1992, FEARO, Vol.I, pp.7-8, 1988, Parenteau, p.5, 1988 などに基づく．

11.1.1 官公庁の目的と市民の目的

公共計画のための公衆関与 (public involvement) において，市民と官公庁が必ずしも同じ目的をもっているとは限らない．公衆関与がめざすゴールは，表11.1 に示すようにさまざまである．官公庁も市民も相互に情報を交換したいというように目的が一致することもある．しかしながら，市民の目的と官公庁の目的がずれる場合もある．たとえば官公庁は，法的要件を満たすための活動として公衆関与を実施する場合もある一方，市民は官公庁が進める計画決定に声を届けたいと考える．市民は公衆関与プログラムを，自らの主張を届け，関心を共有する権利を行使する場と捉える．官公庁側が率直に市民の意見を聞きたいと捉えているか，単に公衆関与の場を用意したいと考えるだけかで，公衆参加のありさまは大きく違ってくる．

官公庁と市民は公衆関与のプロセスに違う考えをもって臨むこととなる．官公庁側は特定のプロジェクトに対し，市民の合意を得るために，また潜在的な利害対立を調整するために，公衆関与プログラムを適用する．こうして役所は，法廷闘争にかかわる時間と支出を回避しようとする．対照的に市民個人あるいは団体にとっては，関係者の合意を求めることよりも，個々の目的が守られるよう問題解決の糸口を求めようとする．

Parenteau (1988) は計画プロセスにおける市民参加を分析して，「誰かが中立的に参加を制御できると考えるのは幻想だ．…　それは社会政治的に特殊な

手段であって，政治的影響力をもつ動きをとる社会の一部の人びとに資するものと理解される」と述べている．参加は市民と官公庁が彼らの目的を果たすための一つの手段と捉えられている．

11.1.2 市民参加のレベル

公衆関与プログラムに関する主張・批判を広く見渡してみると，Arnstein (1969) は市民参加にはレベルがあり，いわば階段を構成していると述べている．彼女は市民の層を「不参加」，「形だけの参加」，「強力な参加」と三つのレベルに分けている（図11.1参照）．

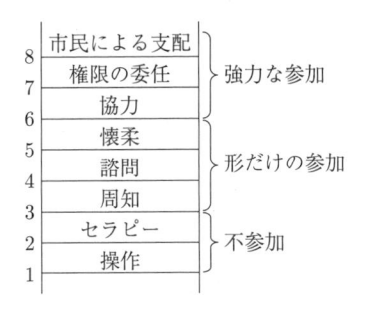

```
8  市民による支配  ┐
7  権限の委任    ├ 強力な参加
6  協力       ┘
5  懐柔       ┐
4  諮問       ├ 形だけの参加
3  周知       ┘
2  セラピー     ┐
1  操作       ┴ 不参加
```

図 11.1 市民参加の八つのはしご段
出典：Arnstein, p.217, 1969.

これらには連続性があり，儀式的な参加から，結果に影響を与えるような本当の力をもつような段階までにはかなりの差がある．

最初の分類「不参加」は，官公庁が強制や意識変化を促そうとするときに顕在化する．Arnsteinはこれらを純粋な参加や著述に代わる一つの戦術としている．彼らの本当の目的は，人びとを計画プロセスやプログラムに参加させようとしているのではない．権利をもつ人びとを教育あるいは救済しようとするものである．

Arnsteinの2番目の分類「形だけの参加」は，公衆が参加を認められたときに生じる．彼らが参加するようになっても，即座には官公庁の決定に影響をほとんどあるいはまったく与えない．この段階は，情報の伝達あるいは協議というレベルにとどまるものである．Arnsteinは，情報伝達や協議が提案されても

多くの市民は聞くだけ，あるいは聞かされるだけに終わると述べている．しかしこのような状況がないと，彼らの視点を支えるものがなくなってしまう．

最後の分類「市民パワー」は，市民と官公庁のパートナーシップを発達させるものであり，市民によってプログラムが前に進むものである．Arsteinの階段で高いレベルに居る彼らは，市民の力を交渉や投票によって行使する．たとえば，プロジェクトを推進するために近隣関係を濃密にする．しかしこの高いレベルでも，官公庁が主導力をもちつづけると目的が達成できない場合がある．

11.2 公衆とは誰か

公衆関与を実行するうえで最初に公衆を特定する．公衆は一体的なものではない．たくさんの，多様な関心や繋がりをもった人びとの集まりである．関心が何であるかによって公衆の指すものが変わる．

公共プロジェクト，法令上の意思決定により影響を受ける市民の特徴を述べる．

- **近接性**：予定されたプロジェクトの近隣に住む人びとは汚染，地価上昇，地域が受けるメリットなどに関心をもつだろう．
- **経済**：不動産事業者のように経済上の関心を強くもつ人びともいる．
- **利用**：既存の施設を利用している人びとは，新しいプロジェクトや法令上の決定でその施設が使えなくなるのではないかと不安を抱くかもしれない．
- **社会環境問題**：予定されたプロジェクトが社会に公平性をもたらすのか，文化の向上をもたらすのか，あるいは環境リスクをもたらすのか，ということに関心をもつ人もいるだろう．
- **価値**：人間以外の生物種の権利を主張する人びとなど，強い信条をもつ人びとも予定されたプロジェクトあるいは法令上の決定に関心をもつだろう．

市民参加の専門家は，公衆を「自己確認」，「職業的自覚」，「第三者の自覚」という観点から分類する(Willeke,1976)．「自己確認」においては，個々人や集団は自らの関心を理解するに至る．役所が提案するプロジェクトや法令は，公聴会を開催したり，担当者の電話番号・住所を公開することで，彼らを動かすことができる．小規模のプロジェクトであれば，役所はポスターやチラシ，返信葉書を駅やスーパーマーケットに置くだけで自己確認のプロセスを達成できる場合もある．

表 11.2 当局提案の影響を受ける可能性のある関係者の識別

- 地図と逆引き電話帳
  地図は，当局案実行によって直接影響を受ける対象者の洗い出しに活用．たとえば，地形図と街図は共に水害抑止プロジェクトの影響を受ける住民の明確化に利用可．逆引き電話帳は名前と住所の検索に使用．
- 人口調査データ
  ある特定の年齢層に属する特定対象市民は，人口調査記録を使用して識別可．
- 資産所有者の記録
  資産所有権の地域別記録は，当局案に影響される住宅所有者特定に活用．
- 郵便リスト（通信リスト）
  当局が過去の計画実行時に使用した郵便（通信）リストは，今後の計画案に関心のある市民やグループの洗い出しに役立つ．また，関連分野の機関の郵便リストも便利．
- 地域組織リスト
  コミュニティグループや特別利益団体のリストがあれば，当局の計画に関心を示す市民の洗い出しに便利．
- ユーザ記録
  当局の地域改正計画の対象がおもに娯楽区域である場合，ユーザ登録フォームや申請書があると関係者調査に便利．
- 新聞記事
  地方ニュースの最近もしくは過去の記事の分析により，関係する市民，グループ抽出に役立つ．著者への照会書簡も情報源．
- スタッフの直感と経験
  過去に経験のある当局スタッフが関心を示す市民，グループに心当たりがある場合もある．

転載許可：Willeke, pp.55-60, 1976, Creighton, pp.44-45, 1980.

「職業的自覚」は，官公庁の担当者が関心をもつであろう団体を特定し，接触をもつことで芽生えるものである．図11.2にはその他の方法を掲載している．発送名簿や地図，統計データなどを活用する．市民を特定するうえで所有者に関する公式な記録や逆引き電話帳が活用される．

最後の分類「第三者の自覚」では，集団または個々人が他の団体や個人にも声をかけるよう役所にアプローチする．あるいは役所担当者が，関係者を特定するために地方議員に尋ねることもある．この手順を雪だるま方式と呼ぶこともある．この方法では関心をもつ団体に尋ね，今度は彼らが他の関心をもつ人びとに接触する．このようにして新たな関係者の存在を把握していく．この方法は時間と金がかかる．また情報が重複していく．しかし，役所が十分に情報をもっていない場合には効果的である．

個々人・集団がさまざまで，かつ問題が変われば，関心をもつ個々人・集団も入れ替わることから，公衆を特定する作業は面倒である．移民居留地のように把握がむずかしいコミュニティもある．公衆を特定するには特別な努力が必要になるのである．

相当にエネルギーを費やして潜在的な関係主体を特定する場合でも，少しの参加しか得られない場合もある．しかし少しの参加では，参加しないマジョリティの存在をカバーしないし，サイレントマジョリティが単一の意見をもっているのでもない．Willke (1976) は，低いレベルの市民参加はよくあることだが，組織化された運動的な団体が大衆を代理する場合もあると述べている．具体的には，特定の層に対し目に見えないほどの影響があるときに，市民には参加にかかわるコストが負担できないためにその代理人を担う人がいる場合もある．意思決定者に状況を説明し，政治的に支援するよう組織的に働きかける代行者もいる．

関心をもつ市民を特定することは市民関与プログラムの一ステップにすぎない．このステップの次に，特定された市民を関与させるための何らかの手法が選ばれることになるだろう．

11.3 公衆関与の手法

公衆関与プログラムを設計するにあたっては，非常にたくさんの手法のなかから選ぶことができる．手法を選ぶ際には，官公庁の目的，時間制約，資源制約，課題と出てくる意見の幅の広さ，関係主体の地理的分布などを勘案するであろう．

環境法では政策決定に関係主体を関与させる手法を特定していることもある．役所が環境法令を作成する場合にしばしばそのようになる．環境保護庁が法令を制定するときには特定の手法を用いることになっている．たとえば第3章で触れたように，予定された法令に対し，意見を募集したり意見に回答を返す．

公衆関与プログラムが法令によって定められていない場合には，市民関与の手法そのものが議論になることもある．公衆関与プログラムを公共主体が実行する場合もあれば，民間企業が実行することもある．プロジェクトの推進に向けて意思決定プロセスに市民または市民団体を関与させるとき，どのような手法を使うかが課題となる．

表 11.3 当局プランに市民を関与させるためによく行う
会合のタイプ

・公聴会
・大規模集会
　-質疑を伴う公式プレゼンテーション
　-パネル討議
　-非公式な"タウンミーティング"
　-本会議と，小グループ別ディスカッション
・公的ワークショップ
・フォーカスグループ
・非公式な小グループミーティング
・諮問グループ（例：タスクフォースや市民委員会）

11.3.1 会合を基本とした関与手法

　プロジェクト推進者は1種類またはそれ以上の種類の会合の場をもって関係主体と情報交換を行おうとする（表11.3）．プロジェクトを予定している官公庁が公聴会をもつことがある．公聴会は，会合としてはもっとも形式的に硬いものである．議長は進行を担い，速記者が発言を逐次に書き留める．発表は形式的であり，参加者が交わる機会に乏しい．大人数で行う会議は公聴会ほど形式的ではないが，一般市民としてはこれに参加することもなかなかむずかしい．公共会議やヒアリングではたくさんの情報を処理しつつ，質疑などを介して双方向のコミュニケーションが可能となる．

　ワークショップはある特定の計画課題に焦点を当てて行われる．ヒアリングや大人数で行う会議より意見交換が活発に行われる．反対意見が出てくる状況で行うワークショップは，対立する団体間に対話の場を提供することができる．しかしながらワークショップに参加できる人数は限られ，その一方でたくさんの時間と労力を必要とする．

　官公庁は計画策定に長時間を要する際に諮問委員会を設置し，そこから市民の考えを得ることもある．専門性の幅が広がるようにメンバーを決める．専門家委員会は最終決定にお墨付きを与える存在でもある．特定の課題を短期で解決することを目的として，タスクフォースや臨時委員会と呼ばれるものが開かれることもある．諮問委員会は幅広い関心が得られるよう努め，メンバーが官公庁に向けて提言をまとめることもある．

表 11.4 会合以外の市民を関与させる方法

- 市民への情報提供
  - 文書（直接または電子的）
  - フィールドトリップ
  - マスメディアの活用（印刷物，ラジオ，TV，ドキュメンタリーフィルム）
  - 通知，展示・掲示
  - レポート，パンフレット，情報公示
  - 世界規模のウェブページ
- 市民からの情報入手
  - 当局からの意見文書の依頼
  - 論説と著者への文書
  - 情報公示へのレスポンスカード
  - サーベイとアンケート
- 双方向コミュニケーションの確立
  - 非公式なコンタクト
  - ラジオトーク，TVショー
  - インタビュー
  - 電話ホットライン
  - インターネットの"チャットルーム"

11.3.2 会合以外の関与手法

　公衆関与の方法には会合によらないものもある．主だったものを表11.4に示す．いくつかの方法は公衆に情報を提供しようとするものである．市民がどの機会に参加するのがよいかを判断するのに役立つ情報も提供する．

　バイアスや混乱を与えてしまう可能性もある．30秒のMTVが流れる時代にあっては，公共も市民に情報を提供するのにさまざまな試行に挑むことが求められる．情報が多すぎてはかえって効果的でない．情報の氾濫に見舞われては，逆に適切な情報を選別するのに大変な手間がかかることになる．市民はいつも官公庁の本気さと情報の有効性をPRによって確認しようとしている．

　表11.4も公衆から情報を得るための手法を並べたものである．官公庁の視点からすれば，市民の手紙は効率的な情報収集の手段となる．返信封筒を添えたアンケート調査は多数の回答を得ることができるが，独特の手法に慣れる必要があり，専門性が低いとバイアスのかかった結果を集めてしまうことになる．

　会合以外の方法もたくさんあるが，そのなかには予定された行動を提示する官公庁とその影響を受ける市民の，双方向コミュニケーションを達成するもの

もある．双方向コミュニケーションを達成する方法には，コンピュータを用いたまだ成熟していないやり方も含まれている．インターネットを使うチャットルームがその一つである．しかしながら，コンピュータのような新しい手段が出てくると，その手段を使うことができない立場は不利益を被ることとなる．

以上，公衆関与の方法について述べてきたが，その制度の設計と実施の場面にも触れたい．市民は計画決定に早期にかかわりたいと考える．しかしながら，反対者などは投票や法廷にもち込みたいと考える．あるいは圧力団体として政治家を後押しすることもある．

11.4 公衆関与の向上策：事例分析

陸軍工兵隊サンフランシスコ支部による計画調査で，公衆関与プログラムがどのように進められたかを調べてみる．1970年代にサンフランシスコ南部，Pacifica市の海浜部の小規模河川San Pedro川を対象に行われた調査を取り上げる．計画策定のなかで地域は四つの事項に関係した．

1. 河川関係の問題とニーズを特定する．
2. 洪水等への対策について代替案を作成する．
3. 諸提案の影響を予測する．
4. 代替案を比較評価する．

この地域では，計画策定の諸段階で市民が意見を発する機会がもっともたれるべきだと考えられていた．

着手して早々に，公衆関与プロジェクトは多くの官公庁を含めて進めなければならないことに支部の職員は気づいた．Pacifica市の議会，行政担当者，州や連邦の野生生物関係の担当部局などである．沿岸，氾濫原の住民も調査に参加すべきと考えられた．Pacifica市にかかわる案件として重要な役割を担う人びとに対し，関連主体を明らかにするために聞き込みを行った．調査内容は地方紙にも掲載された．初期の聞き込みは基本的に関係する人の名前を尋ねるだけだった．

関与すべき個々人，団体，行政担当者などを決めた後は，地域としての公衆関与の目的を果たすべく行動に移された．基本的な目標は公衆にSan Pedro川の調査分析内容を周知することである．これはSan Pedro川流域の水に関係す

る問題を，市民に地域の問題として理解してもらうことにつながる．今後取りうる計画について理解するには，諸問題と各代替案の影響を調べる必要があった．双方向のコミュニケーションを実現することも重要な目的であった．これは市民に地域の方向性を考えさせる機会ともなった．

San Pedro 川の調査分析は 2 年に及んだ．これだけの時間をかけて公衆関与プログラムの目的を実現するために，地域ではさまざまな手法が用いられた．多くの人は地域の問題の理解と解決に十分取り組めるものの，これ以上つづけようという人はいなかった．

当地域では諮問委員会を設置し，少なくとも何らかの課題を取り上げてコミュニケーションの場をもちつづけることとした．委員会は市議会が選ぶ Pacifica 市の住民 5 人により構成された．結果として，San Pedro 川の調査結果にもっとも関心をもつ人びとが集まったと言える．具体的には氾濫原の土地所有者，ショッピングセンターの経営者，そして環境運動団体である．諮問委員会は調査結果を公表していった．また，さらなる地域の公衆関与プログラムの実施にかかわっていった．

地域と公衆の各層の間で双方向のコミュニケーションを進めるため，調査が終わった 2 ヶ月後に市民情報誌 (citizen information bulletin) が発行された．市民情報誌にアンケート調査が折り込まれるときもあった．情報誌は 1200 人の市民と関係機関に配布され，San Pedro 川の洪水問題に対し，基本方針や取りうる行動計画，およびその効果などが掲載された．アンケートでは，この問題と地域の基本方針に対して市民が意見を述べる機会を提供した．

市民情報誌が発刊されて 2～3 週間後，San Pedro 川に関する公共ワークショップが開催された．諮問委員会が独自に企画し，3 部構成で実施された．第 1 部は調査研究，ワークショップ開催の主旨に関する一般説明，第 2 部は参加者にいくつかの少人数グループに分かれてもらい，委員会メンバーの進行の下に討議を行った．第 3 部はグループ構成を組み直して，参加者に意見交換を行ってもらった．

ワークショップでは，地域の方針に対して意見を述べる機会を提供し，意見を踏まえて今後の治水計画で考慮すべきファクターを追加した．ワークショップ開催後 1 年間に，いくつかの提案に対して技術面，経済面，環境面から調査分析を行った．諮問委員会は毎月開催されたが，地域では公衆によるコミュニ

ケーションの場がもっと必要と考えられるようになった．環境面，経済面の影響を分析して明るみになったあらゆる重要な評価ファクターについて再度の検証が必要と考えられた．また個々人が評価ファクター，代替案の優先順位についてどのように考え，どれだけ違いがあるのかを確認したいと考えていた．

そこでさらに，公衆の各層にコミュニケーションの機会が広がるよう，次の情報誌とアンケートが準備された．第2号ではワークショップ後に完了した調査研究の概要を掲載するために第1号より多大な労力が必要となった．第2号はSan Pedro川の洪水問題が議題となるときのPacifica市議会に合わせるようにして発行された．情報誌などにより，議会では本問題が優先して取り上げられるようになった．市議会の見解は洪水対策の実行に向けて後に活用された．

San Pedro川の調査分析をつづけている間に，有益な情報が地域に提供されたと言える．代替案を評価するうえで，住民が重要と考えているファクターが浮かび上がった．一例として，多くの住民は沿岸の農業ができなくなることに言及していた．これを受けて，地域として価値ある農業が廃業とならないような洪水対策が検討された．

この地域の治水計画にかかわる公衆関与プログラムは，地元にとっても陸軍工兵隊にとってもよい結果をもたらした．こうして最終案に異論は出なかったにもかかわらず，計画は実行されなかった．Pacifica市がプロジェクト費用を確保できなかったためである．

よい公衆関与とは利害対立の解決に向け，また計画案をできるかぎり多くの人びとにとって満足なものにできるように，市民と行政の間に良好な双方向のコミュニケーションの場を作り出すものである．強い利害対立があるときには，通常の公衆関与プログラムでは解決が困難である．そのような場合には紛争解決の方法が用いられることとなる．

11.5　環境資源問題の紛争解決

合衆国では深刻な論争を解決するのに従来から訴訟(litigation)が用いられてきた．しかし訴訟は多くの費用と時間を必要とする．その代替法として，過去数十年をかけて裁判外紛争処理(ADR:Alternative Dispute Resolution)手法が編み出されてきた．当事者が顔を合わせ，自発的に合意可能な結果へと導かせようとするものである．裁判外紛争処理手法は環境問題に限らず広く使われて

いる．裁判外紛争処理手法の幅は広いが，環境問題の解決には2種類の関連手法がよく用いられる．交渉と調停である．交渉は言うまでもなく従来からある主要な紛争解決の方法である．ただし裁判外紛争処理においては合意形成に向けて行われるものを指す．一般的な交渉と区別するために，「原則に基づいた交渉 (principled negotiation)」あるいは「合意を前提とした交渉 (consensus-based negotiation)」と呼ぶ人もいる．詳細については後述する．

調停では，コンフリクトの当事者らが第三者（調停人 (mediator)）を介して解決に臨む．取引もあれば情報共有，合意形成，最終的には妥協などの手立ても含めて，すべての当事者が合意する結果へと導くよう努める．コンフリクトが環境問題にかかわっている場合，このプロセスを特に環境調停 (environmental mediation) と呼んでいる．

ファシリテーションと調停には違いがあると言うべきであろう．ファシリテーションは中立的な第三者がしばしばモデレーター役を担い，議論のプロセスと場に目を向けている．ファシリテーターは交渉を前進させようとしたり，そのために問いかけを発したりはしない．調停では，第三者は当事者内だけの立ち入った話に入り込んでいく．調停人は，当事者同士が連絡をとりたくないとか，解決の糸口が見いだせないような状況で役立つ存在となる．

11.5.1 環境調停の先がけ

調停は各方面にわたり長く用いられてきた手法であるが，環境上のコンフリクトに適用されたのは比較的新しい．最初の環境調停は1973年，Snoqualmie 川に予定された治水ダムについて利害対立が生じたワシントン州のケースであろう．ダム建設は土地所有者，サラリーマン，農家などによって支持された．しかしいくつかの環境運動団体が結託して強い反対運動を行った．調停人の Gerald Cormick と Jane McCarthy は，環境コンフリクトを解決するために調停の可能性に期待し，財団等からそのためにかかわる資金を集めた．Snoqualmie 川のコンフリクトはテストケースとなった．交渉が始まってから7ヶ月後，対立していた当事者らは違う場所に小規模なダムを建設すること，流域のあらゆる計画を調整する委員会を設置することで合意に至った．予定地にダムは建設されなかったが，土地利用上の変化は多くあった．Cormick と McCarthy は環境調停が効果的であることを示そうとした．以後，多くの環境コンフリクトに調停

が使われ，どんなに属地的な問題であっても，逆に政策レベルの高度な問題であっても，適用可能であることが明らかとなってきた．

11.5.2 原則に基づいた交渉

裁判外紛争処理は交渉のプロセスに大きく掛かっており，専門家は紛争当事者に交渉を建設的に進める能力があるか否かに目を向ける．ハーバード大学の交渉術プロジェクトは，交渉プロセスへの革新的アプローチに重要な役割をはたしてきた．このプロジェクトは多くの紛争プロセスを観察し，「原則に基づいた交渉(principled negotiation)」あるいは「相互にメリットを求める交渉(negotiation on the merits)」といったかたちで方法論的な体系化を進めてきた．原理付けられた交渉は，交渉問題を努めて合理的に観察することで合意形成をめざす．しばしば立場を意識した取引(positional bargaining)と対照的なものとして捉えられる．立場を意識した取引では，交渉をつづけるために少しずつ譲歩を行うような展開が見られる．このやり方では当事者間の関係が緊張状態となり，ともすると関係が崩壊してしまう危険性がある．さらに当事者が増えるほど合意に至る可能性が低下する．

原則に基づいた交渉では，立場を意識した取引と対照的に当事者間の協調を促す．以下，四つの特徴があると言える．

1. 問題と人を切り離す：立場を尊重しすぎて感情的なもつれを生み出してはよくない．議論の主題と個人的な感情は切り離すのが生産的である．原則に基づく交渉の専門家は彼ら自らの役割を，当事者らの戦いを支えるのではなく，問題への取り組みを支えるものと捉えている．
2. 立場ではなく関心に焦点を当てる：交渉において立場と関心は異なるものである．ここで環境運動団体と不動産業者が土地の利用をめぐって紛争を起こしている状況を想定しよう．環境運動団体の関心は野生生物の棲息地を保護することである．不動産業者はそこに豪華なリゾート地を整備したいという立場をとっているが，その関心は開発によって地域の観光を促進することである．交渉が目的とするものは，両者の立場を満足させることではなく関心を満たすことである．このコンフリクトにおいて，たとえばエコツーリズムセンターをつくるなどすれば，棲息地を破壊することなく

観光を促進することもできて両者の関心を満たすことが可能となろう．一つの関心はさまざまな立場に対応している．
3. 相互利益案を作る：ブレインストーミングなどの方法を使って関心を共有し，見解の相違を減じる方向へと導く解決策を模索する．これらの手法により偏見に基づく方策や批判的な評価を回避し，創造的なプロセスをたどるようにする．相互利益案ということについて，二人の姉妹が一つのオレンジをめぐって喧嘩するエピソードに触れてみよう．一人はオレンジを食べて皮を捨てる．もう一人は皮をパン焼きに使う．結果として両者はオレンジを最大限に活用している．片方が両者の関心を考慮し，自らの立場を譲れば両者に利益が生まれる解を見いだすことができるという話である．
4. 合意を評価する基準を考える：交渉を前へ進めるには，誰もが認めるような解決案選定の手順，基準が必要である．海洋法に関連して，資源採掘会社への課金について生じていた利害対立を例として取り上げる．インドは初期使用料6千万ドルの支払を要求したが合衆国はそれを支払う必要はないと主張し，どちらも引き下がらなかった．当事者らは，マサチューセッツ工科大学(MIT)が海底資源の使用料について判断するのに役立つモデルを開発していたことを知った．当事者らは次第にMITモデルが有効であると認めるようになった．モデルはインド寄りでも合衆国寄りでもなく，インドの提案より適当な使用料を提示するものであった．モデルの結果はどちらにも受け入れられるものであり，両者はこれに従った．

11.6　環境調停の三つのフェーズ

環境調停においても原則に基づいた交渉が行われることがある．環境調停のプロセスはケースによって非常に違いがあるが，三つのフェーズがあることははっきりとしている．交渉前段階，交渉段階，交渉後段階である（表11.5参照）．第1のフェーズは準備段階である．関係者を特定したら代表が選ばれ，調停者による調査が始まるとともに大枠のルールとアジェンダを規定する．第2のフェーズでは事実関係と問題を整理し，当事者がかかわる枠組みをはっきりとさせたうえで交渉が行われる．第3のフェーズでは交渉結果を受けた行動の実施と検証，場合によって再交渉が行われる．

カナダのブリティッシュコロンビア州における防かび剤使用にかかわる利害

表 11.5　調停プロセスの三つのフェーズ

交渉前段階
・調停者の選定
・紛争当事者の明確化
・利害関係者の代表決定
・ステークホルダー分析の実施
・グランドルール (根本原則) とアジェンダの確立

交渉段階
・共同の"事実確認"作業
・相互利益のための選択肢（オプション）創出
・包括的合意の確立
・合意事項の批准

交渉後段階
・合意に基づいたプランの実施とモニター
・必要に応じ再交渉

上記は一般的な手順であるが，バリエーションもある（参考例：Susskind and Cruikshank, pp.142-43, 1987）．

対立の例を題材に，三つのフェーズを示すこととする．カナダの林産業で使われている材木のシミ (sapstain) を防ぐための有害な化学物質についてコンフリクトが生じた．この物質は，材木に青黒いシミをもたらすカビの成長を抑えるために用いられる．シミは材木の強度には影響を与えないが，世界から訪れるバイヤーにしてみれば，シミがあると売値が下がるので購入を避けたい．ブリティッシュコロンビア州の海辺近くで製材される材木の90％は海外に輸出されており，それらには防かび剤が使われている．製材作業中には危険な防かび剤にどうしても触れることになる．

1940年代から1980年代にかけてブリティッシュコロンビア州では，三塩化フェノラートや五塩化フェノールなどの有機塩素系の殺虫剤が多く使われていた．1970年代になって五塩化フェノールについては環境的によくない，作業者によくない，生産工程でダイオキシンが発生するといった危険性が指摘された．

カナダ農務省では殺虫剤，防かび剤の登録と管理を行っている．1980年代に前述の危険性が指摘されているにもかかわらず，五塩化フェノールが農薬として登録された．世論を受けて製材業者らは自発的に前述の防かび剤を使うようになった．しかし，この防かび剤がどのようなものかについて今まであまり知らされてこなかった．カナダ農務省は従来の五塩化フェノールも新たな防かび

剤もどちらも使うことを勧めることができなくなった．1989年9月，農水省は五塩化フェノールの販売を差し止めることとし，1991年6月までにデータベースにない農薬の使用を認めないこととした．

カナダ農務省は1989年のレポートに対し，不満が生じることを予想して，防かび剤に関係する主体を集めて当事者らによる検討会を発足した．データが揃い，完全なる合意が得られるまで新たに防かび剤を登録することはできないと判断した．

11.6.1 調停の交渉前段階

カナダ農務省は新しい利害関係者(stakeholder)を表立って支援することはなかった．しかし合意に達すれば，カナダ農務省は新たな防かび剤を認める方向にあった．利害関係者らは交渉がよい結果に落ち着くよう，すべての当事者から信頼が得られるような中立的な団体を探すことが大事だと確信していた．優れた調停人としてWilliam Leiss博士が合意を前提とした交渉を推進することとなった．

交渉前段階の重要なステップは，関係者をはっきりさせることである（表11.5参照）．利害関係者による初会合においてLeissは，各関係者のさまざまな関心を調べた．次のステップは代表者を決めることである．結果として11の団体が，交渉に向けてブリティッシュコロンビア防かび対策に関する利害関係者フォーラムに代表を送り出した（表11.6参照）．二つの自治体が参加したが，カナダ農務省ともう一つの政府機関はメンバーにならないことを決めた．Leissは政府機関にも情報を伝えなければならなかった．化学メーカーや販売会社などを含めると合意に至らないと考えられ，それらは利害関係者に含まれなかった．フォーラムから化学産業を排除したものの，プロセスの公開性は確保した．

交渉前段階でLeissは，利害関係者の立場と関心を明らかにするためにステークホルダー分析を行った．交渉前段階では，最初の会合で議論の大枠(developing ground rule)（あるいはプロトコル(protocol)）とアジェンダを作成する．たとえば，利害関係者に次のような質問を行う．「誰もが毎回参加するべきか，あるいは代理人でもよいか」「合意すべき事項は何か」「誰が合意書に署名するか，署名の前に一度もち帰ってよいこととするか」「大枠を変更する場合にはどのような手順を踏むべきか」．

表 11.6　防カビ剤問題の利害関係者

地域政府管轄省
　州環境局
　州森林局
産業界
　州林業協議会
　州製材産業
　州港湾管理者
組合関係
　カナダ紙業組合
　荷役・倉庫業国際組合
　米加紙パルプ・製材業労働者国際組合
環境運動団体
　Earthcare(Kelowna.B.C.)
　West Coast Environmental Law Association

転載許可：Leiss and Chociolko, p.230, 1994.

初会合で重要なことは合意の定義を明らかにしておくことである．合意ができあがれば農務省はフォーラムの意向に沿って行動すべきであり，そのことからも合意の定義を明確にしておくことは重要である．関係者は合意に到達するよう努めることについても合意しておくべきであろう．環境省が1990年9月までに対応しなければならないことからも合意は急がれた．

11.6.2　調停の交渉段階

交渉段階の第1ステップは関係者らによる共同的事実確認である．事実に関する情報を収集し，分析する．共同的事実確認は，従来からも行われてきた科学的な情報を収集する作業とは意味が違う．各団体が独自に調査を行うことが対立を生む原因になる場合がある．共同的事実確認では，相手の分析者がいっしょになって情報を集め，分析するのである．

防かび剤のケースでは，フォーラムのメンバーが事実確認のために，化学メーカーや販売会社，毒物の専門家などと会合をもった．本会合の目的は科学的事実とリスクについて共通の理解をもつことである．情報共有は事実確認プロセスでもっとも重要なことである．会合のなかで，ブリティッシュコロンビア製材産業の代表者が殺虫剤に関するレポートに掲載されていないことに気づいた．

レポートは発行したが，予期しない公開により組合や利害関係者らは新たに会合をもち，当事者らの関係は気まずい方向へと向かった．この出来事は交渉の盲点だったと言える．たった一つの出来事によって主要な利害関係者らによる協力関係や合意への動きが削がれる場合がある．

次のステップでは，取引を行うことも認めて相互が利益を得るような対応案を作る．相互の利益に資する交渉プロセスの一例として，前述のフォーラムが防かび剤のテストが不十分なままで登録してよいか否かをどのように決断したかを紹介する．組合や環境運動団体は少ないデータで防かび剤の登録を認めたくなかった．11 の団体から六つが出て方向性をまとめていった．組合のうち三つは，業界との交渉を通じて所期の立場を変えた．業界団体は健康を定期的に確認するプロセスを求めた．逆に組合は NP-1 と呼ばれる新しい殺虫剤を暫定的に登録することを受け入れた．ある防かび剤をデータが不十分なまま登録するかしないかという大きな問題をいくつかの具体的な問題に落とすことで，この取引を前へと進めた．

交渉は最終的に包括的協定 (package of agreement) を生み出した．本件では六つの同意事項が生まれた．最初の二つは，州の森林局が資金援助するモニター組織としてフォーラムを公認することについてである．三つ目の同意事項は健康モニタリング小委員会の下，情報収集プログラムを実施することについてである．四つ目は，林業協議会に製材に関する技術と市場に関する情報を提供してもらうことである．5 番目は，農務省の年間報告書に基づいて何らかの防かび製品を推薦することである．最後に 6 番目は，州の環境局がカナダ農務省とともに防かび剤を含む排水に対する法令をつくり，化学物質の扱い方について指導することである．

最終ステップとして協定を承認する．1990 年 5 月，フォーラムは六つの協定を農務省に提出した．しかし 11 団体のうち八つの団体しか署名していなかった．Pulp Paper and Woodworkers 社，環境運動団体である Earthcare, West Coast Environmental Law Association が署名を拒んだ．彼らは 5 番目の協定，試験段階の化学物質を不適切な形で使うことを認めることができなかった．この不同意があったことから，カナダは安全性が完全に確認されなければ化学物質を登録することができないという好印象を持つことになった．

11.6.3 調停の交渉後段階

交渉が完了すれば同意事項を遵守していくのみである．実行段階として同意事項は明文化され，実行されることを確認していく．万一必要があれば再交渉が行われる．

防かび剤にかかわるコンフリクトでは，最終合意は即座に実行に移された．農務省は協定を受け入れ，五塩化フェノールの使用を停止，他の3種類の防かび剤を再評価，暫定的にいくつかの防かび剤の使用を認めることを告知した．フォーラム，健康モニタリング小委員会ともに交渉が終わった後も活動をつづけた．

11.7 環境意思決定における裁判外紛争処理の適用

1973年にGerald CormickとJane McCartyがワシントン州Snoqaulmie川のダム問題でコンフリクトを解決させて以来，たくさんの環境コンフリクトが調停あるいは裁判外紛争処理によって解決されてきた．裁判外紛争処理は土地利用，天然資源（森林や漁場も含む），水資源，エネルギー施設，危険物質などに関するコンフリクト問題に使われた．

裁判外紛争処理は環境政策の立案過程にも使われてきた．1976年，合衆国石炭政策プロジェクトを進めるうえで，105の環境関連およびビジネス関連の諸団体が石炭エネルギー政策に対する見解の相違を埋めるべく集まった．プロジェクトの成否は，1977年制定の有害物質規制法(Toxic Substances Control Act)に関して環境保全財団(Conservation Foundation)後援の下で実施された法令交渉(regulatory negotiations，略して"reg-neg")における関係諸団体の動きにかかっていた．以来，法令当局は，reg-neg等の形で関係諸団体とともに法令をつくる，交渉による法制化(negotiated rulemaking)を進めてきた．

交渉による法制化の典型的な形は，法令当局，市民団体，関連企業，州政府などを参加させるものである．参加者はそれぞれ大枠的なルールをつくるか，あるいは交渉に入る．当局が積極的にかかわる場合には，当局が交渉上のルールを提示するであろう．また，それ以外の参加者が当局の提案に対して批判せず，支持することに合意しようとするであろう．当局以外の参加者は，最終案に話の筋道が通っていれば裁判にはもち込まないことを同意するかもしれない．交

渉過程は連邦公報 (Federal Register) に掲載される法案を対象とするし，パブリックコメントを募集する．以上に述べたプロセスは普通に行われているものである（第3章参照）．

　reg-negはさまざまな状況で使えるものと考えられる．ただし，関係者が多く複雑で手がつけられない状況，一部の関係者が妥協しないかぎり同意が見込まれないといった状況には適さないと考えられる．法学者は一般に，reg-negの有効性を認めていない．

　過去数年間に合衆国環境保護庁は，スーパーファンド法プログラムのなかで裁判外紛争処理手法の適用を促進してきた．1988年，環境保護庁は裁判外紛争処理の方法の適用を試みるパイロットプロジェクトを始めた．プロジェクトが成功したことから他の省庁でも使われ始めた．1990年には，連邦省庁にて調停，和解，仲裁などの手法を紛争解決等に非公式に用いることを促進する裁判外紛争処理法が議会を通過した．

　裁判外紛争処理は「局地的に望まれない土地利用」(LULU: locally unwanted land uses) 問題の解決にも使われてきた．1984年までに五つの州で，有害物質等の廃棄物処理施設に関して設置箇所選定にかかわる交渉を行うことを法律で認めてきた．たいていの場合，これらの法律の下で交渉が行われ，調停に至ることもあった．

11.8　裁判外紛争処理の可能性

11.8.1　裁判外紛争処理はいつ行うべきか？

　裁判外紛争処理はどんな環境コンフリクトについても使えるわけではない．表11.7に掲げるような状況の下で有効と言える．裁判外紛争処理はタイミングと結果の不確実性が高いと紛争当事者が感じているときに使うのがよいとされる (McCarthy and Shorett, 1984)．利害関係者が裁判外紛争処理を使わなくても一定時間内に彼らの目的を達成できると考えているならば協同して問題を解決する必要性はほとんどない．

　裁判外紛争処理はまた，当事者間で力関係がほぼ等しいときにも活用できるだろう．力とは，敵対者が求める行為をやめさせる力があるかということである．ブリティッシュコロンビア州の防かび剤のケースで言えば，環境運動団体

表 11.7 裁判外紛争処理の使用条件

・タイミングと結果の不確実性が高い
・当事者間の力関係が均一
・BATNA よりも調停の効果が高いと思われる
・紛争当事者が行き詰まっている
・訴訟の効果がない

と組合は相対的に産業や政府に影響力がなかった．登録制度を厳格に守りたいとする環境保護主義者や組合の思いは，力の強い当事者らの動きによって消されてしまった．組合は抵抗しようとした．最初は環境運動団体側についていたが，後に健康影響モニタリングが実施されることと引き替えに新しい化学物質を登録することを認めてしまった．

　裁判外紛争処理の成否に影響を与える要素として「BATNA (best alternative to a negotiated agreement，合意へと導くための最良の選択肢)」がある．すなわち，当事者が交渉以外の戦略を求めることで達成されうる最良の結果である．交渉が BATNA 以上によい見通しをもっているならば，当事者らは交渉をつづけようとする．この基準からひとたび逸れると，交渉結果は受け入れられないものとなる．たとえば，裁判やロビー活動にもち込むより望ましいと考えられれば，事前に交渉を行おうとするだろう．ブリティッシュコロンビア州の防かび剤のケースで言えば，この場合の BATNA は，1989 年 9 月に農務省が危険性のある物質の継続使用を認めるとした提案である．交渉では，健康影響に関するモニタリングの実施など，前述の BATNA 以上の成果を得ている．

　裁判外紛争処理が行き詰まることもある．膠着状態は当事者の誰もが満足できない結果に陥る可能性を示すシグナルである．この場合，むしろ真剣な交渉こそが魅力的な選択肢となる．

　裁判のプロセスは非常に長く，遅延がもたらすコストは大きい．ゆえに裁判外紛争処理が有益と判断される．裁判の進行状況がはかばかしくないときに裁判外紛争処理が活用される場合もある．

11.8.2　裁判外紛争処理は裁判より良いか？

　裁判外紛争処理の支持者は，裁判に比べ費用と時間が節約されること，結論

が当事者に受け入れられやすいことをメリットとして主張する．しかし問題点の指摘もある．Bingham (1986) が161例の紛争を調べたところ，裁判外紛争処理が裁判より速かった，あるいは経済的であったという証拠はほとんど示されなかったと言う．調停者は弁護士より安く雇えるが，Binghamによれば交渉の準備にかかわるコストなどは十分に高く，場合によっては裁判よりも高いと指摘している．裁判外紛争処理は裁判で解決できなかったもの，できないと予想されるものも対象としている．専門家は裁判外紛争処理と従来の裁判がもっと相互に補完しあう状況にならなければならないと述べている．

　環境調停の結果は多くの関係者に受け入れられやすいという主張にはやや誇張がある．ブリティッシュコロンビア州の防かび剤のケースでも，11団体のうち3団体は最終的な協定案に同意の署名をしなかった．また化学メーカーは調停のプロセスに参加できなかった．

　市民や環境運動団体がかかわることができるというのが裁判外紛争処理のメリットだということにも多くの批判的意見が投げかけられている．Amy (1987) は，裁判外紛争処理がさも一般市民や弱い立場の人びとに魅力的な力を与えると信じている．政府機関や業界団体は多くの情報，資源，政治力を有しており，一般的に有利な立場となる．市民や草の根組織はこれとは対照的に交渉に不利な立場となりやすく，またしばしば盤石な組織体制であるとは言いがたい状況にある．

　裁判外紛争処理については，社会的関心からの影響を受けすぎるという批判がある．Funk (1987) は，家庭用暖炉に起因する大気汚染についての環境保護庁による法令にかかわる交渉プロセスを分析した．その結果から，reg-negを活用したことにより多くの法的不備が生じたと主張している．法令にかかわる交渉は，法の下の決定よりも当事者間の合意に正当性を求めている．言い換えれば，裁判外紛争処理は公共的な救済よりも個々人の救済に偏っている．それだからこそ従来の法案形成を補完する手段になっているという反論もある．いずれにしても，関心をもつ当事者らは提案された法案に意見を加える，あるいは法廷にて最終案へと導く権利をもっていることは確かである．

　以上に述べてきたように，裁判外紛争処理はメリットもあるが万能ではない．裁判外紛争処理の有効性は今後も事例を積み重ねていくことで明らかになるに違いない．

参考文献

Amy, D. J. 1987. *The Politics of Environmental Mediation.* New York: Columbia University Press.

Arnstein, S. R. 1969. A Ladder of Citizen Participation. *American Institute of Planning Journal* 35 (4):216-24.

Bingham, G. 1986. *Resolving Environmental Disputes: A Decade of Experience.* Washington, DC: The Conservation Foundation.

Creighton, J. L. 1980. *The Public Involvement Manual: Involving the Public in Water and Power Resources Decisions.* Washington, DC: U.S. Department of the Interior, Water and Power Resources Service, Bureau of Reclamation.

FEARO (Federal Environmental Assessment Review Office). 1988. *Manual on Public Involvement in Environmental Assessment: Planning and Implementing Public Involvement Programs,* vol. 1-3. Prepared by Praxis, Calgary, Alberta, Canada.

Funk, W. 1987. When Smoke Gets In Your Eyes: Regulatory Negotiation and the Public Interest–EPA's Woodstoves Standards. *Environmental Law* 18 (1): 55-98.

Ketcham, D. E. 1992. "The EIS Process–Public Participation." Outline of remarks given at the advanced ALI-ABA course of study. "National Environmental Policy Act, 'Little NEPAs,' and the Environmental Impact Assessment Process," held in Washington, DC, November 13-14.

Leiss, W., and C. Chociolko. 1994. *Risk and Responsibility.* Montreal and Kingston, Canada: McGill–Queen's University Press.

McCarthy, J., and A. Shorett. 1984. *Negotiating Settlements: A Guide to Environmental Mediation.* New York: American Arbitration Association.

Parenteau, R. 1988. *Public Participation in Environmental Decision-Making.* Ottawa, Canada: Minister of Supply and Services.

Susskind, L., and J. Cruikshank. 1987. *Breaking the Impasse: Consensual*

Approaches to Resolving Public Disputes. New York: Basic Books.

Willeke, G. E. 1976. "Identification of Publics in Water Resources Planning." In *Water Politics and Public Involvement,* ed. J. C. Pierce and H. R. Doerksen, 43-62. Ann Arbor, MI: Ann Arbor Science Publishers.

欧文索引（対訳付）

[A]

"A theory of justice"（『正義論』），30

adaptive environment management（適応的環境マネジメント），86

ADR:alternative dispute resolution（裁判外紛争処理），269, 277–279

advection（移流），213

alternative（代替案），49, 81, 84, 85, 225–228, 234–237, 249, 269

anthropocentrism（人間中心主義），3, 4, 11, 14, 35, 37

APA:administrative procedure act（行政手続法），56

Asian Development Bank（アジア開発銀行），150, 201, 253

average cost（平均費用），111

average variable cost（平均変動費用），114

[B]

barriers to entry and exit（参入退出の障壁），116

BAT:best available technology（適用可能な最善の技術），57, 58

BATNA:best alternative to a negotiated agreement（合意へと導くための最良の選択肢），279

bias（バイアス），147, 266

biocentrism（生物中心主義），3, 12–14

BOD:biochemical oxygen demand（生物化学的酸素要求量），182–184, 189, 191, 193

BPT:best practicable control technology（実行可能な最善の技術），57, 58, 178

brainstorming（ブレインストーミング），246

budget constraint（予算制約），116, 117

budget constraint line（予算制約線），105, 109

[C]

calibration（キャリブレーション），221

Calyx, 201

CERCL法：comprehensive environmental response, compensation and liability act（包括的環境対処・補償・責任法), 44
clean air act（大気改善法), 49, 180, 181
Coase theorem（Coaseの定理), 172
collective goods（集合財), 122
command（指令), 97, 175, 181
community right-to-know act（市民が知る権利に関する法律), 182
comparative risk assessment（比較リスクアセスメント), 252
compensation principle（補償原理), 155
competitive market（競争市場), 119
consensus-based negotiation（合意を前提とした交渉), 270, 274
consumer choice theory（消費者選択理論), 103, 105, 146
consumer surplus（消費者余剰), 127, 128, 142
contemporary environmentalism（現代的環境主義), 1
control（統制), 97, 175, 181
control volume（コントロールボリューム), 208
cost（費用), 119
cost curve（費用曲線), 111
cost effectiveness（費用有効度), 150, 187
cost function（費用関数), 109
cost-benefit analysis（費用便益分析), 19, 20, 85, 87, 150, 157, 158, 161, 170, 229–231, 249, 250
cost-benefit ratio（費用便益比), 73, 232
cost-risk-benefit analysis（費用リスク便益分析), 249
CVM:contingent valuation method（仮想評価法), 129, 145, 146, 148

[D]

deep ecology（深いエコロジー), 13
defensive expenditures procedure（抑止支出法), 129, 138, 150
Delphi method（デルファイ法), 202, 203
demand curve（需要曲線), 103, 105, 106, 117, 127–129, 131, 136, 142, 147
discharge standards（排出基準), 175, 177, 178, 180, 193
discount rate（割引率), 159
distance costs（距離費用), 138
distributive justice（分配の公正), 23
DO:dissolved oxygen（溶存酸素), 182–184, 188, 191, 193

dose-response analysis（用量反応解析），241, 244
dose-response curve（用量反応曲線），139, 140
dose-response function（用量反応関数），245
Dow Chemical Company（Dow Chemical 社），71, 88–93, 95
Du Pont de Nemours and Company（Du Pont 社），95

[E]

EDF:environmental defense fund（環境保護基金），53, 64, 75, 76, 79
efficiency（効率性），19, 20, 185, 189
effluent standard（排水基準），177
EIA:environmental impact assessment（環境影響評価），1, 16, 79, 84, 86, 93, 197, 201, 207, 252
EIS:environmental impact statement（環境影響報告書），15, 51, 75, 78, 79, 84, 90, 94, 197, 222, 234
emissions standard（放出基準），177
emissions trading system（排出権取引），97
entitlement theory（権原理論），24, 25

environmental economics（環境経済学），6
environmental ethics（環境倫理学），13
environmental justice（環境正義），3, 10, 11, 14, 19, 23, 29, 54
environmental management（環境マネジメント），3, 4, 9, 14, 16, 27, 30, 50, 61, 130, 170, 173
environmental mediation（環境調停），270, 272
environmental nongovernmental organization（環境 NGO），5, 53, 54, 62, 64, 87, 195
environmental planning and management（環境計画マネジメント），1, 3, 14
environmental regulation（環境法令），1, 15, 16, 20, 23, 27, 41, 46, 71, 97, 99, 103, 115, 155, 175, 195, 201, 240, 264
environmental risk（環境リスク），26, 28, 55, 239, 262
environmental risk assessment（環境リスクアセスメント），225, 239, 240, 250, 253, 255
environmental tax（環境税），114, 115
environmentalism（環境主義），3, 4, 11
EPA:U.S. environmental

protection agency（環境保護庁），10, 28, 34, 41–52, 54, 55, 57–59, 67, 86, 150, 176, 178, 180, 197, 222, 243, 245, 252, 264, 278
equilibrium price（均衡価格），117, 142
equity（公平性），19, 26, 29, 185, 187, 189, 193, 230
ESA:endangered species act（絶滅危惧種法），37
eutrophication（富栄養化），207
event tree analysis（イベントツリー分析），247
Executive Order（大統領令），11, 20, 47, 59, 229
existence value（存在価値），126
exposure assessment（曝露解析），241, 243
external cost（外部費用），120, 123, 124
Exxon Valdez（Exxon Valdez 号），55, 240

[F]

facilitation（ファシリテーション），270
fate and transport models（移動と生滅のモデル），207, 243, 246
fault tree analysis（フォールトツリー分析），247
Federal Register（連邦登記システム），56, 58
fixed cost（固定費用），111
Flood Control Act（洪水管理法），19
free rider（フリーライダー），121, 122
FWPC 法:federal water pollution control act（連邦水質汚濁制御法），34, 49–51, 56, 57, 91, 93, 178

[G]

GAO:U.S.general accounting office（会計検査院），10, 48
general equilibrium（一般均衡），117–119
geographical information system（地理情報システム），201
goals-achievement matrix（目標達成行列），237, 239
Greenpeace, 14, 54

[H]

hazard（ハザード），240, 247, 253, 255
hazard identification（ハザード特定），241, 242
hearing（ヒアリング），265
hedonic price（ヘドニック価格），132
hedonic price function（ヘドニック価格関数），130, 132

hedonic price method（ヘドニック価格法），130, 144, 148, 150
hedonic property value method（ヘドニック不動産価値法），129, 130, 132, 134, 158
hedonic wage method（ヘドニック賃金法），129, 144
Hetch Hetchy Valley, 55
household（家計），99, 115, 131
human capital technique（人的資本技法），129, 143, 150
humanitarianism（人道主義），5

［I］
implicit Pareto improvement（潜在的パレート改善），155–157
indifference curve（無差別曲線），104–106
interest rate（利子率），161
intergenerational equity（世代間公平性），23, 30, 31
internalization (of externality)（内部化），124
intragenerational equity（世代内公平性），23, 31
"invisible hand"（見えざる手），120
isoquant（等量曲線），108, 109

［K］
KSIM, 218, 219

［L］
law of conservation of mass（質量保存の法則），100, 101, 189, 208, 212
legal rights（法的権利），21, 22
libertarianism（リバタリアニズム），23–26
litigation（訴訟），269
LULU: locally unwanted land uses（局地的に望まれない土地利用），278

［M］
marginal cost（限界費用），111, 123, 142
marginal cost curve（限界費用曲線），111, 114
marginal production cost（限界生産費用），115
marginal rate of technical substitution（技術的限界代替率），109
marginal utility（限界効用），105
marginal willingness to pay（限界支払意思額），127, 128
market（市場），115
market demand curve（市場需要曲線），106, 128
market equilibrium（市場均衡），117
market failure（市場の失敗），123,

124

market supply curve（市場供給曲線），115, 139

mathematical model（数理モデル），207, 218

mediation（調停），270, 274, 277

mediator（調停人），270

methods of valuing health and longevity（健康と寿命の評価法），129, 143

Montreal Protocol（モントリオール議定書），64, 65

moral agent（道徳的主体），22

moral rights（道徳的権利），21, 22

multicriteria analysis（多基準分析），195, 226

[N]

NAAQS:national ambient air quality standards（国家大気質基準），91

NAEP:national association of environmental professionals（全米環境専門家協会），15

negotiation on the merits（メリットを求める交渉），271

NEPA:national environmental policy act（国家環境政策法），51, 79, 85

net benefit（純便益），20, 27, 167, 226

net present value（純現在価値），161, 227, 231

New Melones Dam（New Melonesダム），71, 72, 79, 80, 82, 85, 86

New Melones Project（New Melonesプロジェクト），71, 75, 79, 83

NGO, 11, 41, 63, 65

NIMBY:Not In My Back Yard, 66

NOAA:national oceanic and atmospheric agency（国立海洋大気庁），149

non-use value（非利用価値），125, 126, 129, 148, 149

nonexcludability（消費の排除不可能性），121

nonpoint sources（面源負荷），182

nonrivalness（消費の非競合性），121

NPDES:national pollution dischange elimlnation system（国家汚染物質排出防止システム），51, 57

[O]

OMB:office of management and budget（行政管理予算局），59

opportunity cost（機会費用），115, 119, 249

option value（オプション価値），126

[P]

Pareto efficiency (パレート効率性), 118, 121, 124, 157
Pareto efficient allocation (パレート効率的配分), 117
Pareto improvement (パレート改善), 118
Pareto optimal (パレート最適), 117, 120
Pareto optimality (パレート最適性), 115
Pareto's criterion (パレート基準), 155
perfect competition (完全競争), 113, 115, 120, 134, 157
perfectly competitive market (完全競争市場), 99, 113, 115–118, 120, 127, 142, 157
physical model (実体モデル), 203
planning (activities) (計画策定), 81, 87, 265, 267
pollutant discharge fee(or tax) (汚染者負担金(税)制度), 97, 123, 124
positional bargaining (立場を意識した取引), 271
pre-testing (プレテスト), 147
present value (現在価値), 143, 158, 159, 232
price (価格), 103, 105, 113–116, 118, 119, 128, 129, 139, 157, 229

price taker (プライステーカー), 116
principled negotiation (原則に基づいた交渉), 270
producer surplus (生産者余剰), 141, 142
production cost (生産費用), 115, 116
production function (生産関数), 108, 109, 140
production function approach (生産関数アプローチ), 129, 139, 150
productive efficiency (生産的効率性), 6, 19, 20, 156, 157, 170, 193
profit (利潤), 113, 117
property right (所有権), 21, 120
public comment (パブリックコメント), 278
public goods (公共財), 120–122
public health (公衆衛生), 4, 14
public involvement (公衆関与), 260, 261, 264, 267–269
public participation (市民参加), 87, 196, 261

[Q]

quality of life (生活の質), 218

[R]

RCR法: resource conservation and recovery act (資源保護回復

法), 44
regulation (法令), 56
"reg-neg":regulatory negotiations (法令交渉), 277, 280
regulatory risk (法令リスク), 92–95
reliability engineering (信頼性工学), 246
residuals (残余), 99, 100
reverse telephone directory (逆引き電話帳), 263
RIA:regulatory impact analysis (決定インパクト分析), 47
risk (リスク), 144
risk analysis (リスク分析), 239, 242, 250
risk assessment (リスクアセスメント), 240, 244, 246, 249, 251, 252, 254
risk identification (リスク特定), 241, 245
risk management (リスクマネジメント), 249

[S]

sanitary engineering (衛生工学), 5
scoping (スコーピング), 201
segmentation (セグメンテーション), 134
shadow price (シャドープライス), 120, 158

short-term supply curve (短期的供給曲線), 114
shutdown point (操業停止点), 114
Sierra Club, 11, 38, 48, 53, 54, 74, 75, 79, 91, 228
silent majority (サイレントマジョリティ), 264
"Silent Spring" (『沈黙の春』), 7
social discount rate (社会的割引率), 161
social surplus (社会的総余剰), 141
soft information (ソフト情報), 218, 220
stakeholder analysis (ステークホルダー分析), 274
Stanislaus River (Stanislaus 川), 71, 72, 74–76, 83, 84
statistical value of life (統計的生命価値), 145, 249
superfund program (スーパーファンド法), 55, 251, 278
supply curve (供給曲線), 108, 113–115, 117, 141, 142
sustainability (持続可能性), 32
sustainable development (持続的発展), 30–32

[T]

technological constraint (技術制約), 116, 117
technology standard (技術を規定

する基準), 181
time costs (時間費用), 138
total cost (総費用), 111
Toxic Substances Control Act (有害物質規制法), 277
trade-off (トレードオフ), 126, 144, 237
"Tragedy of the Commons" (共有地の悲劇), 122
transcendentalism (自然超越主義), 9
travel cost method (旅行費用法), 129, 134, 135, 137
turbidity (濁度), 183

[U]

U.S. Army Corps of Engineers (陸軍工兵隊), 15, 72-76, 79, 80, 83, 86, 87, 90, 91, 259, 267
U.S. Bureau of Reclamation (土地改良局), 73-75, 77, 79, 81
U.S. Forest Service (合衆国農務省林野部), 6
U.S. Oil Pollution Control Act (重油汚染防止法), 149
UNCHE:united nations confenence on the human environment (ストックホルム会議(人間環境に関する国連会議)), 60, 61
UNEP:united nations environmental program (国連環境計画), 41, 62-64, 66
use value (利用価値), 125, 126
utilitarianism (功利主義), 23, 24, 35, 36
utility (効用), 103, 105, 106, 116, 117, 120, 127, 131, 134, 155
utility function (効用関数), 104, 131

[V]

validation (バリデーション), 221
variable cost (変動費用), 111

[W]

"wise use", 53
workshop (ワークショップ), 265
World Bank (世界銀行), 85
World Commission on Environment and Development (環境と開発に関する世界委員会(Brundtland 委員会)), 31
WTA:willingness to accept (受入補償額), 146
WTP:willingness to pay (支払意思額), 122, 126, 128, 133, 136, 143-147, 149, 157
WWF:world wildlife fund for nature (世界自然保護基金), 54

和文索引（対訳付）

[C]
Coaseの定理 (Coase theorem), 172

[D]
Dow Chemical社 (Dow Chemical Company), 71, 88-93, 95
Du Pont社 (Du Pont de Nemours and Company), 95

[E]
Exxon Valdez号 (Exxon Valdez), 55, 240

[N]
New Melonesダム (New Melones Dam), 71, 72, 79
New Melonesプロジェクト (New Melones Project), 71, 75, 79, 83

[S]
Stanislaus川 (Stanislaus River), 71, 72, 74-76, 83, 84

[ア行]
アジア開発銀行 (Asian Development Bank), 150, 201, 253
一般均衡 (general equilibrium), 117-119
移動と生滅のモデル (fate and transport models), 207, 243, 246
イベントツリー分析 (event tree analysis), 247
移流 (advection), 213
受入補償額 (WTA:willingness to accept), 146
衛生工学 (sanitary engineering), 5
汚染者負担金（税）制度 (pollutant discharge fee(or tax)), 97, 123, 124
オプション価値 (option value), 126

[カ行]
会計検査院 (GAO:U.S.general accounting office), 10, 48
外部費用 (external cost), 120, 123, 124

価格 (price), 103, 105, 113–116, 118, 119, 128, 129, 139, 157, 229

家計 (household), 99, 115, 131

仮想評価法 (CVM:contingent valuation method), 129, 145, 146, 148

合衆国農務省林野部 (U.S. Forest Service), 6

環境 NGO(environmental nongovernmental organization), 5, 53, 54, 62, 64, 87, 195

環境影響評価 (EIA:environmental impact assessment), 1, 16, 79, 84, 86, 93, 197, 201, 207, 252

環境影響報告書 (EIS:environmental impact statement), 15, 51, 75, 78, 79, 84, 90, 94, 197, 222, 234

環境計画マネジメント (environmental planning and management), 1, 3, 14

環境経済学 (environmental economics), 6

環境主義 (environmentalism), 3, 4, 11

環境税 (environmental tax), 114, 115

環境正義 (environmental justice), 3, 10, 11, 14, 19, 23, 29, 54

環境調停 (environmental mediation), 270, 272

環境と開発に関する世界委員会 （Brundtland 委員会）(World Commission on Environment and Development), 31

環境法令 (environmental regulation), 1, 15, 16, 20, 23, 27, 41, 46, 71, 97, 99, 103, 115, 155, 175, 195, 201, 240, 264

環境保護基金 (EDF:environmental defense fund), 53, 64, 75, 76, 79

環境保護庁 (EPA:U.S. environmental protection agency), 10, 28, 34, 41–52, 54, 55, 57–59, 67, 86, 150, 176, 178, 180, 197, 222, 243, 245, 252, 264, 278

環境マネジメント (environmental management), 3, 4, 9, 14, 16, 27, 30, 50, 61, 130, 170, 173

環境リスク (environmental risk), 26, 28, 55, 239, 262

環境リスクアセスメント (environmental risk assessment), 225, 239, 240, 250, 253, 255

環境倫理学 (environmental ethics), 13

完全競争 (perfect competition), 113, 115, 120, 134, 157

完全競争市場 (perfectly competitive market), 99, 113, 115–118, 120, 127, 142, 157

機会費用 (opportunity cost), 115,

119, 249
技術制約 (technological constraint), 116, 117
技術的限界代替率 (marginal rate of technical substitution), 109
技術を規定する基準 (technology standard), 181
逆引き電話帳 (reverse telephone directory), 263
キャリブレーション (calibration), 221
供給曲線 (supply curve), 108, 113–115, 117, 141, 142
共有地の悲劇 ("Tragedy of the Commons"), 122
行政管理予算局 (OMB:office of management and budget), 59
行政手続法 (APA:administrative procedure act), 56
競争市場 (competitive market), 119
局地的に望まれない土地利用 (LULU: locally unwanted land uses), 278
距離費用 (distance costs), 138
均衡価格 (equilibrium price), 117, 142
計画策定 (planning (activities)), 81, 87, 265, 267
限界効用 (marginal utility), 105
限界支払意思額 (marginal willingness to pay), 127, 128
限界生産費用 (marginal production cost), 115
限界費用 (marginal cost), 111, 123, 142
限界費用曲線 (marginal cost curve), 111, 114
権原理論 (entitlement theory), 24, 25
健康と寿命の評価法 (methods of valuing health and longevity), 129, 143
現在価値 (present value), 143, 158, 159, 232
原則に基づいた交渉 (principled negotiation), 270, 271
現代的環境主義 (contemporary environmentalism), 1
合意へと導くための最良の選択肢 (BATNA:best alternative to a negotiated agreement), 279
合意を前提とした交渉 (consensus-based negotiation), 270, 274
公共財 (public goods), 120–122
公衆衛生 (public health), 4, 14
公衆関与 (public involvement), 260, 261, 264, 267–269
洪水管理法 (Flood Control Act), 19
公平性 (equity), 19, 26, 29, 185,

187, 189, 193, 230
効用 (utility), 103, 105, 106, 116, 117, 120, 127, 131, 134, 155
効用関数 (utility function), 104, 131
功利主義 (utilitarianism), 23, 24, 35, 36
効率性 (efficiency), 19, 20, 185, 189
国立海洋大気庁 (NOAA:national oceanic and atmospheric agency), 149
国連環境計画 (UNEP:united nations environmental program), 41, 62–64, 66
国家汚染物質排出防止システム (NPDES:national pollution discharge elimination system), 51, 57
国家環境政策法 (NEPA:national environmental policy act), 51, 79, 85
国家大気質基準 (NAAQS:national ambient air quality standards), 91
固定費用 (fixed cost), 111
コントロールボリューム (control volume), 208

[サ行]

裁判外紛争処理 (ADR:alternative dispute resolution), 269, 277–279
サイレントマジョリティ (silent majority), 264
参入退出の障壁 (barriers to entry and exit), 116
残余 (residuals), 99, 100
時間費用 (time costs), 138
資源保護回復法（RCR法：resource conservation and recovery act）, , 44
市場 (market), 115
市場供給曲線 (market supply curve), 115, 139
市場均衡 (market equilibrium), 117
市場需要曲線 (market demand curve), 106, 128
市場の失敗 (market failure), 123, 124
自然超越主義 (transcendentalism), 9
持続可能性 (sustainability), 32
持続的発展 (sustainable development), 30–32
実行可能な最善の技術 (BPT:best practicable control technology), 57, 58, 178
実体モデル (physical model), 203
質量保存の法則 (law of conservation of mass), 100, 101, 189, 208, 212

支払意思額 (WTP:willingness to pay), 122, 126, 128, 133, 136, 143–147, 149, 157
市民が知る権利に関する法律 (Community Right-to-Know Act), 182
市民参加 (public participation), 87, 196, 261
社会的総余剰 (social surplus), 141
社会的割引率 (social discount rate), 161
シャドープライス (shadow price), 120, 158
集合財 (collective goods), 122
重油汚染防止法 (U.S. Oil Pollution Control Act), 149
需要曲線 (demand curve), 103, 105, 106, 117, 127–129, 131, 136, 142, 147
純現在価値 (net present value), 161, 227, 231
純便益 (net benefit), 20, 27, 167, 226
消費者選択理論 (consumer choice theory), 103, 105, 146
消費者余剰 (consumer surplus), 127, 128, 142
消費の排除不可能性 (nonexcludability), 121
消費の非競合性 (nonrivalness), 121
所有権 (property right), 21, 120

指令 (command), 97, 175, 181
人的資本技法 (human capital technique), 129, 143, 150
人道主義 (humanitarianism), 5
信頼性工学 (reliability engineering), 246
スーパーファンド法 (Superfund program), 55, 251, 278
数理モデル (mathematical model), 207, 218
スコーピング (scoping), 201
ステークホルダー分析 (stakeholder analysis), 274
ストックホルム会議（人間環境に関する国連会議）(UNCHE:united nations confenence on the human environment), 60, 61
生活の質 (quality of life), 218
『正義論』("A theory of justice"), 30
生産関数 (production function), 108, 109, 140
生産関数アプローチ (production function approaches), 129, 139, 150
生産者余剰 (producer surplus), 141, 142
生産的効率性 (productive efficiency), 6, 19, 20, 156, 157, 170, 193
生産費用 (production cost), 115,

116
生物化学的酸素要求量 (BOD:biochemical oxygen demand), 182–184, 189, 191, 193
生物中心主義 (biocentrism), 3, 12–14
世界銀行 (World Bank), 85
世界自然保護基金 (WWF:world wildlife fund for nature), 54
セグメンテーション (segmentation), 134
世代間公平性 (intergenerational equity), 23, 30, 31
世代内公平性 (intragenerational equity), 23, 31
絶滅危惧種法 (ESA:endangered species act), 37
潜在的パレート改善 (implicit Pareto improvement), 155–157
全米環境専門家協会 (NAEP:national association of environmental professionals), 15
操業停止点 (shutdown point), 114
総費用 (total cost), 111
訴訟 (litigation), 269
ソフト情報 (soft information), 218, 220
存在価値 (existence value), 126

[タ行]

大気改善法 (Clean Air Act), 49, 180, 181
代替案 (alternative), 49, 81, 84, 85, 225–228, 234–237 , 249, 269
大統領令 (Executive Order), 11, 20, 47, 59, 229
多基準分析 (multicriteria analysis), 195, 226
濁度 (turbidity), 183
立場を意識した取引 (positional bargaining), 271
短期的供給曲線 (short-term supply curve), 114
調停 (mediation), 270, 274, 277
調停人 (mediator), 270
地理情報システム (geographical information system), 201
『沈黙の春』 (*"Silent Spring"*), 7
適応的環境マネジメント (adaptive environment management), 86
適用可能な最善の技術 (BAT:best available technology), 57, 58
デルファイ法 (Delphi method), 202, 203
統計的生命価値 (statistical value of life), 145, 249
統制 (control), 97, 175, 181
道徳的権利 (moral rights), 21, 22
道徳的主体 (moral agent), 22
等量曲線 (isoquant), 108, 109
土地改良局 (U.S. Bureau of Reclamation), 73–75, 77, 79, 81

トレードオフ (trade-off), 126, 144, 237

[ナ行]

内部化 (internalization (of externality)), 124
人間中心主義 (anthropocentrism), 3, 4, 11, 14, 35, 37

[ハ行]

バイアス (bias), 147, 266
排出基準 (discharge standards), 175, 177, 178, 180, 193
排出権取引 (emissions trading system), 97
排水基準 (effluent standard), 177
曝露解析 (exposure assessment), 241, 243
ハザード (hazard), 240, 247, 253, 255
ハザード特定 (hazard identification), 241, 242
パブリックコメント (public comment), 278
バリデーション (validation), 221
パレート改善 (Pareto improvement), 118
パレート基準 (Pareto's criterion), 155
パレート効率性 (Pareto efficiency), 118, 121, 124, 157

パレート効率的配分 (Pareto efficient allocation), 117
パレート最適 (Pareto optimal), 117, 120
パレート最適性 (Pareto optimality), 115
ヒアリング (hearing), 265
比較リスクアセスメント (comparative risk assessment), 252
費用 (cost), 119
費用関数 (cost function), 109
費用曲線 (cost curve), 111
費用便益比 (cost-benefit ratio), 73, 232
費用便益分析 (cost-benefit analysis), 19, 20, 85, 87, 150, 157, 158, 161, 170, 229–231, 249, 250
費用有効度 (cost effectiveness), 150, 187
費用リスク便益分析 (cost-risk-benefit analysis), 249
非利用価値 (non-use value), 125, 126, 129, 148, 149
ファシリテーション (facilitation), 270
富栄養化 (eutrophication), 207
フォールトツリー分析 (fault tree analysis), 247
深いエコロジー (deep ecology), 13

プライステーカー (price taker), 116
フリーライダー (free rider), 121, 122
ブレインストーミング (brainstorming), 246
プレテスト (pre-testing), 147
分配の公正 (distributive justice), 23
平均費用 (average cost), 111
平均変動費用 (average variable cost), 114
ヘドニック価格 (hedonic price), 132
ヘドニック価格関数 (hedonic price function), 130, 132
ヘドニック価格法 (hedonic price method), 130, 144, 148, 150
ヘドニック賃金法 (hedonic wage method), 129, 144
ヘドニック不動産価値法 (hedonic property value method), 129, 130, 132, 134, 158
変動費用 (variable cost), 111
包括的環境対処・補償・責任法 (CERCL法：comprehensive environmental response, compensation and liability act), 44
放出基準 (emission standard), 177
法的権利 (legal rights), 21, 22

法令 (regulation), 56
法令交渉 ("reg-neg":regulatory negotiations), 277
法令リスク (regulatory risk), 92–95
補償原理 (compensation principle), 155

[マ行]

見えざる手 ("invisible hand"), 120
無差別曲線 (indifference curve), 104–106
メリットを求める交渉 (negotiation on the merits), 271
面源負荷 (nonpoint sources), 182
目標達成行列 (goals-achievement matrix), 237, 239
モントリオール議定書 (Montreal Protocol), 64, 65

[ヤ行]

有害物質規制法 (Toxic Substances Control Act), 277
溶存酸素 (DO:dissolved oxygen), 182–184, 188, 191, 193
用量反応解析 (dose-response analysis), 241, 244
用量反応関数 (dose-response function), 245
用量反応曲線 (dose-response curve), 139, 140
抑止支出法 (Defensive

Expenditures Procedure), 129, 138, 150
予算制約 (budget constraint), 116, 117
予算制約線 (budget constraint line), 105, 109

[ラ行]

陸軍工兵隊 (U.S. Army Corps of Engineers), 15, 72–76, 79, 80, 83, 86, 87, 90, 91, 259, 267
利潤 (profit), 113, 117
利子率 (interest rate), 161
リスク (risk), 144
リスクアセスメント (risk assessment), 240, 244, 246, 249, 251, 252, 254
リスク特定 (risk identification), 241, 245
リスク分析 (risk analysis), 239, 242, 250
リスクマネジメント (risk management), 249
リバタリアニズム (libertarianism), 23–26
利用価値 (use value), 125, 126
旅行費用法 (travel cost method), 129, 134, 135, 137
連邦水質汚濁制御法 (FWPC法:federal water pollution control act), 34, 49–51, 56, 57, 91, 93, 178
連邦登記システム (Federal Register), 56, 58

[ワ行]

ワークショップ (workshop), 265
割引率 (discount rate), 159

人名索引

[A]
Alexander, E.R., 81
Alston, D., 29
Arnstein, Sherry R., 261, 262

[B]
Barbier, E., 32
Barnthouse, L., 207, 222
Bateman, I, 116
Baumol, William J., 171, 193
Beecher, J.A., 222
Bentham, John, 23, 35
Berns, T.D., 199
Bingham, G., 280
Brown, J.W., 64
Brown, N., 29
Browner, Carol, 52
Brundtland, Gro Harlem, 31
Bryant, Bunyan, 29
Burford, A.M., 46

[C]
Canter, L.W., 234
Carson, Rachel, 7, 8

Cavalli-Sforza,V., 202
Chadwick, Edwin H., 4, 8
Clark, B.C., 198
Coase, Ronald, 172
Collins, R.A., 27
Cook,E., 65
Cox, L.A.Jr., 249, 250
Culhane, P.J., 222

[D]
Daly, H., 32
Diamond, P.A., 148
Dixon, J.A., 150
Dorfman, N.S., 146
Dorfman, R., 146
Dorney, Robert S., 15

[E]
Emerson, Ralph W., 9

[F]
Fedra, K., 199
Fortuna, R.C., 48
Freeman, A.M.III, 132, 144, 145,

150
Friesma, H.P., 222
Funk, W., 280

[G]
Garwin, R.L., 181
Gegax, D., 145
Gerking, S., 145
Goodland, R., 32
Gorsuch, Anne, 46, 52

[H]
Hardin, Garrett, 122
Harrington, W., 179
Harrison, D.,Jr., 28, 132
Hausman, J.A., 148
Hill, M., 237
Hillmer, S.C., 214, 215
Hobbs, B.F., 236
Holling, Crawford Stanley, 86
Hufschmidt, M.M., 139

[K]
Kane, J., 218
Kettle, P., 225

[L]
Lazarus, Richard J., 10, 29
Lennet, D.J., 48
Leopold, Aldo, 7, 8, 12
Lichfield, N., 225

Lindblom, C.A., 52

[M]
Maass, A., 230
MacKay, D., 216
Marglin, S.A., 230
Markandya, A., 32
Marsh, George P., 7
McClosky, M., 55
Melnick, R.S., 49
Mills, E.S., 181
Mishan, E.J., 158
Mitchell, A., 219
Muir, John, 9, 12

[N]
Naess, Arne, 13
Nandhabiwat, W., 234
Nash, Roderick, 9, 33
Nixon, Richard Milhous, 42, 47
Nozick, Robert, 25

[O]
Oates, Wallace E., 171, 193
Ortolano, Leonard, 202

[P]
Pantulu, V.R., 199
Parenteau, R., 260
Passmore, J., 30
Pasteur, Luis, 5

Patterson, S., 216
Pearce, D., 32, 116
Peiser, R., 88
Phantumvanit, D., 234
Pinchot, Gifford, 6, 8, 12, 19
Porter, G., 64

[Q]
Quarles, J., 46

[R]
Ralston, H., III, 13
Rawls, John, 30
Reagan, Ronald, 20, 46, 47, 59
Regan, Tom, 36
Reilly, William, 52, 54
Ricci, P.F., 249, 250
Ringquist, E.J., 50
Roosevelt, Theodore, 6, 56
Rosenbaum, W.A., 48, 52
Rubinfeld, D.L., 28, 132
Ruckelshaus, Wukkuan, 46, 48, 49, 51
Runnals, D., 61
Russell, C.S., 179

[S]
Schulze, W., 145
Schweizer, Albert, 12
Singer, Peter, 24, 35
Smith, Adam, 120

Solow, Robert, 31, 32
Steiner, P.O., 231
Stone, Christopher, 21, 37
Suter, G.W. II, 207, 222

[T]
Thompson, Thomas, 30
Thomson, W., 218
Thoreau, Henry D., 9
Tiao, G.C., 214, 215
Tietenberg, Thomas H., 120
Tolba, Mostafa, 60, 64
Train, Russel, 47
Turner, R. K., 116

[V]
Varner, G.E., 37
Vaughan, W.J., 179
Velasquez, M.G., 34
Vertinsky, I., 218
Viscusi, W. Kip, 145

[W]
Weiss, Brown E., 34
Wenner, L.M., 49
Wenz, P.S., 25, 26
Whitbread, M., 225
White, L.J., 181
Willeke, G.E., 262, 264
Winkelbauer L., 199

[訳者紹介]

秀島栄三（ひでしま　えいぞう）

1966 年	生まれ．
1992 年	京都大学大学院工学研究科土木工学専攻修士課程修了，同年京都大学助手．
1996 年	博士（工学）．
1998 年	名古屋工業大学工学部講師．
2000 年	国際協力事業団（現国際協力機構）ブラジル都市交通人材開発プロジェクトチーフアドバイザ等を経て，現在は名古屋工業大学大学院工学研究科准教授．
専　門	土木計画学
著　書	『土木と景観—風景のためのデザインとマネジメント』（共著）学芸出版社，2007，ほか．

環境計画
—政策・制度・マネジメント—
（原題：*Environmental Regulation and Impact Assessment*）

2008 年 11 月 25 日　初版 1 刷発行

訳　者	秀島栄三　ⓒ 2008
原著者	L.Ortolano（オルトラーノ）
発行者	南條光章
発行所	共立出版株式会社
	〒112-8700
	東京都文京区小日向 4-6-19
	電話　03-3947-2511（代表）
	振替口座　00110-2-57035
	URL http://www.kyoritsu-pub.co.jp/
印　刷	藤原印刷
製　本	中條製本

検印廃止
NDC 519
ISBN 978-4-320-07426-2

社団法人
自然科学書協会
会員

Printed in Japan

JCLS ＜㈳日本著作出版権管理システム委託出版物＞
本書の無断複写は著作権法上での例外を除き禁じられています．複写される場合は，そのつど事前に㈳日本著作出版権管理システム（電話03-3817-5670, FAX03-3815-8199）の許諾を得てください．